AF568026

Maas

Cyberpsychologie in der Arbeitswelt

Rüdiger Maas

Cyberpsychologie in der Arbeitswelt

Was Führungskräfte über die Auswirkungen des Internetkonsums wissen müssen

Bibliografische Information der Deutschen Nationalbibliothek:

Die Deutsche Nationalbibliothek verzeichnet diese Publikation in der Deutschen Nationalbibliografie; detaillierte bibliografische Daten sind im Internet über <http://dnb.d-nb.de/> abrufbar.

Print-ISBN 978-3-446-46666-1
E-Book-ISBN 978-3-446-46807-8
ePub-ISBN 978-3-446-46950-1

www.hanser-fachbuch.de
Lektorat: Lisa Hoffmann-Bäuml
Herstellung: Carolin Benedix
Satz: Eberl & Kœsel Studio GmbH, Krugzell
Coverrealisation: Max Kostopoulos
Titelmotiv: © pixabay.com/geralt
Autorenfoto: ©Adrian Beck
Illustrationen: © Institut für Generationenforschung
Druck und Bindung: CPI books GmbH, Leck
Printed in Germany

Vorwort

Die gewaltige Beeinflussung der Welt durch das Internet wirkt auf unsere Psyche und Gemüter ein. Das Internet verändert die Welt und beeinflusst damit die Menschen und ihr Leben in allen möglichen Facetten. Jedes Unternehmen und jede Führungskraft muss die Mechanismen der Cyber- oder Internetpsychologie kennen, um wettbewerbsfähig zu bleiben.

Ohne Kenntnisse der Cyber- oder Internetpsychologie werden Sie die kommenden Nachwuchskräfte nicht mehr in Gänze verstehen können, mehr noch, Sie werden die Mechanismen unserer gesamten modernen Welt nicht mehr verstehen. Firmen werden Möglichkeiten verpassen, die ihnen gegebenenfalls durch das Internet möglich gewesen wären. Während der Corona-Pandemie wurde sehr schnell deutlich, welche Unternehmen sich auf die digitalen Erfordernisse einstellen konnten und welche nicht.

Dieses Werk beleuchtet allgemeinpsychologische Phänomene im Kontext des digitalen Zeitalters, wie z.B. der Wahrnehmungsänderung, aber auch die digitalen Auswirkungen und Folgen auf den Menschen. Sie lernen beispielsweise, wie Mitarbeiter im Internetzeitalter geführt, motiviert oder eingesetzt werden oder wie ein Produkt oder Ihr Unternehmen idealerweise beworben werden kann.

Mehr als drei Jahre lang habe ich mit meinem Team aus Psychologen und Soziologen Menschen aller gängigen Generationen über den Umgang mit und das Leben in der digitalen Welt befragt. Mal in Fokusgruppen, mal einzeln. Mal online, mal klassisch mit Stift und Papier. Die Ergebnisse daraus sowie weitere wissenschaftliche Erkenntnisse und Erfahrungen bilden die Grundlage für dieses Buch und runden sich gegenseitig ab. Insgesamt haben wir 2890 Stunden an Konzeption, Erhebung, Auswertung, Befragung und Transkription aufgewendet.

Mit dem Wissen der Cyber- oder Internetpsychologie im Gepäck lernen Sie, unternehmensrelevante Mechanismen neu zu betrachten. Ich wünsche Ihnen durch die Lektüre dieses Buchs viele neue Erkenntnisse und viele Anregungen für Ihre Praxis.

Augsburg, Frühjahr 2021 *Rüdiger Maas*

Inhaltsverzeichnis

Teil I: Die Psychologie durch das Internet

… Toller Sonntagmorgen. Sonne strahlt, Blumen blühen und sogar zwei Vögel zwitschern um die Wette. Das alles mitten in der Stadt auf dem Weg zum Lieblingsbäcker. Brötchen holen. Na ja, wieso sich nicht mal einen Eiskaffee *to go* gönnen. Passt zum Wetter, passt zum Tag und liegt auf dem Weg. Also rein in die Café-Kette. Ausgabe und Kasse sind getrennte Warteschlagen. Endlich dran. „Einen Eiskaffee zum Mitnehmen bitte." Und bevor ich den Preis erfahre, kommt die für mich sehr sonderliche Frage nach meinem Namen? Das sei bei ihnen so üblich, die Kunden lieben es. Na ja, ich sage meinen Namen: „Rüdiger". Vielleicht ist es aber auch ein Trick, da so die Hürde abzusagen und es sich nochmals anders zu überlegen mit dem Kaffee gegebenenfalls doch viel größer ist. Denn jetzt höre ich den Preis, 5,99 Euro. Irgendwie teuer, denke ich. Aber da hat sie schon den Becher vollgekritzelt. So was erkenne ich als Allgäuer doch sofort. So eine Bauernfängerei, denke ich mir. Wieso sonst braucht sie meinen Namen? Ich möchte den Becher eh nur einmal benutzen. Nun ab zur zweiten Schlange an der Ausgabe. Endlich, jetzt bekomme ich meinen Eiskaffee. Aber was steht da mit dicken Buchstaben auf meinem Becher? „Ruby", wieso denn Ruby? Habe ich den falschen Kaffee? Nein, es war tatsächlich meiner. Kann ja mal vorkommen … dachte ich mir. Aber bei den Preisen?

Aber nun kam auch der Psychologe in mir durch, und ich wollte dem Ganzen doch mal auf den Grund gehen. Was macht ein Psychologe, wenn er etwas nicht versteht? Er stellt unangenehme oder unangebrachte Fragen und wendet dann bis zum Erbrechen Statistik an, um etwas herauszufinden. Irgendwann kommt dann auch noch das Zwischenmenschliche, also mit den Leuten sprechen und auf sie eingehen. Also habe ich erst einmal angefangen, zu recherchieren und zu analysieren. Gelernt ist gelernt. Im Anschluss habe ich dann mit den Café-Mitarbeitern gesprochen und versucht, diese geschickt zu interviewen, eigentlich war es eher ein Verhör. Schließlich habe ich ja Psychologie studiert, unangenehme Fragen zu stellen steht mir zu. Und Tatsache, es stimmte! Die Fehler sind und waren kein Zufall, es war ein System dahinter.

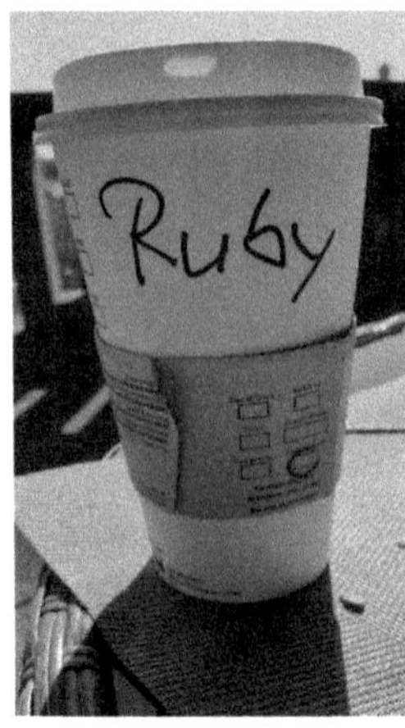

Bild 1
Kaffeebecher

Willkommen in der Zeit der Cyber- oder Internetpsychologie. Denn genau das steckt dahinter. Der Ursprung der Taktik, den Namen auf die Becher zu schreiben, galt Social-Media-affinen Menschen, also hauptsächlich jungen Menschen. Denn diese haben im Laufe der Social-Media-Prägung die Angewohnheit entwickelt, ein Foto von dem Kaffeebecher mit ihrem Namen darauf zu machen und dieses dann stolz zu posten und mit anderen zu teilen. Mit zahlreichen Hashtags und netten Sprüchen verziert, und haben ganz nebenbei natürlich auch das Unternehmenslogo gepostet. Doch irgendwann kam das Unternehmensmarketing auf die geniale Idee, die Namen absichtlich falsch zu schreiben. Je nach Kundentyp und Auftreten, immer im Rahmen des sozial Erwünschten. Dennis würde so maximal Tennis heißen und nicht P … Denn wurde der Name falsch geschrieben, erhöhte dies die Chance, dass Social-Media-affine Menschen hiervon sofort ein Foto mit ihrem Smartphone machen und dieses gleich direkt auf die jeweiligen Portale posten. Der Marketing-Effekt war perfekt. Die Social-Media-Freunde waren geradezu begeistert, es dem gleichzutun. Effizienter und günstiger kann Marketing nicht sein. Das musste auch der Allgäuer in mir staunend zugeben. Genau wie dieses Beispiel funktioniert nun eben die Cyber- oder Internetpsychologie. Das Internet und die analoge Welt beeinflussen sich ständig gegenseitig. Eine Art digital-analoge Interaktion, man könnte im Falle des Kaffeeunternehmens sogar fast von einer Symbiose sprechen.

Genau diese Schnittstelle und ihre Auswirkungen werden in dem hier vorliegenden Buch beschrieben. Sie erfahren, warum die Cyberpsychologie Ihnen erklären kann, weshalb sich die sogenannten Digital Natives (ab 1980 Geborenen) oft so anders verhalten wie jene, die das Internet erst im Erwachsenenalter haben kennenlernen dürfen. Sie werden erfahren, welche Macht und welches Potenzial hinter diesen Mechanismen steckt.

Cyberpsychologie, Internetpsychologie oder digitale Psychologie - verschiedene Begriffe, die das Gleiche bedeuten. ■

Der weltgrößte Vermieter hat kein eigenes Zimmer, der weltgrößte Filmverleih besitzt keine Kinosäle, die weltgrößte Telefonfirma verfügt über kein eigenes Netz, die wertvollste Handelsfirma hat keinen Bestand, der weltgrößte Versandhandel hat keine eigenen Lkws, das weltgrößte Vermittlungsportal hat keine eigenen Protagonisten: Airbnb, Netflix, Skype, Alibaba, Amazon, Tinder, Facebook, Instagram - alles Online-Plattformen und alles Firmen, die es ohne das Internet und die Mechanismen der Cyberpsychologie so nicht geben würde. Diese Plattformen scheinen wie gemacht zu sein für die jungen User, für die Digital Natives. Oder haben genau diese Plattformen dazu beigetragen, die Jugendlichen so zu formen, wie wir sie heute kennen? Auch hierbei kommt die gegenseitige Beeinflussung der Internet-Mensch-Interaktion zutage. Zudem scheint diese Kohorte der Digital Natives wie gemacht zu sein für das Internet und den kollektiven Datentausch. Sie streben nicht nur ins Kollektiv, sie bilden es sogar mit vollem Herzblut.

Viele der älteren Generationen sind immer noch der Meinung: Meins gehört mir und ich will mehr davon. Dies stellt ein Grundproblem dar: Ab- und Aufgeben sind unerwünscht. Infolgedessen wird an den jahrelang gesammelten Erfahrungen festgehalten, oft auch weit nach der Rente. So funktioniert das Internet jedoch nicht. Das Internet ist schlichtweg anders als alles, was davor bekannt war. Zudem sind alle genannten Firmen keine deutschen Firmen. Kein Wunder, denn die Plattformökonomie ist kein wirklich deutsches Mindset. Hier stehen nicht Tiefgang, Qualität, Pünktlichkeit und Genauigkeit an oberster Stelle. Es richtet sich an das Kollektiv, an den Moment und an die intuitive Massentauglichkeit. Denken Sie nur an das Kaffee-Beispiel.

Es gilt gleich zu Beginn zwei wichtige Erkenntnisse zu berücksichtigen:

- Die Digital Natives haben die idealen Grundvoraussetzungen für das intuitive Agieren im Internet bzw. im Cyberraum.
- Das Verhalten im Internet bzw. im Cyberraum ist abhängig von der analogen Welt.

■

Genau diese Schnittmenge lernen Sie nun auf den nächsten Seiten kennen.

Bild 2 Menschen mit Smartphone

Die gewaltige Beeinflussung der Welt durch das Internet wirkt auf unsere Psyche und Gemüter ein. Das Internet bringt die Welt in enormen Schritten nach vorn und beeinflusst damit die Menschen und ihr Leben in allen möglichen Facetten. Aus diesem Grund sollte nicht versäumt werden, diese Interaktion ausreichend zu kennen und zu verstehen. Dieses Verständnis setzt die Kenntnis der Cyber- oder Internetpsychologie voraus. Die Mechanismen der Internetpsychologie werden in der Gesellschaft und auch bei Ihnen im Unternehmen einen immer größeren Raum einnehmen. Die Internetpsychologie ist ein Teilgebiet der Medienpsychologie und beschäftigt sich genau mit den genannten Fragestellungen, sprich mit dem Einfluss, den Chancen und auch den Risiken der virtuellen Welt für jeden Einzelnen.

Ohne Kenntnisse der Internetpsychologie werden Sie die kommenden Nachwuchskräfte nicht mehr in Gänze verstehen können, mehr noch, Sie werden die Mechanismen unserer gesamten modernen Welt nicht mehr verstehen. Firmen werden Möglichkeiten verpassen, die ihnen gegebenenfalls durch das Internet möglich gewesen wären.

Ein teurer Fuhrpark für den Vertrieb, muss das im Zeitalter der digitalen Akquisemöglichkeiten noch sein? Eine teure Ausstellung für ein Küchenstudio, die Nebenkosten für das Autohaus, die überhöhte Miete für das Kleidergeschäft. Der Platz, der dadurch frei wird, wird schlicht durch das Internet eingenommen.

Es werden allgemeinpsychologische Phänomene im Kontext des digitalen Zeitalters beleuchtet, wie z. B. der Wahrnehmungsänderung, aber auch die digitalen Auswirkungen und Folgen auf den Menschen.

- Warum wollen wir Menschen eigentlich ständig ins Internet?
- Was ist die Triebfeder des Internetkonsums?
- Wie wirkt sich das Internet auf unsere gesamte Gesellschaft aus?

Mit der Beantwortung dieser Fragen und dem Wissen der Cyber- oder Internetpsychologie im Gepäck lernen Sie, unternehmensrelevante Mechanismen neu zu betrachten. Sie lernen, wie Mitarbeiter im Internetzeitalter geführt, motiviert oder eingesetzt werden. Und wie ein Produkt oder Ihr Unternehmen idealerweise beworben werden kann.

1 Warum wir Wissen über die Cyberpsychologie benötigen

Montagmorgen, der Handywecker klingelt. Aufstehen, Morgentoilette, dabei die neuen WhatsApp-Nachrichten lesen, die neuesten Push-Benachrichtigungen von meiner Tageszeitung sowie vier Posts über unternehmensrelevante Entwicklungen. Wieder ein Blick aufs Handy, ach, schon so spät. Was sagt denn die Wetter-App. Schönes Wetter? Komisch, der Blick aus dem Fenster suggeriert mir aber was anderes. Okay, vorsichtshalber die Meteorologen-App herunterladen und schauen, wie sich das Wetter tagsüber entwickelt. Tatsächlich, gegen Mittag soll es schön werden. Also kurzärmlig und Sommerlook. Gott sei Dank, es gibt noch einen E-Roller, schnell den QR-Code abscannen und losfahren. Auf dem Weg zur Arbeit noch ein paar Brötchen und einen Kaffee kaufen, hier schnell mit dem Handy bezahlen. Praktisch. Ich komme in der Arbeit an und setze mich erst mal vor meinen PC. Internet - schon wieder. Oder immer noch? Aber diesmal stationär.

Wir legen täglich völlig freiwillig Datenspuren. Was wirklich mit unseren Daten passiert, werden wir in Gänze wohl nie erfahren - aber wie das Internet uns beeinflusst, erfahren wir täglich.

Seit der Entwicklung der Hypertext Markup Language kurz HTML, der Code, der benötigt wird, um einen Webinhalt zu strukturieren, durch Tim Berners-Lee Anfang der 1990er-Jahre ist das World Wide Web exponentiell gewachsen (Friedman 2005). Innerhalb von drei Jahren hat es das Internet geschafft, fünf Millionen Benutzer, auch User genannt, für sich zu gewinnen. Zum Vergleich, das Radio hat hierfür 30 Jahre benötigt. Das iPhone 5 benötigte für die gleiche Anzahl lediglich drei Tage. Mit der Einführung des iPhones und somit dem ersten Smartphone durch Steve Jobs war das World Wide Web ab 2007 auch für jeden mobil, der kein BlackBerry wollte. In dieser Zeitspanne wuchs nun eine Generation heran, die dank dieser beiden revolutionären Errungenschaften, Internet und später Smartphone, in nahezu symbiotischer Form mit dem Internet verschmolzen ist. Zu ihr gehören vor allem die ab 1995 Geborenen, die in den Medien als Generation Z bekannt sind. Die Mitglieder dieser Generation nutzen jede Gelegenheit, um gebannt Neuigkeiten auf Instagram, TikTok und Snapchat zu teilen, zu liken und zu kommentieren. Jugendliche verbringen mehrere Stunden pro Tag im Internet, davon die meiste Zeit in den sozialen Netzwerken. Der durchschnittliche Vertreter dieser Generation Z, von mir gerne auch *Homo interneticus* genannt, verbringt vier bis sechs Stunden täglich im Netz. Bedenkt man, dass ein Mensch im Schnitt sieben bis acht Stunden schläft und auch noch zur Schule oder Arbeit geht, sind schnell drei Viertel des Tages vorüber. Da bleibt nicht mehr viel Zeit für die Offline-Welt übrig. Aber auch schon Zweijährige wischen über den Bildschirm, als wäre es ein angeborener Grundreflex, wie das Saugen oder Zugreifen. Das Internet ist aus dem Alltag dieser jungen Menschen nicht mehr wegzudenken. Vor allem weil die Hürden durch das Smartphone komplett genommen wurden. Jeder kann quasi immer und überall mit zwei „Daumen-Drücker" im Internet sein.

Die JIM-Studie 2019 hat ergeben, dass 90% der Zwölf- bis 19-Jährigen hauptsächlich mit dem Smartphone ins Internet gehen (Bild 1.1). Das extreme und vor allem mobile Nutzungsverhalten hat Folgen auf die Psyche, das Verhalten und die Wahrnehmung.

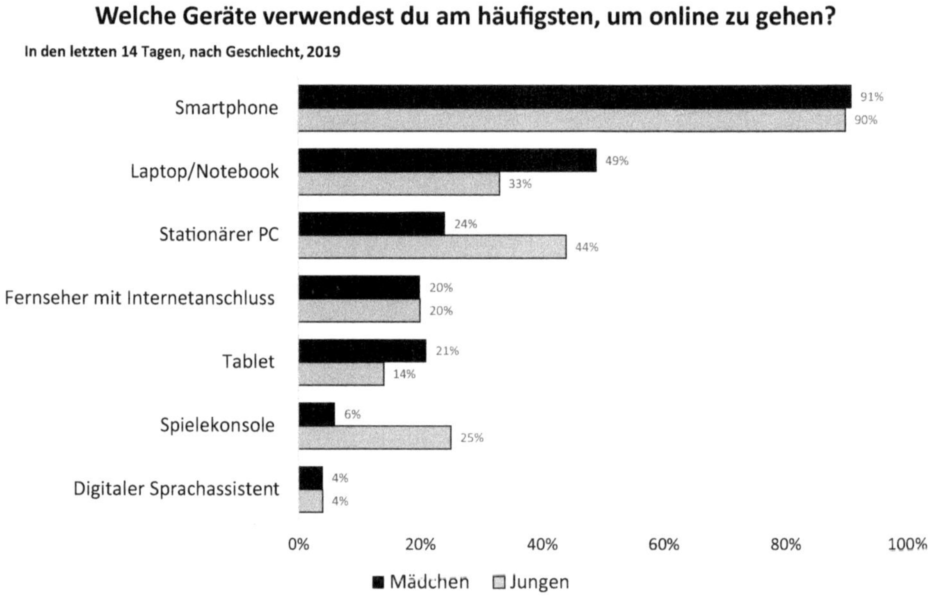

Welche Geräte verwendest du am häufigsten, um online zu gehen?

In den letzten 14 Tagen, nach Geschlecht, 2019

	Mädchen	Jungen
Smartphone	91%	90%
Laptop/Notebook	49%	33%
Stationärer PC	24%	44%
Fernseher mit Internetanschluss	20%	20%
Tablet	21%	14%
Spielekonsole	6%	25%
Digitaler Sprachassistent	4%	4%

0% 20% 40% 60% 80% 100%

Bild 1.1 Häufigkeit der Geräte, um online zu gehen (JIM-Studie 2019, S. 22)

Die omnipräsente Internet- und Smartphone-Nutzung fordert ein tieferes Verständnis für die Online-offline-Überschneidungen ein. Die permanente Interaktion mit dem Internet in allen Lebenslagen inklusive Arbeitswelt benötigt gerade dieses Verständnis in Zukunft verstärkter. Ein Wissen über die Mechanismen der Internetnutzung, die Auswirkungen auf den Menschen, auf das Erleben und Verhalten ist wichtig, um das heutige Leben an sich verstehen zu können. Und genau das erklärt die Psychologie im Internetkontext, die Cyber- oder Internetpsychologie.

1.1 Neuronale Entwicklung

Am Ende eines jeden Tages entsperrt ein durchschnittlicher Nutzer ca. 120-mal sein Smartphone. Junge Menschen haben am Ende eines Tages knapp 300 Nachrichten bzw. Infos gelesen oder versendet. Dazwischen müssen unzählige Werbebotschaften überflogen und gefiltert werden. In der Regel haben sie also 4000- bis 5000-mal das Smartphone angefasst.

Diese Fokussierung auf ein doch relativ kleines Gerät in dieser enormen Nutzungsmenge führt zu einer einseitigen Belastung des Daumens, der Augen und der Wirbelsäule infolge der oft gebeugten Haltung. Es trainiert aber auch die digitale Wahrnehmung.

Aus der Hirnforschung und Neurologie wissen wir, dass oft ausgeführte Tätigkeiten Spuren im Gehirn hinterlassen, vor allem in den besonders beanspruchten Regionen. Und tatsächlich konnten Wissenschaftler feststellen, dass durch die häufige Smartphone-Nutzung der motorische Kortex des Gehirns verändert wurde. Vor allem die Repräsentation der Finger und insbesondere der Daumen in diesem Hirnareal sind im Vergleich zu früher nun überproportional vertreten (Montag 2015, 2017, 2018).

Das wird jedoch nicht dafür sorgen, dass wir Menschen zukünftig geschickter mit dem Daumen sind, besser malen können oder fingerfertiger werden. Es sorgt nur dafür, dass wir effektiver und schneller bei der Smartphone-Nutzung werden.

Menschen, die seit Kindesbeinen gelernt haben, mit dem Smartphone umzugehen, sind den Menschen, die sich das erst im Erwachsenenalter angeeignet haben, in Sachen Smartphone-Nutzungsgeschwindigkeit überlegen.

Die tägliche massive Nutzung von Social Media hinterlässt ebenfalls ihre Spuren im Gehirn. Christian Montag und sein Team beobachteten über fünf Wochen 60 TeilnehmerInnen und Teilnehmer im Hinblick auf ihre Social-Media-Nutzung am Smartphone. Sie konnten mithilfe von strukturellen Hirnscans feststellen, dass es einen großen Zusammenhang zwischen der Häufigkeit und der Dauer der Smartphone-Nutzung und einem geringeren Volumen „grauer Substanz", also von Nervenzellenansammlungen des Nucleus accumbens gibt (Montag, Reuter 2017). In weiteren Studien zeigte sich zudem, dass dieser Bereich besonders aktiv war, wenn es um „Likes" für eigene Bilder und Posts auf Instagram und Co ging (Montag et al. 2017).

Diese Änderungen haben Vorteile für die Cyberwelt. Man reagiert schneller und kann geschickter mit den kleinen Icons umgehen. Für die analoge Welt haben diese Änderungen jedoch bis dato keine bekannten Vorteile. Im Gegenteil, Studien von Aviad Hadar und Kollegen konnten in einem längsschnittlichen Design 2017 zeigen, dass es einen Zusammenhang zwischen der Smartphone-Nutzung und schlechteren arithmetischen Leistungen, wie z.B. dem Lösen von Mathematikaufgaben unter Zeitdruck, gibt. Darüber hinaus stellten die Wissenschaftler fest, dass die Probanden sensibler auf soziale Zurückweisungen reagieren. „... increased fear of social threats leading to high conformity and anxiety regarding social acceptance and approval" (Hadar et al. 2017, S. 11).

Die Generation, die mit dem Internet groß geworden ist, hat sich zusammengefasst in vielen Bereichen auch neuronal (weiter)entwickelt. Diese Generation hat sich geändert und versteht somit auch vieles aus der „analogen Welt" nicht mehr. Dieser Nachwuchs wünscht sich nicht nur einen anderen Arbeits- und Führungsstil, er kann mit dem Herkömmlichen oft gar nichts mehr anfangen. Es fehlt schlicht die Fantasie hierfür. Die analoge Welt wird immer weiter zurückgedrängt. Bleiben Sie dort verhaftet, werden Sie auch immer weniger vom *Homo interneticus* wahrgenommen.

1.2 Verhaltens- und Wahrnehmungsänderung

Neben der internetbedingten Verhaltensänderung hat sich auch die Wahrnehmung geändert. Durch den täglichen Gebrauch von Smartphones sowie den täglichen Konsum des Internets sind viele junge Menschen so gut auf die Online-Welt trainiert, dass es hier signifikante Wahrnehmungsunterschiede gibt zwischen dem älteren *Homo analogus* und dem jüngeren *Homo interneticus*. Junge Menschen achten im Internet z.B. viel mehr auf Authentizität, erkennen Fake News schneller und akzeptieren die intuitiven Steuerungen früher.

Das Institut für Generationenforschung aus Augsburg hat 2019 440 Menschen aller gängigen Generationen eine typische Szene einer Influencerin und demgegenüber eine eines bekannten Schauspielers gezeigt, die beide auf dem Bild jeweils eindeutig als Werbeträger erkennbar waren. Es wurde zusätzlich noch mal darauf hingewiesen, dass das jeweilige Produkt kommerziell beworben wird.

Die Influencerin trug ein Waschmittel in Form einer Tragetasche und machte ein Selfie in ihrem Zimmer. Der Schauspieler hielt eine Espressotasse in die Kamera.

Auf die Frage, welcher der beiden Werbeträger nun authentischer wirke, gaben 83% der Generation Z die Influencerin als die authentischere an. Interessanterweise konnten 76% der Vertreter der Generation X (Jahrgang 1965 bis 1979) und Babyboomer (Jahrgang 1949 bis 1964) dies nicht bestätigen. Sie empfanden die abgebildete Influencerin in keiner Weise als authentisch. 65% der älteren Probanden ab 39 Jahren fanden Werbeträger generell unauthentisch.

Die jüngeren Probanden (bis ca. 27 Jahre) gaben zu bedenken, man könne bei dem Schauspieler förmlich das Drehbuch aus dem Bild herauslesen, außerdem wirke er austauschbar und sein Produkt ebenfalls. Er könne in dieser Pose ebenso einen Tee oder eine Schokolade bewerben. Betreffend der Influencerin bestätigten 78 % der unter 27-Jährigen, dass man sehe, dass die Influencerin selbst auf die Idee des Fotos kam. Das Foto (Selfie) wirkt für sie stimmiger, „runder" und somit kongruenter als das Foto des Schauspielers. Dieses mentale Modell über die Entstehung des Werbematerials wurde also von den jüngeren Probanden als authentischer wahrgenommen.

Die älteren Probanden schienen beim Betrachten des Schauspielers einem gewohnten Wahrnehmungsmuster zu folgen. Sie waren es gewohnt, dass Werbeträger nicht zwangsläufig etwas mit dem Produkt gemeinsam haben müssen. Ein TV-Moderator macht Werbung für Fruchtgummi, ein Fußballer für Alkohol und ein Schauspieler für Kaffee. Aus dieser Welt kamen sie. Das Bild der Influencerin entsprach nicht diesem Schema und wurde daher als weniger stimmig und weniger authentisch empfunden.

Was wir wahrnehmen, prägt unser Denken, Fühlen, unsere Erwartungen von der Welt. Unterschiedliche Wahrnehmungen haben daher weitreichende Konsequenzen.

1.3 Soziale Identität im Internet

Ich like, also bin ich! Oder: Quo vadis homo digitalis?

Die einstige Schlussfolgerung des Gedankenexperiments von René Descartes (*1596 – †1650) hieß im Original: „Je pense donc je suis" später auf Latein: „Cogito ergo sum." Descartes stellte sich vor, wenn all unsere Wahrnehmung nur fiktiv wäre, quasi wie ein Traum (Schmidt 2011), wie können wir wissen, dass wir wach sind oder immer noch träumen? Oder nie wach waren? Wie können wir wissen, dass das, was wir sehen, wahr ist?

Weil wir denken können, weil wir uns vorstellen können, dass wir träumen, sind wir real – existieren wir! Auch außerhalb eines Traumes. Somit hat er sein Traumargument bzw. seine Zweifel an allem widerlegt. Heute würde Descartes wahrscheinlich vor seinem Tablet oder Smartphone sinnieren und nach einem Post oder einem philosophischen Meme an seine Follower beim Erhalten des „Daumen-Rauf" zum Schluss kommen: „Je like donc je suis." „Ich like, also bin ich."

Bild 1.2
René Descartes

Der *Homo interneticus* geht nicht online – er lebt förmlich online. Die „Digital Natives 2.0“, die „selbständigen digitalen Eingeborenen“. Dieses Phänomen beeinflusst die Persönlichkeits- und Identitätsbildung. Die Identitätsentstehung ist ein ständiger Prozess, der im Dialog unserer inneren Bedürfnisse und dem gesellschaftlichen Wertesystem bzw. dessen Erwartungen steht. Das Feedback unserer Mitmenschen, unser soziales Umfeld nimmt dabei eine große Rolle in der Identitätsbildung ein.

Es wird zwischen einer sozialen und einer personalen Identität unterschieden. Die personale Identität ist unser Selbstkonzept und es bestimmt, wie wir uns selbst wahrnehmen. Die soziale Identität beschreibt unsere sozialen Rollen und die Positionierung, die wir in einer gesellschaftlichen Ordnung einnehmen.

Auch der Cyberspace beeinflusst den Prozess der Identitätsbildung stark. So ist es heutzutage nicht mehr nur die personale und soziale Identität im Offline-Modus, die wir pflegen müssen. Viel interessanter ist für die meisten mittlerweile ihre jeweilige digitale Identität. Diese digitale Identität hat wiederum Einfluss auf unsere Offline-Identität. Als Referenzpunkt wird nicht mehr nur das reale Umfeld zurate gezogen, stattdessen orientiert man sich immer stärker am Netz. Die stärkste Prägung der Identität eines Menschen findet in der Kindheit und Jugend statt.

Die Generation Z ist die erste Generation, die eine Welt ohne Social Media nicht kennt, und folglich sind Social Media ein fester Bestandteil ihrer Identitätsbildung geworden.

■

Viele Wissenschaftler gehen davon aus, dass der technische Einfluss in Zukunft noch intensiver werden wird und die nächsten Generationen somit noch mehr durch das Internet beeinflusst werden.

1.4 Die Generation Alpha – Digital Natives 3.0

Die Generation Alpha (geboren ab 2010) wächst als zweite Generation in dieser Smartphone-Welt auf. Sie werden jetzt schon *early adopters* genannt, da sie die Technik intuitiv von Anfang an aufnehmen, quasi mit der digitalen Muttermilch. Sie können schon swipen, scrollen und Touchscreens benutzen, bevor sie überhaupt sprechen können.

Die Hardware- und Softwareindustrie hat darauf schon längst reagiert. Es gibt Internet- und Smartphone- oder Tablet-Spiele, die speziell auf Kindergartenkinder ausgerichtet sind. Inklusive versteckter *Usability-Tests,* um die Spiele nach deren Ergebnissen noch intuitiver, noch interessanter und noch nutzerfreundlicher zu machen. Oft bekommen die Kinder in diesem Alter noch kein neues Smartphone, sondern ein altes der Eltern. Eben eines, bei dem der Speicherplatz noch begrenzt ist, was zur Folge hat, dass diese Kinder Apps sofort löschen, wenn diese nicht mehr interessant genug sind. Diese Kinder werden so von Anfang an auch auf das digitale Loslassen von „Unbrauchbarem“ trainiert. Was nochmals eine Beschleunigung der „Schnelllebigkeit“ zur Folge haben wird.

Betrachtet man die beiden unterschiedlichen Smartphone-Nutzungen, so wird man bei älteren Menschen im Schnitt wesentlich mehr Apps auf dem Smartphone finden als bei jüngeren Nutzern. Auch darauf versuchen die Apps- und Spielehersteller zu reagieren. Dank Usability-Tests direkt an den Usern und in Echtzeit. Es beschäftigen sich ganze Forschungszweige mit dieser Art von Zielgruppe und ihrer Usability.

1.5 Anpassungen an das Internet

Die Entwicklungen gehen weiter. Bald schon werden die Internet-Devices, wie Laptop, Smartphone und Smartwatches, als unpraktisch angesehen und es wird eine direkte Verbindung von Körper und Netz angestrebt. 32 % der unter 15 Jährigen in Deutschland wünschen sich einen eingebauten Chip, der dies direkt ermöglicht (*brand eins* 03/2019, Digitalisierung in Zahlen).

In einigen Ländern gibt es dies schon, wie z.B. in Schweden. Dort lassen sich viele Menschen Chips unter die Haut implantieren, beispielsweise um dadurch bequemer im öffentlichen Nahverkehr zahlen zu können.

Bald müssen wir uns auch ernsthaft die Frage stellen, was den Menschen wirklich von einer Maschine unterscheidet. Dies scheint zumindest heute noch trivial zu sein. Ein Mensch besteht aus organischem Material, er lebt und atmet. Eine Maschine hingegen besteht aus Plastik und Metall. Im Regelfall schreiben wir Menschen, die nicht gerade Soziopathen sind, Gefühle und bewusste Erfahrungen zu. Menschen verhalten sich nicht nur ähnlich in ihrer Art und Weise, zu leben und zu interagieren, sondern ihre Gehirne und kognitiven Strukturen sind ebenfalls ähnlich aufgebaut. Ein künstlicher Intellekt hingegen ist von Grund auf anders aufgebaut als ein menschlicher, dennoch kann eine künstliche Intelligenz (KI) menschenähnliches Verhalten zeigen, das normalerweise eine Persönlichkeit darstellt (Bostrom, Yudkowsky 2014). Eine KI kann also zweckmäßig eine menschliche Person darstellen, jedoch hat sie keine Empfindungsfähigkeit. KI besitzt schlicht keine Theory of Mind.

Der Cyberraum wird immer mehr mit der Realität verschwimmen. Bestellungen, Wegbeschreibungen oder Kontaktdaten, für all das benötigen wir heute unser Smartphone. Für alltägliche Dinge benutzen wir das Internet, auch in der Arbeit. Internet of Things, kurz IOT, oder das deutsche Äquivalent „Arbeit 4.0“ bedeutet, dass jetzt schon etwa 50 Milliarden „Dinge“ mit dem Internet verknüpft sind. Eine unvorstellbare Zahl. Das bedeutet sechs Dinge für jeden Menschen dieser Erde. Und es werden mehr. Arbeit und Internet werden immer mehr und mehr verknüpft sein, aber auch unser komplettes Leben mit all den Alltagsgegenständen. Bald werden viele „Dinge“ eine IP-Adresse haben, von denen wir nie gedacht hätten, dass sie mit dem Internet kommunizieren müssen. Hätte jemand vor 20 Jahre gedacht, dass ein Auto an drei verschiedene Cloud-Systeme permanent Daten sendet? Dass ein Kühlschrank, eine Waschmaschine oder eine Brille mit dem Internet verbunden sein muss? Schuhe, Socken, Uhren, alles wird bald mit dem Internet verbunden sein, um unser Leben zu „erleichtern“. Für die jetzigen Kinder bald ein völlig normaler Zustand.

Forscher schätzen, dass in zehn Jahren etwa 90 Milliarden Alltagsgegenstände mit dem Internet verbunden sein werden (Watson 2014).

Maschinen werden zwar in absehbarer Zukunft nicht fähig sein, Emotionen zu empfinden. Aber sie können bereits Emotionen nachahmen. Roboter in der Pflege z.B. sollen von den Patienten als Gefährte oder Freund wahrnehmbar sein. Und auch in die Kinderzimmer hat die KI längst Einzug gehalten. Beispielsweise ein Roboterbaby, nennen wir es Anna, das Babygeräusche macht und sogar unterschiedliche Gesichtsausdrücke zeigt. Wenn Anna weint und ein Kind es daraufhin in den Arm nimmt, „beruhigt“ sich Anna wieder. Wie ein echtes Baby.

Bild 1.3
Mädchen mit Roboterbaby

„Analoges Spielzeug" ist passiv, Akteur ist allein das Kind. Von seiner Fantasie und Kreativität hängt es ab, ob die Puppe gedrückt, angezogen oder in den Schlaf geschaukelt wurde. Die digitale Anna bringt allerdings selbst zum Ausdruck, was sie will bzw. worauf sie programmiert ist. Das Kind reagiert nur. Kinder bekommen dadurch einen völlig anderen Zugang zu einem „künstlichen Wesen". Wenn ein Roboter Augenkontakt hält, dem Blick folgt, einem entgegenkommt, neigen Kinder dazu, einen solchen Computer als empfindungsfähiges und sogar fürsorgliches Gegenüber zu betrachten (Turkle 2004).

Es kann auch sein, dass den Kindern der Generation Alpha die humanoide Freundin Anna in Gänze mehr bedeutet als der „echte" Nachbarjunge Maxi. Das war bis dato bei manchen Kindern auch mit ihrem Nicht-Roboter-Kuscheltier der Fall. Ein klassisches, analoges Spielzeug bringt zumindest den Vorteil, dass man beim Spiel mit einer alten, abgenutzten Puppe lernt, seine Fantasie zu nutzen. Aber was lernt man bei einer Roboterpuppe? Dass der Akku rechtzeitig geladen werden muss? Dass die Roboterpuppe vorgibt, was und wie gespielt wird? Jedenfalls lernen die Kinder, eine Beziehung zu einer Maschine aufzubauen und für diese etwas zu empfinden. (Quo vadis homo digitalis?)

Eindrücke aus der Kindheit als prägende Phase werden mit in das Erwachsenenleben transportiert. Ob das nun für ein Leben in einer immer stärker digital geprägten Welt positiv oder negativ ist, sei dahingestellt. ■

Bereits jetzt ist ein Arbeiten ohne PC unvorstellbar. Mittlerweile arbeitet fast die Hälfte der Deutschen mit Computern am Arbeitsplatz. Selbst „klassische" Handwerksberufe sind inzwischen auf PC und Internet angewiesen: Möbel oder Autoteile werden beispielsweise am PC gezeichnet und anschließend noch per Hand oder durch die Bedienung von Maschinen gefertigt. Doch auch diese praktischen

Tätigkeiten können zukünftig ganz durch PCs ersetzt werden. 3-D-Drucker können gegenwärtig z. B. schon ganze Teile eines Autos eigenständig herstellen.

Derzeit befinden wir uns noch in der Dienstleistungsgesellschaft. Eine Form der Gesellschaft, die die industrielle Gesellschaft, die wesentlich durch die Produktion von Gütern gekennzeichnet war, überwunden hat. Nun dominieren nicht mehr Güter, sondern Dienstleistungen vor allem via Internet in Handel, Verkehr, Telekommunikation, Banken oder Versicherungen. Diese leisten den größten Beitrag zur wirtschaftlichen Wertschöpfung. Doch Wissenschaftler gehen davon aus, dass auch diese Gesellschaftsform bald überwunden sein wird. Wir befinden uns in einer Zeit des gesellschaftlichen Umbruchs hin zur „Informations- oder Wissensgesellschaft“. Und das Internet hat hierfür die Weichen gestellt:

Die permanente Verfügbarkeit von Informationen ist für unser Arbeiten ein Muss. Ohne die digitale Technologie kann beispielsweise der Handwerker heute schon keine Zeichnungen mehr anfertigen oder der Banker keine Daten abrufen. ▪

„Smart Work“ heißt dieses neue Arbeitsmodell, insofern, dass es zum Aufbau der Informations- und Wissensgesellschaft beiträgt. Es soll die vorhandenen Technologien nutzen, um ein effizienteres und flexibleres Arbeiten zu ermöglichen. Da internetfähige Arbeitsgeräte einen Zugang zum Netz überall und jederzeit schaffen, sollen unsere jetzigen Arbeitsplätze durch all die Orte ersetzt werden, an denen wir Internet haben. In Ansätzen können wir das bereits im Homeoffice sehen. „Smart“ ist diese neue Form des Arbeitens vor allem deswegen, weil die neuen Technologien eine produktivere Arbeitszeit ermöglichen werden. Unsere internetvernetzten Geräte werden uns hier zukünftig eine Hilfe sein: Die Smartwatch zeigt die Mittagspause an, der Kühlschrank hat bereits Milch für den Kaffee nachbestellt und an der Türe klingelt auch schon der Lieferdienst, der das Mittagessen vorbeibringt … Willkommen in der Welt der Internetintelligenz.

Es wird immer wieder das Ende der Dienstleistungsgesellschaft, wie wir sie kennen, beschrieben und auf die nahe Zukunft datiert. Der technische Fortschritt und die Automatisierung werden das Bild der Wirtschaft sowie der Gesellschaft maßgeblich und nachhaltig verändern, sodass wir uns irgendwann in der beschriebenen Informations- und Wissensgesellschaft befinden. In dieser Form der Gesellschaft übernehmen Roboter nahezu alle ausführenden und teils auch planenden oder entscheidungsrelevanten Aufgaben.

Wir benötigen Wissen über die Cyber- oder Internetpsychologie, weil

- … zukünftige Generationen immer stärker in digitalen Strukturen leben und alles, was sich digital übersetzen lässt, besser wahrgenommen bzw. das, was sich nicht digital darstellen lässt, immer weniger oder gar nicht mehr wahrgenommen wird.

- ... die Technologie das Denken und auch die Wahrnehmung direkt verändert. Das Internet macht uns zwar nicht klüger, aber es verändert uns.
- ... das Internet nicht nur die Identitätsentwicklung beeinflusst, sondern auch eine eigene soziale Welt darstellt und eine eigene Realität kreiert.
- ... ein Leben ohne Digitalisierung für Jüngere nicht vorstellbar ist.
- ... die Grenzen zwischen Mensch und Maschine immer fließender werden.
- ... sich die Gesellschaft hin zu einer Wissens- und Informationsgesellschaft entwickeln wird, in der die Digitalisierung alles umfassen und bestimmen wird.

■

2 Die Geschichte der Internetpsychologie und die Entwicklung des Homo interneticus

Der Begriff Internet- bzw. Cyberpsychologie auch Cyberpsychology setzt sich aus den Wörtern Internet bzw. Cyber und Psychologie zusammen. **Internet** ist eine Kurzform von *international network*. Das Wort **Cyber,** stammt aus dem Griechischen und bedeutet „Steuerung“. Der Begriff tauchte zum ersten Mal in dem Buch *Cybernetics* von Norbert Wiener auf (Wiener 1948). Der deutschsprachige Titel lautete: *Kybernetik. Regelung und Nachrichtenübertragung in Lebewesen und Maschinen.* Der Titel klingt schon fast nach Internetpsychologie. **Psychologie** selbst setzt sich aus dem griechischen Wort *psyche,* was sich mit Hauch, Leben, Seele oder Geist übersetzen lässt, sowie dem griechischen Wort *logos,* was eine Unzahl an Bedeutungen hat. So kann *logos* Wort, Rede oder weitumfassend Wissenschaft bedeuten.

Die Internet- bzw. Cyberpsychologie wird in der gängigen Literatur als Untergruppe der Medienpsychologie gesehen. Was ursprünglich auch sinnig war. Nur wie Sie beim Lesen dieses Buches bemerken werden, ist die Internetpsychologie weit mehr als nur eine Teildisziplin einer Teildisziplin. Für ein ganzheitliches Verständnis der Komplexität der Internetpsychologie muss der historische Hintergrund mitberücksichtigt werden.

Bild 2.1 Entwicklung des Menschen

Man könnte streng genommen bei dem Urmenschen beginnen. Wir befinden uns ca. 100 000 Jahre vor Christus. Es gibt zwar jetzt noch keinen Kaffee „to go", dafür jedoch jede Menge biologische Nahrung aus der Region. Die erste Stufe zur Internetpsychologie und letztendlich zum *Homo interneticus* entstand in dieser Zeit. Denn unsere Vorvorfahren entwickelten eine Art komplexe Sprache mit all ihren grammatikalischen und konnotativen Besonderheiten. Die Sprache des Urzeitmenschen war jedoch noch nicht ausgereift. Dies hatte ein weiteres halbes Jahrhunderttausend gedauert. Das waren die Entwicklungsgeschwindigkeiten unserer Vorfahren. Heute ist bereits nach einem Tag vieles veraltet, out oder nicht mehr nennenswert. Damals haben sich „Neuigkeiten" länger gehalten. Nun etwa 50 000 vor Christus kann der Mensch bereits komplex sprechen. Grammatik und alles, was dazugehört, sind größtenteils vorhanden.

Etwa 8000 bis 5000 Jahre vor Christus entwickelte sich in einigen Kulturen die erste Schriftsprache. Im heutigen Somalia, am Horn von Afrika, sind in dieser Zeit einige der am besten erhaltenen Höhlenbilder der Welt entstanden. Mitten im vom Bürgerkrieg gebeutelten Somalia kann man sich die Ursprünge unserer Digitalisierung in Laas Geel, Somaliland anschauen. Beeindruckend, denn die Bilder sind noch sehr gut erhalten. Die Bildschrift war die wichtigste Errungenschaft auf dem Weg zur Digitalisierung. Zuerst nur bestehend aus Bildern, die in allen Kulturen und in einigen auch noch heute als Vehikel und Speicher von Information dienen und dienten.

Bild 2.2
Psychologe Rüdiger Maas auf Forschungsreise in Somalia

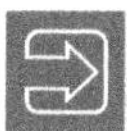

Ein Bild kann als eine anthropologische Konstante der menschlichen Natur angesehen werden. Heute in der digitalen Welt wurde die Schrift durch weltweit gleichbedeutende Piktogramme - in Form von Icons und Emojis - ergänzt oder ersetzt. Icons und Emojis finden in vielen Nachrichten oft größeren Raum als die Schrift.

5000 vor Christus entwickelten sich nun aus der reinen Bildschrift im Laufe der Zeit zwei Schriftarten, eine phonetische Schrift wie das Alphabet und eine piktografische Schrift, wie sie beispielsweise in China vorkommt. Schrift diente von nun an der Abbildung von Sprache, sozusagen als eine Symbolisierung der gesprochenen Sprache. Sie bestand aus einem systematischen Zeichensystem mit der Eigenschaft, gesprochene Wörter „haltbar" und „transportierbar" zu machen. Man konnte ab nun etwas aufschreiben und somit festhalten. Andere konnten dies wiederum zu irgendeinem späteren Zeitpunkt lesen. Dies war ein enormer Entwicklungsschub für uns Menschen. Das Wort „lesen" stammt ursprünglich aus dem lateinischen *legere,* auflesen, sammeln, einer Spur folgen. Daraus entwickelte sich offenbar die spezifischere Bedeutung den *Schriftzeichen folgen,* und schließlich die Bedeutung des Lesens an sich (Seebold 1999). Lesen und Schreiben gehörte bis zur Erfindung des Buchdrucks zu den Privilegien der Oberschicht. Es ist naheliegend, dass sich zumindest die aus dem Nahen Osten stammenden traditionellen Religionen des Abendlandes als Schrift-Religionen durchsetzten (Talmud/Bibel/Koran), die das Lesen der heiligen Schriften in den Rang einer religiösen, sogar priesterlichen Tätigkeit erhoben. Durch die Fähigkeit des Lesens war es nun möglich, Informationen auszutauschen, kultur- und länderübergreifend. Die ersten Religionen wurden mündlich überliefert. Oft folgte die schriftliche Dokumentation Generationen später, wie im Judentum, bei den Christen oder im Islam. Nun konnte keiner mehr, der des Lesens mächtig war, behaupten, er habe die Vorgabe anders gehört. Die Erfindung des Briefeschreibens ermöglichte es, Botschaften und Nachrichten mit Menschen aus weit entfernten Regionen zu teilen, auch mit unbekannten Menschen. Diese geniale Erfindung geht auf die Babylonier zurück, die Nachrichten sehr gerne in Tontafeln ritzten, etwa 1500 bis 1000 Jahre vor Christus. Allerdings entstand erst im sechsten Jahrhundert nach Christus die Art von Briefen, wie wir sie kennen. Mit Papier, Siegel und Porto.

1041 nach Christus entstanden in Ostasien die ersten Drucke von Schriften. Bi Sheng hieß der Chinese, der den Druck mit beweglichen Lettern mithilfe von Druckstempeln erfand (Wu, D. 2014). Die Chinesen druckten schon lange Bücher, allerdings noch mit aufwendiger Technik. Sie verwendeten Holzschnitte für ihren Druck. Johannes Gutenberg revolutionierte den Buchdruck Mitte des 15. Jahrhunderts in Europa und sorgte dafür, dass sich die Gesamtauflagen von Büchern vervielfachten. Einige Forscher gehen davon aus, dass es im 15. Jahrhundert bis zu 40 000 Buchtitel gab mit etwa acht Millionen Exemplaren. Eines war die Bibel.

Diese bahnbrechende Erfindung spielte Martin Luther in die Karten, und seine Bibelübersetzung verbreitete sich wie ein Lauffeuer. Es führte in der Folge zur zweiten Abspaltung von der römisch-katholischen Kirche. Ohne Buchdruck, undenkbar. Die Reaktion war heftig. Es folgte der 30-jährige Krieg mit all seinen Folgen. Ein wichtiger Schritt für die Verbreitung von Informationen hatte somit auch in Europa Einzug gehalten.

Gut ein Jahrhundert später entwickelte der deutsche Mathematiker Wilhelm Schickard die erste Rechenmaschine. Wir schreiben das Jahr 1623. 20 Jahre später entwickelte der französische Mathematiker Blaise Pascal die sogenannte „Pascaline“. Was wie ein Halluzinogen klingt, war eine der ersten mechanischen Rechenmaschinen und somit ein Vorläufer des modernen Computers. 30 Jahre später stellte Gottfried Wilhelm Leibniz 1673 seine Staffelwalzen-Maschine (ebenfalls eine Rechenmaschine) vor mit den Worten: „Es ist unwürdig, die Zeit von hervorragenden Leuten mit knechtischen Rechenarbeiten zu verschwenden, weil bei Einsatz einer Maschine auch der Einfältigste die Ergebnisse sicher hinschreiben kann.“ Vollständigkeitshalber sei erwähnt, dass schon im ersten Jahrhundert vor Christus auf der griechischen Insel Antikythea mithilfe eines Räderwerks wohl die allererste Rechenmaschine erfunden wurde. Leibniz’ Urtaschenrechner von 1673 war dabei jedoch portabler und somit mehrfach einsetzbar.

150 Jahre nach Leibniz wurde das erste Foto geschossen. Eine Revolution. Wir schreiben das Jahr 1823. Nun konnten Augenblicke eins zu eins festgehalten werden. Keine Abbildungen mehr, keine Verschlüsselungen mehr, keine Symbole. Nein, eine direkte Verdoppelung des Geschehens. Der Einfluss auf die Kunst, vor allem auf die Malkunst, war enorm. Denn die genaue Abbildung war von Künstlern nicht mehr gefragt. Vielmehr wollte man von den Künstlern noch mehr. Emotionen wie im impressionistischen oder expressionistischen Stil, Abstraktes oder Surreales, einfach Dinge, die man eben nicht fotografieren konnte.

Ein paar Jahrzehnte später folgten dann schon die ersten Filme, in Form des Stummfilms. Die Medien waren somit aktiver, dynamischer und vielschichtiger geworden. Alle diese Entwicklungen sind wichtig, um die exponentielle Entwicklungskurve von Medien zu verdeutlichen.

Von der einfachen zu komplexen Sprache benötigte der Mensch 50 000 Jahre, vom Stummfilm zum digitalen 3-D-Film nur noch 100 Jahre.

■

Können wir Menschen uns ähnlich dem technischen Fortschritt so schnell anpassen und ändern, oder laufen diese Entwicklungsströme in unterschiedlichen Geschwindigkeiten? Ein Schwerpunkt der modernen Psychologie, vor allem der Medienpsychologie und nun eben auch der Internetpsychologie, die genau diese Einflussfaktoren untersucht.

Als der Stummfilm die Welt entdeckte, entstand in etwa auch die Psychologie. Am Ende des 19. Jahrhunderts begannen die Anfänge der modernen Psychologie. Erste Lehrstühle wurden etabliert. Psychologie ist somit eine relativ junge Wissenschaft und wurde durch Wilhelm Maximilian Wundt (1832 – 1920) gegründet. Wundt hatte ab 1879 den ersten Lehrstuhl für experimentelle Psychologie an der Universität Leipzig inne. Er baute ein systematisches Forschungsprogramm auf. Die Vorlagen waren perfekt, denn Wundt hatte Medizin, Philosophie und „Naturwissenschaften" studiert. An seinem Lehrstuhl für Experimentelle Psychologie wurde alles gemessen, getestet und geprüft, was möglich war, und das Wichtigste, es wurde systematisch dokumentiert. Das Besondere war nämlich die Systematik, durch die Wundt es schaffte, die Psychologie in die naturwissenschaftliche Richtung zu lenken. Wundt untersuchte vor allem Aufmerksamkeit, Wahrnehmung und deren Verarbeitung sowie Emotionen. Davor fand man die Ansätze der Psychologie in der Philosophie, der Mathematik, der Biologie oder sogar in der Poesie, oft uneinheitlich und frei von statistischen Grundlagen.

Es dauerte nicht lange, und die Psychologie, welche damals vor allem aus Messen, Testen und Prüfen bestand, fächerte sich in verschiedenen Richtungen auf, wie: Sozialpsychologie, Gesundheitspsychologie, Sportpsychologie, Umweltpsychologie, Differenzielle Psychologie, Klinische Psychologie und vielen mehr. Mal mehr, mal weniger naturwissenschaftlich. Vieles war eben dem Zeitgeist geschuldet. Innerhalb der Klinischen Psychologie zum Beispiel war die inhaltliche Richtung oft vom Erfolg der jeweiligen Therapien abhängig. War diese erfolgsversprechend, wurde die neue Methode und das jeweilige Konzept dahinter, aufgenommen, mit samt der damit verbundenen Theorienbildung und Diagnostik der jeweiligen psychischen Krankheit und deren vermeintliche Entstehung. Es gab hier ebenfalls schnell politische Einflussfaktoren und Lobbyverbände, die ihr Übriges taten.

Anfang des 20. Jahrhunderts entstand dann die **Medienpsychologie,** ein Teilbereich der Psychologie, die sich mit dem Erleben, Wahrnehmen, Verarbeiten und Beeinflussen durch Medien beschäftigt. Mit der Einführung des Films und Fernsehens rückte sie immer mehr in den Fokus. Bereits 1916 wurde die erste psychologische Studie zum Film von Hugo Münsterberg durchgeführt: *The photoplay. A psychological study 1916* (Münsterberg, H. 2002). Hugo Münsterberg (1863 – 1916) war ein deutscher Psychologe, Philosoph und Mitbegründer der Angewandten Psychologie. Er wird auch als einer der ersten Filmtheoretiker betrachtet. Münsterberg untersuchte seinerzeit die Wirkung von Stummfilmen. Er interessierte sich vor allem für die pädagogischen Einsatzmöglichkeiten des Films und dessen Wirkung auf Jugendliche – ähnlich den heutigen Untersuchungen der Internetpsychologie, die ebenfalls die Jugend im Blickfeld haben. Übrigens promovierte Münsterberg bei Wilhelm Maximilian Wundt und führte so auch die naturwissenschaftliche Tradition in der Psychologie weiter fort.

Neben den Psychologen erkannten rasch auch Regierungen, Parteiverbände und Organisationen den Einfluss des bewegten Bildes. So wurde die Medienpsychologie schon bald für Propagandazwecke missbraucht. Es ist kein Zufall, dass der Regelbetrieb des Fernsehens 1935 in Deutschland begann. Zwei Jahre, nachdem die NSDAP den Führerstaat ausrief. Ein Jahrzehnt später lag die Welt in Schutt und Asche, Deutschland wurde geteilt. Nach der Einführung des TV-Regelbetriebs begannen in beiden Teilen des geteilten Deutschlands die Ausstrahlungen von regelmäßigen Fernsehprogrammen, auch kein Zufall. Es war ebenfalls kein Zufall, dass man in Ostdeutschland (bis auf Dresden) auch sogenanntes Westfernsehen empfangen konnte. Der Westen konnte dadurch Begehrlichkeiten wecken. Hier hatte vor allem die westliche Werbung mit ihrer Produktvielfalt einen starken Einfluss-Charakter auf die Menschen der ehemaligen DDR.

Dank der Film- und Medienindustrie in Hollywood werden die USA z.B. so stark beworben, dass nahezu jeder medienhörige Bürger außerhalb der USA davon ausgehen muss, dass es dort besser sei als zu Hause. Die indische Filmindustrie, auch Bollywood genannt, ist die weltgrößte Filmindustrie. Diese hatte jahrelang perfekt, oft auch für westliche Augen übertriebene, Liebesfilme produziert. Böse Tante oder Schwiegermutter, hübscher, liebevoller und romantischer Held, der seine ebenbürtige hübsche Prinzessin um jeden Preis heiraten möchte – warum? Weil er sie liebt. Ein Konzept, das bis dato in vielen Teilen Zentralasiens gar nicht bekannt war. *Arranged marriage* stand in vielen Familien auf dem Programm. Nun kann man sich ausmalen, was Bollywood für utopische Begehrlichkeiten geweckt haben muss. In vielen Teilen Zentralasiens haben in der Regel die beiden Väter beschlossen, wen der Sohn oder die Tochter zu heiraten hat. Was für westlich geprägte Menschen oft unwirklich erscheint, hatte in vielen Kulturkreisen positive Aspekte. Langzeitstudien zwischen *arranged marriages* und *love marriages*, den sogenannten Liebesheiraten, haben gezeigt, dass nach zehn Jahren die arrangierten Ehen glücklicher waren, da sie schnell akzeptierten, mit wem sie da für immer zusammen sein mussten, es gab ja auch keine Alternative. Die Bollywood-geprägten Liebesheiraten wurden schnell von der Realität eingeholt.

Begehrlichkeiten, die medial verbreitet werden, können ganze Kulturkreise ändern.

Aber nicht nur Begehrlichkeiten werden über die Medien verbreitet, oft sind es die Ängste, die Zutat, mit der die Medien am liebsten hantieren und noch mehr Erfolg haben. Schon die Anfänge der Filmindustrie hatten so eine Macht! Jene, die auch Münsterberg untersuchte. Vielen Menschen war damals nicht bewusst, wie stark der Einfluss durch die Filmindustrie sein kann. Der Stummfilm *Die Geburt einer Nation*, der erstmals am 15. Februar 1915 ausgestrahlt wurde, sorgte für einen enormen Zuwachs des Ku-Klux-Klans. Ein dreistündiger Film, den etwa eine Million Amerikaner sahen. Mit einer Einnahme von zehn Millionen Dollar war er damals der erfolgreichste Stummfilm. Der Film handelt vor, während und nach dem Amerikanischen Bürgerkrieg. Vor dem Krieg schienen alle glücklich. Die Weißen hatten ihre Sklaven, welche unterwürfig und zufrieden schienen. Dazu gibt es noch eine Liebesgeschichte zwischen Schwarz und Weiß. Oje! Nach dem Bürgerkrieg scheint alles vorbei zu sein. Die schwarze Minderheit strebt plötzlich die Herrschaft über das weiße Volk an. Quasi vom Sklaven zum Herrenvolk. *Helter Skelter*, wie Charles Manson es 1969 noch nannte. Dieser Stummfilm führte Anfang des 20. Jahrhunderts zu einer Reanimation und somit eines Zulaufs des Ku-Klux-Klans, der erst nach Ende des Zweiten Weltkriegs wieder abnahm. Auch hierbei haben die Medien geholfen. Der Holocaust, die Verbrechen des NS-Regimes und die Verbreitung der bewegten Bilder aus und über die Konzentrationslager, die Interviews der Überlebenden in Film und Fernsehen hatten vielen Klan-Mitgliedern die „Augen geöffnet" bzw. den Diskurs des gesellschaftlichen Miteinanders gelenkt.

Wie man an diesen Beispielen sieht, ist neben der Medienpsychologie auch die Medienethik ein wichtiges Feld. Medien hatten und haben seit jeher einen großen Einflussfaktor auf uns Menschen. Mit der Erfindung des Fernsehens wurde dies noch viel deutlicher.

Innerhalb der Medienpsychologie wurde deshalb ab den 1950ern die Filmforschung durch die Fernsehforschung erweitert. Die Studien beschäftigten sich von nun an mit den individuellen Merkmalen der Nutzer. Auch hierbei wurden hauptsächlich Jugendliche untersucht. Eigentlich wollten die Forscher beweisen, dass der regelmäßige Konsum eine negative Auswirkung auf das Sozialverhalten hat. Dies konnte jedoch nicht bewiesen werden, da man keinen Zusammenhang zwischen Fernsehkonsum und Sozialverhalten herstellen konnte.

Neben dem Fernsehen wurde nun auch immer mehr der Radiokonsum untersucht. Die Medienpsychologie erlebte in den 1950ern viel Anerkennung und ab den 1960ern sogar einen wahren Boom, der bis in die späten 1980er anhielt. Auch hierbei wurde immer wieder der Konsum mit Sozialverhalten, Beeinflussung und Wahrnehmung untersucht. Erkenntnisse wurden sofort von Politik, Film- und Werbeindustrie aufgegriffen und direkt umgesetzt.

Ende der 1970er entstand dann ein neues Medium: das Internet. Ursprünglich wurde die psychologische Untersuchung des Internets mit der Medienpsychologie abgedeckt. Erst seit ein paar Jahren ist die Internetpsychologie ein eigenständiges Feld, in vielen Fällen aber immer noch der Medienpsychologie untergeordnet.

Das Internet ist ein Medium, welches nicht nur passiv konsumiert wird, sondern auch Interaktionen erlaubt.

■

Ein Fakt, der verdeutlicht, dass die reine Medienpsychologie hierfür nicht mehr ausreichen kann. Der Nutzer kann in Echtzeit Einfluss nehmen, kann Dinge kommentieren, zur Verfügung stellen oder löschen. Das Internet ist dynamischer als die herkömmlichen Medien, die im Vergleich zum Internet nun sehr statisch wirken. Das Internet ermöglicht, mit unzähligen Menschen, Freunden und Familien weltweit gleichzeitig zu kommunizieren. Ein Medium, das bestimmten Menschen eine Macht verleihen kann, die zuvor nicht aufgefallen sind oder nie aufgefallen wären. Denken Sie nur mal an all die Internetprotagonisten, wie Hacker, Influencer, Blogger etc. All diese Menschen wären eventuell ohne Internet für die breite Masse nie in Erscheinung getreten.

Nach der Erfindung des Internets in den 1970ern brauchte es aber nochmals ein paar Jahrzehnte, bis wirklich jedermann auch im Internet war. Denn erst 1990 beschloss die National Science Foundation der USA, das Internet für kommerzielle Zwecke freizugeben. Drei Jahre später gab es den ersten grafikfähigen Webbrowser namens MOSAIC. Weitere drei Jahre später gab es schon die ersten Social-Media-Anbieter wie z.B. SixDegrees, das seinen Usern schon 1997 erlaubte, eigene Profile anzulegen und Freundschaften zu knüpfen.

Bis heute lassen sich zwei Social-Media-Kategorien unterscheiden, die reinen Kommunikationsplattformen wie zum Beispiel Messenger-Dienste und die sogenannten *user-generated* oder *user driven content* Plattformen. Dies bedeutet, dass die Nutzer selbst die Inhalte erstellen können.

Der Betreibende nutzt die kompletten Daten seiner Nutzer, um damit einen Milliardenumsatz zu machen. Zusätzlich stellt er eine Oberfläche zu Verfügung und sorgt dafür, dass die Social-Media-Seiten stabil bleiben, nicht abstürzen oder unnötige Ladezeiten benötigen.

Die sozialen Medien sind oft dafür da, sich selbst mit einer Peergroup von bekannten oder unbekannten Menschen auszutauschen und am Ende möglichst viele Daten preiszugeben. Was noch 1987 zu Demonstrationen und Großaufgeboten an Polizisten führte. Eigentlich wollte der deutsche Staat damals nur zählen, wie viele Menschen wo wohnen und wie sie zur Arbeit kommen. Es folgte ein Aufstand von großen Teilen der Bevölkerung. Und nur 15 Jahre später bietet ein Großteil der Menschen die privatesten Daten der Öffentlichkeit an. Bikini-, Urlaubs- oder Kleinkindfotos, Lieblingsgruppen, -filme und Urlaubserlebnisse sind für jedermann sichtbar im Netz. Jeder und jede kann, wenn er oder sie nur will, alles sehen.

Der Personal Computer kurz PC hat die Art und Weise, Daten zu speichern, revolutioniert, das Internet die komplette Kommunikation an sich.

Angefangen bei Ton- oder Lehmtafeln über Papyrus bis hin zu Büchern und bewegten Filmen sind wir heute dank Internet und Social Media in der Lage, unsere Botschaft binnen eines Bruchteils einer Sekunde um die ganze Welt zu jagen. Dies hätte vor nicht allzu langer Zeit der Menschheit Tausende von Jahren gekostet. Heute geht es per Mausklick binnen Sekunden. Der Mensch hat sich immer rasanter weiterentwickelt, vom *Homo erectus* zum *Homo sapiens* hin zum *Homo digitalis*, bis er endlich beim *Homo interneticus* angekommen ist. Von der mühsamen Sprachentwicklung zum Schrifterwerb, der Erfindungen von Brief- und Buchdruck bis hin zur Emoji-Nachricht. Die Evolution mag auch mal im Kreis verlaufen.

Afrika, so sind sich die Forscher einig, ist die Wiege des Vor- und Urmenschen, da es keinen älteren fossilen Fund bis dato gibt. Somit war der Ursprung des *Homo erectus* in Afrika belegt. Das Silicon Valley und somit die USA werden wohl die Wiege des *Homo interneticus* sein. Vollständigkeitshalber muss jedoch erwähnt werden, dass die menschliche Stammesgeschichte des *Homo sapiens* in der Evolution bis heute, trotz Internet und modernster Technik, ein umstrittenes Thema ist (Henke, Rothe 1994; Henke 1988; Wolpoff 1980). Die Evolution des *Homo interneticus* dagegen wird weniger angezweifelt, denn die Ursprünge sind in den USA. Ende der 1950er baute ein US-Rüstungslieferant mit Mini-Computern die ersten Time-Sharing-Systeme auf, die als Ursprung des Internets gesehen werden können. Hauptakteur war der Psychologieprofessor Joseph Carl Robnett Licklider (1915 – 1990). Der Psychologe Licklider war damals prägend für die amerikanische Informatik.

Nun haben wir den *Homo interneticus*. Ein Prototyp sind die Mitglieder der Generation Z (geboren 1995 bis 2010) sowie die Nachfolgegeneration, Generation Alpha genannt (geboren ab 2010).

Bei den Anfängen der Stummfilme hat nur ein Bruchteil der Jugendlichen überhaupt einen „aktuellen“ Film anschauen können. Auch hatte später nicht jeder Haushalt ein Radio oder gar einen Fernsehapparat. Heute haben 99,7 % der Jugendlichen ein Smartphone, im Jahr 2014 waren es „nur“ 85 % der Zwölf- bis 13-jährigen, die ein eigenes Smartphone besaßen. 2020 besaßen schon 95 % der Zwölf- bis 13-Jährigen ein Smartphone. Jugendliche ab 15 Jahren besitzen zu 98 % ein Smartphone.

Jeder Jugendliche in Deutschland kann zu jeder Zeit online gehen.

Diese Abdeckung der Smartphone-Nutzung kann als Forschungsgegenstand dadurch breiter gewichtet werden. Über 75 % dieser Kohorte nutzen regelmäßig drei bis fünf Stunden pro Tag das Smartphone alleine für die Social-Media-Nutzung. Die Jugendlichen scrollen täglich an ihrem Smartphone-Display jeweils 173 Meter! Oft mehr, als sie gehen. Ein Mensch blinzelt in der Regel 20-mal pro Minute. Vor dem

Smartphone sind es nur noch siebenmal. Das heißt, die Jugendlichen blinzeln im Schnitt 3900-mal weniger als Menschen, die vor zehn Jahren „Jugendliche" waren. Der Einfluss auf die Augen ist enorm. Viele dieser Kinder und Jugendlichen können sich ein Leben ohne Smartphone, geschweige denn ohne Internet, nicht vorstellen; dafür reicht die Fantasie nicht mehr aus. Keine Generation konsumiert so viel zur selben Zeit wie die momentanen Jugendlichen der Generation Z bzw. des *Homo interneticus*. Durchgehend online zu sein ist für sie selbstverständlich.

Die häufige Nutzung des Smartphones und die hohe Frequenz an Nachrichten und Neuigkeiten führen zu einer stark visuellen Orientierung und einer schnellen Auffassungsgabe. Die „digitalen Jugendlichen" der Generation Z sind hervorragend darin, möglichst schnell Inhalte zu filtern und zu beurteilen, ob diese relevant sind oder nicht.

Das permanente Befeuern und Befeuertwerden hat einen enormen Einfluss. Die Kompetenzen, die sich daraus ergeben, stellen den einzigen, aber bedeutenden digitalen Erfahrungsvorsprung der jungen Generation im Vergleich zu den älteren Generationen dar.

Für Jugendliche gibt es wenige Bereiche, die nicht von digitalen Lösungen durchdrungen sind. Durch die Sozialisation mit digitalen Geräten ist die Lernfähigkeit und Offenheit dieser Generation bezüglich digitaler Produkte deutlich höher als bei älteren Generationen. Sowohl beim *Customer Relationship Management*, kurz CRM, als auch beim Pflegen der Kommunikation sind es junge Menschen gewohnter, cloudbasierte Software zu pflegen und zu nutzen – während Vertreter älterer Generationen noch an Excel-Listen festhalten. Das Selbstverständnis, digital basiert zusammenzuarbeiten und zu kommunizieren, ist auch für Unternehmen, die sich hinsichtlich der Digitalisierung zukunftsgerecht aufstellen wollen, enorm wichtig. Dass Menschen, die eine analoge Prägung haben, sich insgesamt anders in der digitalen Welt bewegen, scheint eine logische Schlussfolgerung zu sein. Ein digital vorprogrammierter Generationenkonflikt.

Seit drei Jahrzehnten haben wir nun ein interaktives Medium, das weltweit 50 % aller Menschen regelmäßig nutzen, seit zwei Jahrzehnten haben wir Social-Media-Kanäle, die ebenfalls von Milliarden Menschen genutzt werden, und seit einem Jahrzehnt Smartphones, die von nahezu jedem Jugendlichen genutzt werden, um unabhängig von PC oder Laptop pausenlos das interaktive Medium, sprich das Internet zu nutzen. Es ist somit längst überfällig, dass das Teilgebiet der Psychologie, die Internetpsychologie, eine eigenständige Teildisziplin der Psychologie wird und somit gleichbedeutend mit der Medienpsychologie.

Die Internetpsychologie findet zurzeit noch wenig Beachtung, und das, obwohl jedermann weiß, dass Medien einen sehr starken Einfluss haben. Hatte selbst der Stummfilm einst eine so enorme Kraft, welches Potenzial hat dann ein interaktives

Medium, das rund um die Uhr nahezu überall auf der Welt genutzt werden kann? Man denke nur an Arabischer Frühling, Islamischer Staat, Fridays for Future, USA-Wahl, Fake News, Corona-Krise und Generationenkonflikte, „OK Boomer"-Memes, „I can't breath"-Proteste nach dem Tod George Floyds 2020 und vieles mehr. Alle diese Phänomene gingen digital begleitet, forciert oder digital begründet, binnen Sekunden viral um die Welt.

Das Internet wird immer mächtiger und nimmt immer mehr Raum ein. Folglich werden die internetfreien Handlungsräume immer kleiner. ■

3 Das Internet und der Einfluss auf unsere Persönlichkeit und unser Sozialverhalten

Eine Generation, die sich gegenüber ihren Eltern und/oder Erwachsenen kaum abgrenzt, die kein Bestreben nach Subkulturen hat. Aber auch eine Generation, die tendenziell keine Grenzen mehr zwischen Online- und Offline-Welt wahrnimmt. Die Generation Z, die Digital Natives 2.0, der *Homo interneticus*. Sie ist die erste Generation, die mit dieser Zwischenwelt aufgewachsen ist: Die Grenzen sind nicht nur fließend, sie scheinen für sie schlichtweg nicht zu existieren. Eine Welt ohne Internet und Social Media kennen sie nicht. Sie verstehen die Codes der Medien und Influencer völlig intuitiv. Dies ist Teil ihrer digitalen Muttersprache, welche sie mit all ihren Feinheiten und Redewendungen beherrschen.

Einher geht dieses natürlich angeborene Sprachverständnis mit strengen Relevanzfiltern. Binnen Sekundenbruchteilen muss entschieden werden, wie der gerade konsumierte Inhalt zu bewerten ist: potenziell brauchbar, vielleicht sogar zum Teilen geeignet, oder ist es überhaupt glaubwürdig? Die Werbeanzeige im Feed wird wie automatisch überscrollt, die wichtige Nachricht registriert.

Um diese Bewertung nicht jedes Mal selbst durchführen zu müssen, werden vertrauenswürdige Instanzen gesucht, die eine Vorauswahl treffen. Im Gegensatz zu ihren Vorgängergenerationen, die ihr Wissen durch Push-Medien bezogen und sich somit ihre Meinung aus dem bildeten, was man ihnen vorgab, wählen die zwischen 1995 bis 2010 Geborenen selbst.

Der *Homo interneticus* lässt sich nicht diktieren, von wem er sich beeinflussen lässt, sondern sucht in Pull-Medien aktiv nach Informationen. Individuell abgestimmte Algorithmen entlasten bei Entscheidungsfreiräumen. ■

Doch sie können nicht nur, sie müssen auch selbst entscheiden, wo ihre Inspirations- und Informationsquellen liegen. So sehr sie ihre Wahlfreiheit genießen, so schnell kann sie auch überfordernd werden. Das heißt, dass auf der einen Seite Informationen aktiv aufgesucht werden, auf der anderen Seite Information jedoch zuvor individuell auf die Personen abgestimmt wird. Algorithmen bestimmen, was einem angezeigt wird. So muss nicht einmal aktiv im Internet gesucht werden, sondern es wird bereits automatisch im Feed angezeigt. Als Beispiel eignet sich hier die Videoplattform TikTok. Hier muss man kaum selbst entscheiden, welche Videos angezeigt werden. Allein aus den eigenen Interessen und bereits betrachteten Videos werden Vorschläge für weitere Videos angezeigt.

Die dauerhafte Nutzung digitaler Medien (als Trend auch Mediatisierung genannt) hebt Raum- und Zeitgrenzen auf, die früher noch galten. Wer jemanden kontaktieren möchte, schreibt sofort. Wenn man etwas hören möchte, hört man es sofort. Wenn man etwas anschauen möchte, schaut man es sofort an, und wenn man etwas wissen möchte, googelt man sofort danach. ■

YouTube, Wikipedia und Google sind die Büchereien der heutigen Zeit. Das bedeutet, dass man alles, was man heutzutage möchte, auch sofort bekommen kann. Kein Warten mehr auf eine neue Platte, kein Checken der Öffnungszeiten des Musikgeschäfts, oder zuerst abwarten zu müssen, bis ein Freund die Platte kauft, von dem man das ersehnte Album kopieren kann. Man lädt sich heute ein Musikvideo einfach sofort auf sein Smartphone. Ist das in einem Land verboten, werden die Daten einfach aus einem anderen Land geladen, irgendwo geht es schließlich immer - dauert genauso lange, kostet genauso wenig. Alles ist im Hier und Jetzt jederzeit abrufbar und verfügbar.

Bedürfnisse können und wollen sofort gestillt werden. Das Ausweiten solcher Möglichkeiten widerspricht oft traditionellen Strukturen wie z. B. in der Schule. Vor allem wo Ordnung und Verbindlichkeit eingefordert werden, kann die Optionsgetriebenheit zu Problemen führen. Verbindlichkeit ist vor allem für die Generation Z kein Ziel, sondern ein Hemmnis. Verbindlich sein lässt fast unbegrenzte Handlungsmöglichkeiten auf wenige schrumpfen.

Je größer die Kluft zwischen Realität und Online-Profil, desto größer das Zerrbild. Desto weniger kann in der Realität das eingehalten werden, was online gezeigt wird. ■

In extremen Fällen kann das zu tiefer Unzufriedenheit führen. Das tolle Foto, mit dem sich der User präsentiert, das allerdings schon ein paar Jahre alt ist und im Endeffekt nur eine Momentaufnahme war. Oder die tolle Art, flüssig zu schreiben, wobei im Face-to-Face-Talk ein Stottern unüberhörbar wäre. Es gibt viele Diskrepanzen, die digital wunderbar kaschiert werden können. Wieso dann überhaupt noch auf die „reale“ Welt zurückgreifen? Viele Menschen verlieren sich sogar zu einem gewissen Grad in dieser Welt, bei der man von einer Realitätsflucht, oder pathologisch, von einer Online-Sucht sprechen kann.

3.1 Internetsüchte

Dass die Digitalisierung selbst einige psychologisch bedenkliche Symptomatiken hervorbringen wird, ist Psychologen schon längst bekannt. Allen voran die Internetsucht. Kimberly Young beschrieb das Phänomen des pathologischen Internetgebrauchs bereits 1996, also lange vor Instagram und Facebook (Young 1996). Einige Studien zeigten, dass bei Internetsüchtigen Dysfunktionen im frontostriatal-limbischen System des Gehirns beobachtet werden können, welche auch bei anderen Arten von Süchten vorkommen (Montag et al. 2016).

Menschen, die im Netz unterwegs sind, sind nie allein. Oft gehen sie ins Netz, um zu kommunizieren oder zu konsumieren. Dies geschieht hauptsächlich auf sozialen Medien. In den sozialen Medien entwickeln vor allem junge Menschen eine virtuelle Identität, ein Selbstbild, ein virtuelles bzw. ein digitales Ich. Identität und Selbstbild werden stark vom Feedback der Kontakte in der virtuellen Welt geprägt.

Viele Follower oder viele Likes bedeuten sowohl für das virtuelle Ich des *Homo interneticus* als auch für das Offline-Ich Bestätigung.

Positive Rückmeldungen wirken sich positiv auf das Selbstwertgefühl aus. Von der Anzahl an Followern und Likes wird auf die Person und den Status der Person im Netz geschlossen. Aus evolutionärer Sicht sind wir auf ein gutes Image bedacht; es führt zu besserem Zugang zu Ressourcen und fördert damit das Überleben. Das war schon in den Urzeiten des Menschen so. Jemand mit hohem Rang, Status oder Ansehen bekam das bessere Essen, größeren Schutz und war insgesamt akzeptierter. Natürliche Selektion hat unser Gehirn darauf programmiert, sich mit hohem Ansehen und Gruppenzugehörigkeit zu belohnen. Genau das passiert, wenn wir Likes erhalten. Das Belohnungszentrum des Gehirns, der Nucleus accumbens, wird aktiviert (Meshi, Morawetz, Heekeren 2013). Dieser Bereich spielt eine zentrale Rolle bei der Entstehung von Sucht. Der Nucleus accumbens ist ein wichtiger Bereich des SEEKING-Systems. Dieses System stattet den Menschen mit Energie aus, um beispielsweise nach Nahrung oder einem Sexualpartner zu suchen. Das wird auch als Neugierde oder Explorationsverhalten verstanden. Genau dieses Explorationsverhalten äußert sich in der häufigen Nutzung sozialer Netzwerke (Montag, Panksepp 2017). Und siehe da, Likes wirken als sozialer Verstärker. Das digitale Ich wird belohnt, bestraft, affiziert oder gelangweilt.

Führt eine Verhaltensweise zu einer Belohnung, sind wir bestrebt, diese Verhaltensweise immer wieder zu wiederholen.

Menschen streben nach Belohnung. Dadurch wird bestimmtes Verhalten, wie beispielsweise die Verwendung von Social Media, beibehalten. Und genau diese Mechanismen der evolutionären Prägung des Menschen finden auch im Internet Anwendung.

Wie schaffen es Anbieter, Plattformen und Portale, so einen großen Einfluss auf unser alltägliches Leben zu nehmen? Eine Vorgehensweise ist dabei das **Addictive Design.** Soziale Netzwerke wollen ihre User möglichst lange auf der Plattform halten, denn ein längerer Aufenthalt bedeutet mehr Daten, mehr Werbung und somit auch mehr Geld. So funktioniert hier die Wertschöpfung. Das dahinterliegende Phänomen nennt sich Addictive Design und zieht den User in einen regelrechten Bann, dem er nur schwer wieder entfliehen kann.

Für hochgeladene Bilder erhält man sofortiges Feedback in Form von Likes oder Kommentaren. Bei einer „Gefällt mir“-Reaktion der Community entsteht ein gutes Gefühl. Man bekommt diese Likes und fühlt sich besser. Im Gehirn wird der Neurotransmitter Dopamin ausgeschüttet. Im Volksmund wird Dopamin nicht umsonst als Glückshormon bezeichnet. Und genauso wirkt es auch. Irgendwann jedoch kehrt sich dieser Effekt ins Gegenteil um, und die User agieren aus Angst heraus: Angst, etwas zu verpassen, Angst, weniger Likes zu bekommen, Angst, unsicher zu wirken. Man strebt nach mehr Dopamin, aber im Endeffekt nur noch danach, den „Normalzustand“ zu erreichen oder wiederherzustellen.

Jedoch benötigt man wie bei jeder Sucht immer mehr, um sich gut zu fühlen. Der Kampf um die besten Profile, Posts und Memes hat begonnen. Problematisch ist gar nicht der Mechanismus an sich – sondern vor allem die hohe Frequenz sozialer Interaktion, die das Smartphone ermöglicht. Und die damit einhergehende hohe Menge ausgeschütteten Dopamins.

Likes bekommt man in der Regel nur für Besonderes. Nur wer Besonderes postet, bekommt Bestätigung und Anerkennung. Doch nur die wenigsten Menschen machen ständig besondere Dinge. Jedenfalls in der analogen Welt. Die meisten stellen sich infolgedessen online deutlich besser, interessanter und schöner dar, als es objektiv der Fall wäre.

Ein Hormon, das ebenfalls von den Plattformen und dem Addictive Design berücksichtigt wurde, nennt sich Oxytocin. Im Volksmund als „Kuschelhormon“ bezeichnet, welches neben der Bindung an unser soziales Umfeld auch eine stimulierende Wirkung auf unser Gehirn hat. Die Bindung an das soziale Umfeld kann unter anderem mittels sozialer Interaktion über soziale Medien erreicht werden. Fühlt man sich alleine, versucht man, dies dann beispielsweise über sozialen Austausch auf den Social Media zu kompensieren.

Gesteuert durch „Glücks- und/oder Kuschelhormone“: Sowohl die Dopamin- als auch die Oxytocin-Ausschüttung können süchtig machen.

■

Die Social-Media-Anbieter haben das schon längst erkannt. Sie wollen die Nutzer süchtig machen. Denn ein süchtiger Nutzer ist auch ein loyaler Nutzer und wird alles dafür tun, seine Sucht immer und immer wieder zufriedenzustellen, auch wenn das mit hohen Geldsummen oder einem negativen Einfluss auf das Offline-Leben verbunden ist.

Die Plattformanbieter suchen immer wieder Optimierungsmöglichkeiten, den Aufbau und die Gestaltung von Nutzeroberflächen noch mehr nach den Gesetzmäßigkeiten des Addictive Designs anzupassen. Es soll die Aufmerksamkeit des Users möglichst so beanspruchen, dass der suchtähnliche Charakter so schnell wie möglich erzeugt wird.

Durch die längere Zeit auf der Nutzeroberfläche werden dann wiederum mehr Daten gewonnen, und der Marktwert steigt. Wiederholt man als Plattform diesen Prozess sehr oft und erfolgreich, hat man schon sehr bald eine wirtschaftliche und politische Stellung, die man mit kaum einer anderen Unternehmensart vergleichen kann.

Menschen, die Nutzeroberflächen von sozialen Netzwerken und *Streamingplattformen* designen, manipulieren damit gezielt unsere Neurochemie. ■

So ist z. B. das Design von Instagram mit einer klaren, minimalistischen Nutzerschnittstelle konzipiert. Die wichtigsten Buttons immer am Daumen ausgerichtet. Dies ermöglicht dem Nutzer, schnell auf das Wesentliche zu reagieren und sich auf den Inhalt fokussieren zu können. Ein weiteres Beispiel ist die Technik „Autoplay" auf diversen Video- und Streamingplattformen. Eine Technik, die, bevor das eigentliche Video zu Ende ist, bereits ein neues Video in einem kleineren Fenster abspielt. Auch hier gilt es wieder, die User möglichst lang auf der Plattform oder in den Social-Media-Kanälen zu halten.

Der *Homo erectus* hatte Angst vor wilden Tieren, der *Homo sapiens* vor Naturkatastrophen und der *Homo interneticus* davor, etwas zu verpassen, im schlimmsten Fall sogar etwas Wichtiges.

Früher ging es ums nackte Überleben, und heute geht es darum, nichts zu verpassen. ■

Diese Angst heißt *fear of missing out* oder in Kurzform FOMO. FOMO beschreibt die Angst, eine soziale Gelegenheit verpassen zu können und in der Folge sozial ausgegrenzt zu werden. Dabei handelt es sich streng genommen nicht um ein neu entstandenes Phänomen, denn der Wunsch nach Gruppenzugehörigkeit ist ein zentrales menschliches Bedürfnis. Dieses Bedürfnis hatten schon unsere Urvorfahren in der Steinzeit.

Das Gefühl, die falsche Entscheidung darüber zu treffen, wie man seine Zeit verbringt, führt zu einer ständigen Unruhe. Diese Angst ist schlimmer denn je zuvor. Die Generation Z ist von ständiger Verlustangst begleitet. Personen mit einer hohen FOMO fühlen sich gezwungen, ihre Social-Media-Kanäle öfters zu prüfen, um über die Aktivitäten und Pläne ihrer Freunde auf dem Laufenden zu bleiben. FOMO kann zu psychopathologischen Problemen wie Depressionen führen. Jugendliche mit einer hohen FOMO haben ein hohes Risiko, ihr Bedürfnis nach Zugehörigkeit nur noch in sozialen Medien auszuleben.

Ein Großteil der Generation Z (GenZ) geht hauptsächlich mit dem Smartphone ins Internet. Zurzeit sind das über 75 % der GenZ-User. Die nun unter Psychologinnen und Psychologen diskutierte Angst vor der Abwesenheit des Handys hat bereits einen Namen: *Nomophobie*. Bisher handelt es sich um keine anerkannte Diagnose nach ICD 10 oder DSM V, aber dass die Smartphone-Nutzung bei vielen Menschen einen suchtähnlichen Charakter annimmt, ist weniger die Ausnahme als die Regel. Im Rahmen der Einführung des ICD 11 wird die Video- und Online-Spielsucht, die bisher im ICD 10 noch nicht aufgeführt ist, als Gesundheitsstörung ab 2022 aufgenommen. Die Entstehung von Smartphone-Sucht ist aktuell noch umstritten. Es wird momentan von multikausalen Einflüssen ausgegangen. Aus lernpsychologischer Sicht wissen wir, dass das Verhalten eine Reihe von Lernerfahrungen ist, die ein Mensch im Laufe seines Lebens erfährt. Montag (2018a) schlägt deshalb ein Modell, basierend auf Konditionierungsprozessen, vor (Bild 3.1).

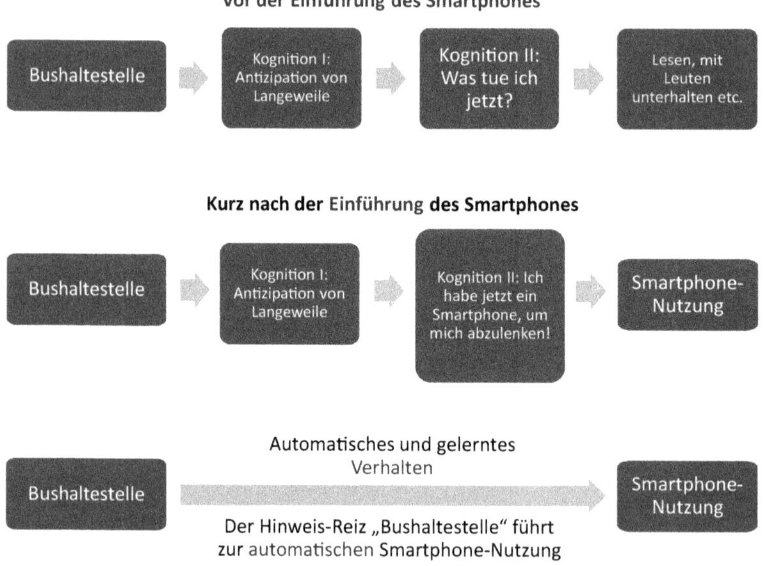

Bild 3.1 Entstehung von Smartphone-Sucht (nach Montag 2018b)

Junge Menschen, vor allem die ab 2000 geborenen, sind besonders anfällig für Nomophobie. Also ein Großteil der Generation Z. Aus neurologischer Perspektive hat das mit der noch nicht abgeschlossenen Hirnentwicklung im noch jungen Alter zu tun, insbesondere mit dem Bereich des Frontallappens, der für Inhibition, also Unterdrückung von Reizen, zuständig ist. Jugendliche sind noch nicht so gut darin wie Erwachsene, Impulse zu kontrollieren und Versuchungen zu widerstehen. Dies führt infolge der ständigen Social-Media-Befeuerung zu einem alltäglich erhöhten Stresslevel. Der Stress wird durch ständiges Prüfen des Smartphones abgebaut.

Langfristige Folgen des digitalen Dauerkonsums sind noch nicht abzusehen. Kurzfristige Auswirkungen zeigen sich jetzt schon in einer immer kürzer werdenden Konzentrationsspanne bei den beschriebenen Personen. Es kostet den *Homo interneticus* immer mehr Energie, äußere Reize auszublenden und sich auf *nur* eine Sache zu fokussieren. Auch das Gehirn wird immer schlechter trainiert, Google gleicht hier vieles aus. Schlafqualität und Schlafdauer nehmen aufgrund des digitalen Konsums in den späten Abendstunden ab. Das führt zu einer allgemeinen Erholungsunfähigkeit und damit zu subjektiv stärkerem Stress.

Der *Homo interneticus* kommt kaum mehr zur Ruhe. Schon allein die reine Anwesenheit des Smartphones schränkt die Denk- und Konzentrationsfähigkeit ein, sogar wenn das Gerät ausgeschaltet ist.

In einer Studie der University of Texas erledigten Probanden Aufgaben, die Konzentration erforderten. Sie wurden gebeten, ihr Smartphone mit dem Display nach unten auf den Tisch zu legen, in ihrer Tasche zu verstauen oder im Nebenraum zu lassen. In allen Fällen waren die Smartphones auf stumm geschaltet. Am schlechtesten in puncto Konzentration schnitten die Probanden ab, die ihr Smartphone auf dem Tisch behielten. Deutlich besser schnitten diejenigen ab, die ihr Smartphone in der Tasche hatten, und noch besser diejenigen, deren Smartphone im Nebenraum lag (Ward, Gneezy, Bos 2017).

Diese Studie zeigt, dass die reine Möglichkeit, das Smartphone in Reichweite zu haben, die Konzentrationsfähigkeit mindert, da das Widerstehen, auf das Smartphone zu schauen, kognitive Ressourcen verbraucht. Es scheint daher sinnvoll, das Smartphone außerhalb der Reichweite zu deponieren, wenn man sich konzentrieren möchte.

Eine Studie der London School of Economics verglich die Leistungen von Schülern vor und nach der Einführung eines Handyverbots. Die Wissenschaftler fanden heraus, dass sich weniger leistungsstarke Schüler um 14 % verbesserten, gute Schüler um 6 %. Vermutlich haben schlechtere Schüler eine geringere Selbstkontrolle und lassen sich daher leichter von ihren Smartphones ablenken. Durch ein Handyverbot ließe sich folglich die „education gap“ zwischen leistungsstärkeren und

-schwächeren Schülern verschmälern. Dieses Verbot lässt generell die Möglichkeit verschwinden, das Smartphone zu verwenden. Dadurch wird kognitive Kapazität eingespart, die dann für schulische Aufgaben verwendet werden kann (Beland, Murphy 2015).

Durch die Einführung moderner Technik, wie dem Internet oder Smartphone, können sich neben den Süchten auch Auswirkungen auf das Selbstbild eines Menschen ergeben.

Das Cyberfeedback oder die Cyberkommunikation sorgt dafür, dass das digitale Ego im Cyberraum wächst oder schrumpft. Beides ist eins zu eins übertragbar auf die Offline-Welt. Das bedeutet, dass das menschliche Ego - unabhängig davon, ob off- oder online - wächst oder schrumpft durch die Kommunikation, das Feedback und die Likes der Cybercommunity. ■

Am Ende kann diese Art der Cyberinteraktion auch zu einer *De-Individuation* des Menschen führen. De-Individuation bedeutet in diesem Fall, dass die Gruppe und deren Wertesystem für die Identität eines Menschen wichtiger werden als die bisherigen eigenen bzw. subjektiven Werte und Normen. Sie halten sich in einer Gruppe also nicht so strikt an ihre eigenen Verhaltensnormen, zeigen vermehrt von der gesellschaftlichen Norm abweichendes, aber gruppenkonformes Verhalten. Anonymität, wie sie im Cyberspace meist gegeben ist, verstärkt De-Individuation, denn in anonymen Situationen fehlt die Möglichkeit, andere Personen individualisiert wahrzunehmen.

Menschen verhalten sich in anonymen Situationen selten als unabhängig denkende Individuen, sondern vor allem als Mitglied einer Gemeinschaft (einer Cybercommunity beispielsweise). ■

Henri Tajfel beschrieb dies bereits 1986 in seiner Social Identity Theory (Theorie der sozialen Identität). Die Identität verliert im Cyberspace an Kontur (Tajfel, Turner 1986). In der realen Welt sind die körperlich anwesenden Menschen unverwechselbar. Jeder Mensch hat seine charakteristische Weise. Im anonymen Raum des Internets sind Menschen weniger leicht unterscheidbar. Die persönliche Identität verliert an Bedeutung und macht Platz für die soziale Identität. Die persönliche Identität meint die Einzigartigkeit des Individuums, während die soziale Identität die Einzigartigkeit einer Gruppe (die sich von anderen Gruppen abhebt) beschreibt. Die Einzigartigkeit oder Andersartigkeit der Gruppe kann sich auf verschiedene Merkmale beziehen. Zum Beispiel kann dies ein gemeinsames Interessengebiet der Follower oder Mitglieder sein.

Dies führt zu bestimmten Ingroup- und Outgroup-Mechanismen. Als Ingroup werden Gruppen bezeichnet, denen man sich zugehörig fühlt, mit denen man eine gewisse Vertrautheit hat. Vorurteile werden gelernt, und es können negative Gefühle gegenüber der Outgroup entstehen, alleine deshalb, weil man eben kein Teil der Gruppe ist. Die Vorurteile können sich aber auch gegen Individuen richten. Die Vorurteile werden dann in bestimmten Fällen, beispielsweise in Form von Diskriminierung, zum Ausdruck gebracht (Allport, Clark, Pettigrew 1954).

Die Generation Z strebt stark ins Kollektiv. Das gilt nicht nur offline, sondern auch online. Noch schlimmer, als ausgegrenzt zu werden, ist, durch das Kollektiv *geunlikt* zu werden oder gar *gedisst* zu werden. Auch systematische Erniedrigungen sind hier an der Tagesordnung, wie z. B. verfälschte Fotos, oder sonstige Hate-Posts (Hass-Botschaften).

3.2 Weitere psychische Gefahren im Internet

Jüngere Generationen, wie die Generation Z und bald auch die Generation Alpha, sind sehr vulnerabel (anfällig) für Cybermobbing, da sie bereits von Anfang an mit dem Internet aufgewachsen sind. Mobbing wird in der realen Welt definiert als absichtliches und wiederholtes Verhalten eines Täters oder einer Gruppe gegenüber einem Opfer, das sich nicht wehren kann. Cybermobbing ist, im Unterschied zum „normalen" Mobbing, an digitale Medien gebunden.

Cybermobbing kann dennoch nicht lediglich als Adaption des Phänomens in die digitale Welt gesehen werden. Die rasante Ausbreitung von Informationen durch digitale Kommunikationskanäle ist enorm. Cybermobbing hebt sich daher allein von der Geschwindigkeit her vom analogen Mobbing ab. Inhalte, die einmal geteilt wurden, sind nicht mehr revidierbar und erreichen jeden, unabhängig vom geografischen Standort. Zu den Risikofaktoren für Opfer gehören, ebenso wie beim Mobbing in der realen Welt, eine geringe Beliebtheit und Akzeptanz in der Peergroup, problematische Familienverhältnisse oder ein niedriges Selbstwertgefühl. Oft kann dieses Ego auch nur über den Cyberraum wiederaufgebaut werden.

Ein YouTube-Video mit vielen Dis-Likes kann durch Löschen oder eine viel größere Like-Anzahl geläutert werden. Auch Fake News können über den Cyberraum wieder revidiert werden. Doch in der Regel können nicht alle Informationen vollständig entfernt werden und es bleibt ein Rest an Informationen in der Cyberwelt. Viele Fake News über vermeintliche Vergehen von Flüchtlingen z. B. haben nach deren Revidierung und der Erklärung, dass diese Taten so nie stattgefunden haben, bei den meisten Menschen dennoch nicht dazu geführt, dass bei zukünftigen Artikeln der Inhalt hinterfragt wird. So ähnlich ergeht es eben auch Cybermobbing-Opfern.

Mobben kann jeder, und auch jeder kann gemobbt werden. Die Folgen sind oft verheerend. Sie sollten sich der fünf Cyberaxiome bewusst werden:

- Jeder kann im Netz groß und mächtig sein!
- Das Internet vergisst nichts.
- Das Internet schläft nie. Es ist theoretisch immer nutzbar.
- Kein Medium erreicht mehr Menschen als das Internet.
- Kein Medium ist schneller und effektiver als das Internet, wenn es um die Verbreitung von Daten und Informationen geht.

Wichtig ist der richtige Umgang mit dem Phänomen des Cybermobbings, sowohl vom Betroffenen als auch dem sozialen Umfeld. Das Erlernen von ausreichender Medienkompetenz ist ein erster Schritt der Prävention. Wesentlich ist vor allem der richtige Umgang mit persönlichen Daten, die oft leichtfertig auf sozialen Netzwerken geteilt werden. Und das oft mit Menschen, die man gar nicht kennt. Die Palette der Mobbing-Formen reicht von Flaming, Belästigung, Cyberstalking, Verunglimpfung, Impersonifizierung, Verrat bis hin zu Ausschluss.

Eine besondere Form des Cybermobbings ist das Happy Slapping (fröhliches Zuschlagen). Jemand wird geschlagen oder verletzt, und diese Tat wird dann von Mittätern über soziale Netzwerke geteilt. Durch das Teilen der Videos kann bei den Tätern ein Gefühl der Überlegenheit erzeugt werden. Im Gegenzug erhalten sie dann im Netz Anerkennung durch die Zuschauer, meist handelt es sich dabei um ihre Peergroup.

Die Täter sehen das oft als Spaß. Für die Betroffenen ist es dagegen mit viel Scham behaftet. Problematisch ist hierbei, dass die Videos auch für Kinder und Jugendliche leicht zugänglich sind. Um auch zur Ingroup zu gehören, kann es passieren, dass Verhalten nachgeahmt wird und die Hemmschwelle für dissoziales Verhalten sinkt.

Bild 3.2 Cybergroomer mit Opfer

Ein weiteres Phänomen der *Homo interneticus*-Community ist das sogenannte Cybergrooming. Hiermit wird das gezielte Aufdrängen, mit der Absicht, sexuellen Kontakt aufzubauen, verstanden. Meist sind Kinder und Jugendliche von dieser Art des Cybermobbings betroffen. Sie werden oft von deutlich älteren Personen zu Treffen in der realen Welt sowie sexuellen Handlungen aufgefordert. Beispiel: Ein Cybergroomer nimmt eine Fake-Identität mithilfe eines Fake-Accounts an und verspricht dem Opfer teure Kleider, eine tolle Reise oder was auch immer. Herauszubekommen, was das Opfer gerne mag, ist nicht schwer, denn Instagram, Facebook und Co geben all dies preis. Nun werden die individuellen Wünsche des Opfers bedient oder zumindest in Aussicht gestellt, immer mit der Bitte, harmlose Fotos zu senden, über sexy Fotos bis hin zu obszönen Fotos. Nun hat der Cybergroomer, was er wollte. Er hat Fotos, Texte und Videos von seinem Opfer, um diese Opfer nun zu erpressen und seine Fantasie in die reale Welt zu übertragen. Er zwingt sein Opfer jetzt dazu, sich mit ihm zu treffen, da sonst die Bilder einem breiten Publikum zur Verfügung gestellt oder den Eltern geschickt werden. Klassenkameraden, Lehrer, beste Freunde und alle anderen Bekannten würden die Bilder sehen. Das Opfer befindet sich in der Zwickmühle und muss sich für einen Weg entscheiden – Anzeige bei der Polizei und mit möglicherweise schambehafteten Aussagen oder ein Treffen mit dem Täter? Und nun denken Sie wieder an die fünf Cyberaxiome. Der Schaden für das Opfer ist immens.

Der Besuch einer Therapie erfolgt meist erst nachdem etwas Schlimmes vorgefallen ist, also wenn das Kind in den Cyberbrunnen gefallen ist. Da der Cybergroomer eine erfundene Identität annahm, ist dieser auch nicht so schnell auffindbar. Obwohl er immer mit der gleichen Cybermasche vorgeht, hat dies auch bei anderen funktioniert. Hier hat der Cybergroomer nur wieder eine andere Identität angenommen. Story, Vorgehen und Folgen bleiben aber immer gleich …

Der Cyberraum ist voll mit den gleichen Chaoten, Verbrechern, Gebildeten, Ungebildeten, naiven oder misstrauischen, spannenden und langweiligen Menschen wie die Offline-Welt auch. Es sind nur die Möglichkeiten und Mechanismen anders.

All diese Cybermobbing-Geschichten können auch innerhalb eines Unternehmens passieren. Viele Personalentscheidender, Datenschützer und Betriebsärzte oder Psychologen sind auf diese Phänomene überhaupt noch nicht adäquat vorbereitet.

Es muss allen Akteuren immer wieder bewusst werden, wie stark der Cyberraum die analoge Welt beeinflusst, auch nach der Arbeit, am Wochenende und an Feiertagen.

■

3.3 Fake News – Welche Daten aus dem Internet stimmen?

„Wir sind, was wir konsumieren", sagte einst Erich Fromm in *Haben und Sein* (Fromm 1976). Und Fromm hat recht. Wir werden alle durch das Internet beeinflusst. Durch die enormen Möglichkeiten, die es bietet, beeinflusst es uns in ebenso enormer Weise. Wie wir kommunizieren, wie wir konsumieren, was wir glauben, was wir wählen, ja sogar wie wir erziehen. Dabei ist es nichts Fremdes, sondern vielmehr ein Spiegel unserer selbst. Es ist die Summe dessen, was durch uns selbst eingespeist wird. Also das Internet ist die Summe der Daten, die jeden Tag von Internetnutzern, also allen Menschen, die sich „online bewegen", eingestellt werden.

Matthias möchte seine Erlebnisse, die er auf einer Weltreise gesammelt hat, teilen. Michaela interessiert sich stark für Handarbeiten und sucht nach Gleichgesinnten. Oma Lise möchte den Eltern von heute Tipps geben, wenn sie das erste Mal Eltern werden. Alle teilen und finden Erfahrungen im Netz. Wir befeuern das Internet und wir lassen uns befeuern. Eine permanente Interaktion.

Das Internet erlaubt uns alles, nur nicht, stillzustehen.

Im Umgang mit dem Internet müssen wir zwei Gruppen von Usern prinzipiell unterscheiden. Jene, die ohne Internet aufwuchsen und nicht durch die Mechanismen des Internets geprägt wurden, und jene, die sich ein Leben ohne Internet nicht vorstellen können.

Deutlich wird dieser Unterschied beim Umgang mit viraler Desinformation, sogenannten Fake News im Internet. Denn vor allem die vor 1980 Geborenen sind laut vielen Studien sehr anfällig für die fälschlich verbreiteten Inhalte. Das liegt vermutlich an deren größerer Unerfahrenheit im Umgang mit diesem Medium sowie ihrer fehlenden Erfahrung im digitalen Raum. Die Wissenschaftler der Princeton University analysierten während der US-amerikanischen Präsidentschaftswahl im Jahr 2016 das Posting-Verhalten von 3500 Menschen. Diese Studie zeigt, dass vor allem User über 65 siebenmal häufiger Fake News teilen als jüngere User. Es wurden allerdings weniger Fake News verbreitet als von den Wissenschaftlern vor Studienbeginn angenommen bzw. befürchtet (Guess, Nyhan, Reifler 2018).

Als äußerst interessant stellte sich jedoch der Faktor politische Gesinnung in Zusammenhang mit Häufigkeit der Verbreitung von Fake News heraus. Diesbezüglich wurde beobachtet, dass konservativere User – also in Amerika in der Regel Trump-Anhänger – eher dazu neigten, Falschmeldungen zu teilen.

Die Existenz von Desinformation ist, seit Politik gemacht wird, nicht sonderlich neu, auch nicht für den analog geprägten Teil unserer Gesellschaft. Jedoch sind die Ausmaße und Geschwindigkeiten, vor allem durch die steigende Verwendung des Internets, der Verbreitung dieser Inhalte neu. Mit steigendem Bewusstsein und immer größerer Sichtbarkeit der Problematik, der gravierenden Implikationen und weitreichenden Konsequenzen wurde auch der Wunsch nach besserem Verständnis des Phänomens immer dringender.

Vor dem US-Wahlkampf 2016 wurde diese Art von Schlagworten hauptsächlich in Expertenkreisen diskutiert – inzwischen ist klar, dass sie auch in breiterem Kontext thematisiert werden müssen.

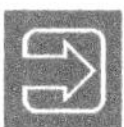

Um mündig mit Informationen umgehen zu können, bedarf es Medienkompetenz und eines inhärenten Verständnisses für wahr oder unwahr, echt oder falsch. ■

Das Problem ist nur, dass sich einmal verbreitete Nachrichten zwar grundsätzlich widerlegen lassen, dies aber verhältnismäßig viel mehr Zeit und Aufwand in Anspruch nimmt.

Die Lüge wiegt stärker als der Widerruf und wird von diesem Widerruf eben nicht mehr entkräftet, so stichhaltig die Gegenargumente auch sein mögen. Denn im Bereich der Fake News bewegen wir uns nicht allein auf der Ebene der Vernunft. Emotional bewegende Inhalte wie schockierende Geschichten über eine prominente Person brennen sich in die Köpfe ein und halten sich dort hartnäckig. Erst recht, wenn es sich um visuelles Material handelt, wie beispielsweise beim Varoufakis-Video (Hashtag: #varoufake). Hierbei wurde ein vermeintlich hochgestreckter Mittelfinger des griechischen Politikers Yanis Varoufakis gezeigt, der angeblich Fake war, dann doch wieder nicht, um ihn dann wieder als Fake zu enttarnen. Ein Fake im Fake sozusagen. Ist eine Person jedoch erst abgestempelt, lässt sich der Schaden nur noch sehr bedingt oder nur mit enormem Aufwand verbunden revidieren. Im Fall des erwähnten Videos ging es allerdings weniger um die potenziell geschädigte Person, die im Video tatsächlich zu sehen war, und wie deren Aufnahme technisch manipuliert wurde. Vielmehr sollten die journalistischen Missstände aufgezeigt werden, welche die Verbreitung eines solchen Materials erst möglich machen. Der Umgang der öffentlich-rechtlichen Medien mit Informationen stand hier im Mittelpunkt.

Allein in Deutschland waren noch 2019 täglich 23 Millionen Menschen auf Facebook aktiv (Stand März 2019). Angenommen, jeder von ihnen postet im Schnitt einmal pro Tag etwas: Selbst wenn es sich nur bei jedem tausendsten Post um falsche Informationen handelt, entstehen immer noch 16 Falschmeldungen pro Minute. Jede einzelne von ihnen abzufangen bzw. alle der getätigten Posts gründlich zu überprüfen, ist schier ein Akt der Unmöglichkeit. Es sind nicht nur Privatpersonen, welche sich überfordert fühlen von der rasanten und immer weiter steigenden Geschwindigkeit und Menge an zu verarbeitender Information.

Auch Personen oder Institutionen des öffentlichen Lebens sind davon betroffen. Wir haben weder die Muse noch den Willen, uns die Zeit zu nehmen, jede Einzelheit der über uns einströmenden Flut gründlich zu prüfen. Es häufen sich die Fälle, in denen selbst Politiker offensichtlich nicht mehr in der Lage sind, den Unterschied zwischen Satirenachricht und seriöser Berichterstattung beurteilen zu können. So wurden schon öfter *Postillion*-Beiträge mit voller Ernsthaftigkeit und großer Entrüstung über den frei erfundenen Sachverhalt mit der Community, den Wählern und Wählerinnen, geteilt - von Menschen, denen eine gewisse Medienkompetenz allein von Berufs wegen und der damit einhergehenden Verantwortung unterstellt werden müsste. Dabei scheint es keine Grenzen zu geben. *Postillion*, eine große deutschsprachige Satirewebsite, hat auf die Vorbehalte vieler Bundesbürger gegenüber Geflüchteten folgende Headline gebracht: „Flüchtling renkt seinen Unterkiefer aus und verspeist blondes deutsches Kind bei lebendigem Leib" (Postillion 26.08.2015). Bei anschließenden Interviews gab es tatsächlich besorgte Bürger, die Ähnliches bemerkt haben wollen.

Es mag sein, dass wir in unserer heutigen Politiklandschaft an einem Punkt stehen, an dem die Realität oftmals schon skurriler wirkt als die kuriosesten erfundenen Beiträge. Wenn z.B. der Präsident der Vereinigten Staaten Grönland kaufen möchte, um nur ein Beispiel zu nennen. Übertreibungen sind in einigen Fällen nur noch schwer möglich und werden obsolet.

Die Grenzen zwischen Satire, Falschmeldung und objektiver, faktischer Beobachtung verschwimmen zusehends - ebenso wie die Grenzen zwischen Beruf und Freizeit, öffentlich und privat. ■

Wir wollen unsere Informationen gut verdaulich und häppchenweise, meist *to go*. Im besten Fall sogar schon etwas vorgekaut und auch noch ansehnlich angerichtet. *Instagramable* soll nicht mehr nur das Mittagessen und der Urlaub sein - nein, auch die Schlagzeile muss sich optisch attraktiv präsentieren, um eine möglichst große und schnelle Verbreitung zu finden. Zum Beispiel hat die Protagonistin auf dem Urlaubsbild nur im Bikini begleitet mit der Überschrift „Wer mag vorbeikommen?" eine höhere Interaktionsrate als ein Strandfoto von einer Sandburg.

Aus rechtlicher Sicht ist zwischen übler Nachrede und Verleumdung zu unterscheiden (StGB § 186, § 187). Bei Letzterer muss die falsche Information vorsätzlich verbreitet worden sein, unter die Kategorie der üblen Nachrede würde es fallen, wenn ich eine Falschmeldung unwissentlich teile. In der Theorie klingt die Unterscheidung klar und simpel - angewandt in der Praxis hingegen wird es auch hier schnell wieder undurchsichtig und in der Umsetzung äußerst schwierig.

Das Netz kennt keine Ländergrenze oder ein Niemandsland. Grauzonen nehmen hier mehr Raum ein als klar abgesteckte Bereiche. Ob nun jemand vorsätzlich oder einfach nur aus Langeweile oder aufgrund von mangelnder Medienkompetenz Fake News im Netz verbreitet, lässt sich oft nicht genau differenzieren. ■

Die wichtigsten Zutaten für eine Nachricht, damit diese viral geht, sind unter anderem die richtige Stimmung – einmal der Nachricht selbst, aber auch der Situation. Wenn „es brodelt", sind wir am empfänglichsten für Gerüchte, populistische Botschaften, einseitige Erklärungsansätze und Sündenböcke. Das Timing ist deshalb entscheidend: Perfekt konstruierte Fake News müssen auf der Stelle zubereitet und gestreut und so dem Rezipienten serviert werden.

Die Meldung selbst sollte schockierenden Inhalt besitzen, betroffen machen, gegebenenfalls auch mal polarisieren. Darüber hinaus darf sie nicht völlig an den Haaren herbeigezogen wirken – eine relative Glaubwürdigkeit muss schon gegeben sein. Wenn einer Person Worte in den Mund gelegt werden, müssen diese so formuliert sein, dass die- oder derjenige diese tatsächlich gesagt haben könnte. Wird dies geschickt genug angestellt, spielt es für zahlreiche Rezipienten bzw. Empfänger am Ende überhaupt keine so große Rolle mehr, ob die Meldung der Wahrheit entspricht oder nicht. Sie hören, was sie hören wollen, sehen, was sie sehen wollen, und glauben schließlich, was sie glauben wollen, immer emotional aufgeheizt – solange die Meldung Futter für Diskussion bietet und eine Projektionsfläche bereitstellt, wird sie herzlichst angenommen.

Die Meldung dient als Katalysator und als Ventil für Aufgestautes. Allein durch diese Funktionen besitzt die Nachricht einen enormen Mehrwert für viele Personen, was unter anderem auch ihre Hartnäckigkeit und Verteilungsrate erklärt. Dann wird nicht mehr so genau nachgefragt – denn nur zu ungern würde man sich von seiner Fake-Wahrheit trennen, die inzwischen aus unterschiedlichen Gründen besser schmeckt als die objektive, faktenbasierte Version. Unlautere Mittel und Geschmacksverstärker hin oder her. Es muss nicht nur gut aussehen, sondern auch schmecken, sonst beißt keiner mehr zu! Fake News sind in der Regel *snackable*.

Fake News werden von Älteren häufiger weiterverbreitet als von Jüngeren bzw. dem *Homo interneticus* und eben von Älteren öfters unhinterfragt als „wahr" angenommen als bei den Jüngeren (Bild 3.3). Der *Homo interneticus* ist dafür häufiger überfordert mit der Flut an Informationen, denen er täglich ausgesetzt ist. Um nicht völlig darin verloren zu gehen und überfordert das Handtuch zu werfen, nutzen viele junge Menschen Simplifizierungen, um ein Verständnis für die vielen und komplizierten Informationen zu erlangen. Es wird einfach alles auf das Wesentliche heruntergebrochen. Schlichtweg weil die Informationsflut, die Geschwindigkeit und Menge viele junge Menschen förmlich erschlägt, helfen vermeintlich einfache Antworten oft als dankbarer Ausweg aus der Flut der Masseninformationen. ■

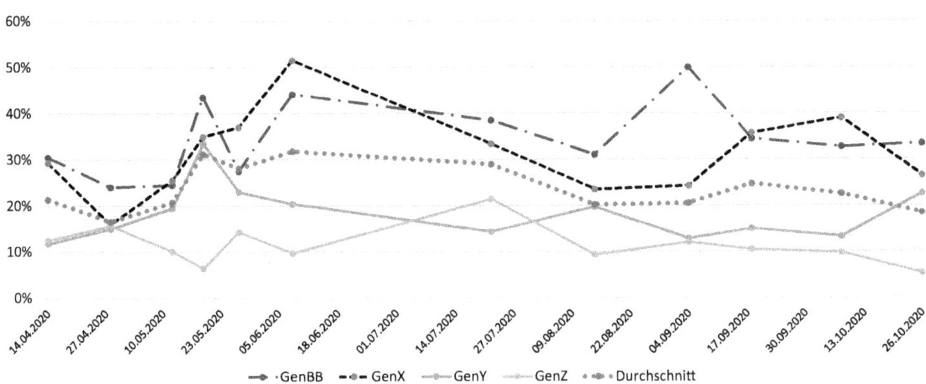

Bild 3.3 Anteil der Personen, die an einen versteckten Plan hinter Corona glauben (Institut für Generationenforschung 2020)

Ein relativ neuer Trend sind sogenannte **Deepfakes.** Dieses Kofferwort steht für Deep Learning und Fake. Bei Deepfakes werden oft mithilfe von künstlicher Intelligenz Bilder z. B. von einem Kopf auf einen anderen Körper gesetzt *(face-swapping)*, was am Ende sehr realistisch aussehen kann. Mithilfe von maschinellem Lernen sind so ganze Audiosequenzen von Stimmen *(voice-swapping)* und eben auch Videosequenzen mit ganzen Körperbewegungen *(body-pupperty)* möglich, die sehr realistisch aussehen. Eine Methode, die auch von der Pornoindustrie aufgenommen wurde, indem berühmte Persönlichkeiten mit Pornodarstellern „ausgewechselt“ werden. Gerne werden diese Techniken von der Politik, Forschung oder der Kunst genutzt, aber eben auch für kriminelle Zwecke. 2019 wurde so ein Geschäftsführer aus England per Telefonanruf gebeten, ca. 243 000 US-Dollar auf ein ungarisches Bankkonto zu überweisen. Dafür wurde mithilfe von Deepfake am Telefon eine von ihm bekannte Stimme verwendet (Damiani 2019). Der in Deutschland geborene und international bekannte Professor für Informatik Hao Li der University of Southern California forscht zu diesen Phänomenen und warnt vor einer zukünftig steigenden missbräuchlichen Anwendung von dieser Art von Deepfakes. Er plädiert, diese Technik der breiten Masse nicht zur Verfügung zu stellen.

Wir können davon ausgehen, dass wir erst am Anfang stehen in Bezug auf Fake News, Deepfakes und sonstigen digitalen Täuschungen.

■

3.4 Das Leben in der Analog-online-Zwischenwelt

Internet und Alltag lassen sich kaum mehr trennen. Nach dem Aufwachen wird die Timeline auf Facebook oder Instagram gecheckt, der Freundin in WhatsApp geantwortet und das Frühstück auf Instagram gepostet. Das Internet ist vollkommen in unseren Alltag integriert. Die Konsequenz daraus ist eine ständige Verbindung zwischen unserem Leben im Hier und Jetzt, also der Offline-Welt, und der virtuellen Welt. Doch was bedeutet dieses Spannungsfeld, in dem wir uns tagtäglich bewegen, für uns? Welche Auswirkungen hat die ständige Vermischung zwischen real und virtuell? Die junge Generation Z muss sich mit weit mehr Wahrnehmungsquellen auseinandersetzen als frühere Generationen. Kann sie im Gegenzug auch besser mit diesen umgehen als frühere Generationen? Kann die Generation Z noch zwischen der Online- und Offline-Welt unterscheiden?

3.4.1 Bedürfnis nach Sicherheiten

Auffällig ist das Verhalten der Digital Natives besonders in der analogen Welt. In der Offline-Welt ist dieser *Homo interneticus* oft völlig unsicher und eher konventionell-konservativ unterwegs, ganz anders als im Netz. Im Cyberraum wirkt er progressiver und experimentierfreudiger. Wie die Generation-Thinking-Studien zeigen konnten, fällt es dem *Homo interneticus* in der analogen Welt sehr schwer, Entscheidungen zu treffen oder mit Strukturlosigkeit umzugehen (Maas 2019). Ein Großteil der befragten Jugendlichen gab an, bei vielen, vor allem unbekannten, neuen Entscheidungen den Rat der Eltern einzuholen, die anders als die jungen ohne diese digitale Prägung aufgewachsen sind. Aber auch bei jeglicher Art von Disruption werden sofort die Eltern zurate gezogen. Der Wohlstand der Eltern macht es möglich, rund um die Uhr an allen Tagen des Jahres für ihre Kinder da zu sein, was zu einer analogen Entscheidungs- und Handlungsdegeneration bei der Generation Z geführt hat.

Die Eltern scheinen für den *Homo interneticus* die Navigatoren in der analogen Welt zu sein.

Familiäre Beziehungen sind oft die einzigen, die im Meer endloser Unverbindlichkeit des *Homo interneticus* überhaupt eine Chance haben. Aber auch wenn dieser Blick und sein Kommunikationsverhalten das oftmals nahelegen mögen, der *Homo interneticus* ist keineswegs oberflächlich oder hält sich rein mit Belanglosem auf. Er ist sich sehr wohl des Werts echter, tiefer Beziehungen bewusst. Was für einen hohen Stellenwert Familie für die Generation Z besitzt, wird auch angesichts der Zahlen der Generation-Thinking-Erhebung deutlich (Tabelle 3.1): 60 % der Befragten der Generation Z bewerteten Familie mit „sehr wichtig". Zum Vergleich: Bei der Generation Y waren es nur 30 %. An zweiter Stelle nannten die Vertreter der Generation Z mit 45 % einen Beruf, der genug freie Zeit für die Familie gewährleistet und damit ebenso dieser klaren Prioritätensetzung entspricht. Das Gehalt ist für sie zwar nicht unwichtig, doch kommt es nicht, wie z. B. noch bei der Generation Y, an erster Stelle.

Tabelle 3.1 Was ist wichtig im Leben? (Maas 2019; n = 2.205)

Bewertung „sehr wichtig"	Generation Z	Generation Y
Familie	60 %	30 %
Ein Beruf mit genug Zeit für die Familie	46 %	28 %
Einkommen	35 %	43 %
Beruf und Arbeit	17 %	27 %

Der *Homo interneticus* scheint im Cyberraum unbegrenzte Möglichkeiten zu haben. Doch diese nahezu grenzenlose Freiheit ist nicht nur Segen für die Betroffenen – Psychologen sprechen bereits von einer „Orientierungsdepression" bei Studenten. Kein Wunder bei über Tausenden von angebotenen Studiengängen, die in Deutschland und der ganzen Welt möglich sind. Die Forschung zeigt, dass sich Menschen schwerer entscheiden können und dies seltener überhaupt noch tun.

Je mehr Optionen zur Auswahl stehen, desto größer die Hemmung, sich zu entscheiden. Und je mehr Optionen zur Auswahl stehen, desto größer die Unzufriedenheit mit der getroffenen Entscheidung. ■

Die Entscheidung wird stärker hinterfragt und angezweifelt, je mehr Alternativen zur Verfügung stehen. Das gilt für Konsumgüter ebenso wie für Beziehungspartner, Reiseziele und auch für Joboptionen. Eltern, Lehrer oder potenzielle Arbeitgeber tun, was sie nur können, um diese Entscheidungsfindung zu unterstützen. Unzählige Angebote wie Messen oder spezielle Beratungsstellen haben sich genau das zur Aufgabe gemacht. Doch was davon ist wirklich zielführend, was stößt auf Anklang, wo sollten sich Außenstehende mit ihrer Einflussnahme eher zurückhalten? Pädagogen und Berufsberater empfehlen deshalb, zu Hause auch unaufgefordert möglichst viel vom eigenen Job zu erzählen und das Bild vom damit verbundenen Berufsalltag auf diese Weise aussagekräftiger werden zu lassen. Dabei sollten explizit positive wie auch negative Seiten beleuchtet werden sowie konkrete Erlebnisse aus dem Tagesgeschehen mit einfließen. Das Thema aus Angst vor der damit verbundenen Einflussnahme zu Hause zu tabuisieren und bewusst gar nicht anzusprechen, ist bestimmt nicht anzuraten - ebenso wenig sollte allerdings versucht werden, zu stark Einfluss zu nehmen und zu sehr in eine Richtung zu drängen.

Modelllernen beschreibt das Lernen durch Beobachten und Nachahmung - in der menschlichen Entwicklung kommt ihm eine zentrale Bedeutung zu. Gerade Kleinkinder studieren pausenlos ihre Umgebung, kopieren, imitieren - vielfach auch unbewusst. Verhaltensweisen und Werte werden in diesem jungen Alter oft unhinterfragt übernommen. Aufgrund der aus dem Umfeld gezogenen Informationen werden Schlüsse gezogen, was dann auf das eigene Leben übertragen werden kann. Das gesammelte „Datenmaterial" soll Annahmen darüber ermöglichen, was höchstwahrscheinlich funktionieren würde und was weniger gut zur eigenen Persönlichkeit passt. Was ist mit den eigenen Werten, den eigenen Vorstellungen vereinbar und was eher weniger. Eltern beeinflussen ihre Sprösslinge also in jedem Fall - und das stark! -, ob sie die Fragen der Berufswahl nun offen thematisieren oder nicht.

Damit die gewünschte Selbständigkeit entwickelt werden kann, muss auch der dafür nötige Raum gegeben werden. Akademikereltern neigen dazu, die Fähigkeiten ihrer Kinder zu überschätzen. Eltern ohne akademischen Hintergrund hingegen unterschätzen die Fähigkeiten ihrer Kinder tendenziell eher. Dies macht dann wiederum die Einschätzung Dritter, wie beispielsweise von Lehrkräften, umso wichtiger.

Oftmals werden die Kinder und Jugendlichen regelrecht erdrückt von den Vorstellungen, den überzogenen Wünschen - und den vielfach zugrunde liegenden Ängsten - der Eltern. Eigene Ideen und Ambitionen werden dadurch im Keim erstickt. Eine Studie von Jahncke et al. (2020) zeigte, dass Berufswünsche durch das familiäre Umfeld und selbst gesammelte praktische Erfahrungen generiert werden, statt durch Social-Media-Kanäle wie Instagram. Instagram wird hingegen für die tiefer gehende Informationsbeschaffung genutzt, wodurch der zuvor generierte Berufswunsch verstärkt werden kann. Die Autoren empfehlen, Jugendliche über die verstärkende Funktion solcher Medien zu informieren.

Innerhalb spezieller Angebote zur Berufsorientierung haben sich viele Beratungsstellen schon auf den *Homo interneticus* eingestellt. Beratungsstellen und Karrieremessen mit Generation Z als Zielgruppe sind es mittlerweile gewohnt, dass die Berufseinsteiger gemeinsam mit ihren Eltern anwesend sind. Die übermittelten Informationen richten sich bereits größtenteils an die Eltern, die „Navigationsgeräte" der analogen Welt.

Am Ende sind es meist die Eltern, die die Entscheidung für ihre Kinder treffen.

■

Die Generation-Thinking-Studie des Instituts für Generationenforschung mit 2200 Befragten der Generation Z fand für genau dieses Phänomen Hinweise: Eltern müssen in den Entscheidungs- und sogar in den Bewerbungsprozess eingebunden werden (Maas 2019). Sie sind mehr beste Freunde, Berater, Coaches als Objekte der Abgrenzung. Ihr Rat wird vertrauensvoll und dankend angenommen. Ein Problem der Eltern könnte jedoch sein, dass sie nicht alle 326 anerkannten Ausbildungsberufe und über 15 000 Studiengänge auf dem Schirm haben, die zu den Interessen und Fähigkeiten ihres Kindes passen könnten. Dies ist auch nicht zu erwarten, allerdings sollte einem diese Masse und Angebotsflut bewusst sein.

3.4.2 Veränderte Kommunikation und Wahrnehmung

Die Digitalisierung führt zu einer Veränderung der zwischenmenschlichen Kommunikation, welche wiederum zu einer Veränderung zwischenmenschlicher Beziehungen führt. Auch die sinkende Fähigkeit, sich in andere hineinzuversetzen, verändert Beziehungen und wirkt sich auf das eigene Selbstbild aus. ■

Die digitale Kommunikation ist weniger persönlich, ortsunabhängig und asynchron. Diese Art der Kommunikation hat Vorteile, so ist es problemlos möglich, in Echtzeit über den ganzen Globus verteilt Nachrichten auszutauschen. Die asynchrone Kommunikation kann außerdem entlastend und konfliktmindernd sein. Sie ist weniger spontan, man kann seine Äußerungen und Erwiderungen genau überlegen. Es sind keine Interaktionen, in denen die unmittelbare Rückmeldung den Verlauf des kommunikativen Prozesses steuert, Chats können einfach verlassen werden. Allerdings fehlt die nonverbale Komponente, wir können nicht erkennen, wie unser Kommunikationspartner emotional reagiert, und dies kann zu Fehlinterpretationen und Missverständnissen führen.

Auch die Empathie leidet unter der Digitalisierung. Da wichtige Hinweisreize fehlen, die in der Face-to-Face-Kommunikation vorhanden sind, fällt es schwerer, uns in andere hineinzuversetzen und Empathie zu zeigen. Dies könnte damit begründet werden, dass die erste Stufe des Empathieprozessmodells (Altmann, Roth 2013), nämlich die Wahrnehmung, durch die Digitalisierung erschwert wird. Die Wahrnehmung kann nur oberflächlich stattfinden, da beispielsweise emotionale Reize wie Mimik und Gestik, z. B. wenn eine Person weint, erst einmal wegfallen. Ebenfalls müssen die situativen Reize, welche Hinweise auf die konkrete Situation geben, in welcher sich die weinende Person befindet, erst aktiv über Umwege kommuniziert werden, sprich über eine Erklärung im Chat, ein Bild oder eine Sprachnachricht. Die Wahrnehmung zum Verstehen der Situation und der daraus entstehenden Emotion des Gegenübers ist die Basis für den weiteren Empathieprozess und die resultierende Qualität der empathischen Reaktion. Diese kann durch die asynchrone Kommunikation in Social Media erschwert werden. Dazu kommt die

Überschätzung der Empathie des Gegenübers. So überschätzt der Versender einer Nachricht die kommunikativen Fähigkeiten des Empfängers, wenn er erwartet, dass dieser die Nachricht genau so versteht, wie sie gemeint war.

Empathie in Form von unbewusster Nachahmung einer anderen Person gibt es in der digitalen Welt nicht. In der realen Welt ahmen Menschen andere nach, indem sie deren Mimik und Gestik übernehmen. Diese Art der Empathie entfällt, wenn die andere Person nicht körperlich präsent ist.

Ein weiterer Grund für weniger Empathie ist die große Zahl der User im Netz. Angesichts vieler anwesender Menschen schwindet das Gefühl der Eigenverantwortung *(diffusion of responsibility)*. Diffusion of responsibility beschreibt das Phänomen, dass Einzelne sich weniger für ihr Handeln verantwortlich fühlen, wenn sie in einer Gruppe sind. Dies gilt für die reale Welt wie auch für den Cyberraum. Wird z. B. eine Frage in einem Chat gestellt, in dem mehrere Menschen sind, ist die Wahrscheinlichkeit, dass einer antwortet, sehr gering. Denn alle Empfänger fragen sich, warum ausgerechnet sie antworten sollten, es sind ja noch genügend andere da. Die Empfänger fühlen sich weniger angesprochen, als wenn sie der alleinige Adressat gewesen wären.

Das wohl bekannteste Beispiel dafür ist der sogenannte *Bystander-Effekt*. Hier werden Menschen in Notfallsituationen zu passiven Zuschauern anstatt zu aktiven Helfern. Die Bereitschaft, etwas zu unternehmen, wird geringer, je mehr Menschen anwesend sind. Niemand fühlt sich verantwortlich, niemand tut etwas, weil alle anderen auch nichts machen. Heute haben all diese Zuschauer ein Smartphone parat, um die Szene sofort auf den sozialen Medien zu streuen. Es ist zwar nun im Internet, aber der Person wurde jedoch immer noch nicht geholfen.

Auch die Sinneswahrnehmungen verändern sich. Die digitale Welt ist sensorisch deutlich ärmer, sie bedient sich vor allem visueller und akustischer Cues (Reize). Zwar ist der Mensch in der realen Welt nicht in der Lage, alle vorhandenen Reize immer aufzunehmen, dennoch kann er selbst selektieren, auf welche er sich konzentrieren möchte und welche herausgefiltert werden sollen.

Wahrnehmung ist ein aktiver Prozess der Aufnahme und Verarbeitung von Sinneseindrücken. Die Empfindung ist dabei der Vorgang, bei dem durch Reizung neuronale Impulse in den Sinnesorganen erzeugt werden. Nervenzellen leiten diese Impulse in das Gehirn weiter. Die Informationsverarbeitung ist für die Umwandlung der sensorischen Reize in die Sprache des Gehirns zuständig. Informationen aus der realen Welt werden anhand von haptischen Wahrnehmungen (Greifen), Riechen, Schmecken oder Hören aufgenommen.

In der realen Welt ist es üblich, dass alle Sinne angeregt werden und diese einen ganzheitlichen Eindruck geben. Im Cyberspace hingegen steht das Sehen im Vordergrund.

■

Wenn wir mit anderen Menschen zusammen sind, handeln wir häufig so, wie es den Erwartungen und Normen der Gruppe entspricht. Wir achten beinahe immer darauf, wie wir auf andere wirken oder welchen Eindruck wir hinterlassen. Das, was wir als Erstes wahrnehmen, spielt eine wichtige Rolle. Dies hängt mit der Speicherung im Langzeitgedächtnis zusammen, da z. B. zu einer neuen Person bisher noch keine Informationen eingegangen sind, die den Speicherungsprozess beeinflussen können. Wir lassen uns also zunächst von dem leiten, was wir visuell wahrnehmen, ohne über eine Person viel zu wissen. Im Umkehrschluss bedeutet dies: Wir stellen uns selbst gerne so dar, dass wir bei anderen einen guten ersten Eindruck hinterlassen.

In der virtuellen Welt ist die Selbstdarstellung einfacher möglich als in der realen Welt. Denn man kann sich eine Online-Identität erschaffen, mit der man die Möglichkeit hat, alles nicht Perfekte aus dem eigenen Leben zu ignorieren und nur die Dinge zu zeigen, die perfekt inszeniert werden können.

Identifiziert man sich zu sehr mit dem idealen virtuellen Selbstbild, so kann dies problematisch für das reale Selbstbildnis werden. Zum einen kann das reale Leben getrübt wirken, zum anderen kann man durch das Internet dazu verführt werden, Dinge zu tun, die man im realen Alltag nicht tun würde. ■

■ 3.5 Gruppendynamiken

Die Tendenz zu extremen Standpunkten ist nichts Neues, auch nicht der Fakt, dass dieser Effekt in virtuellen Gruppen sogar noch stärker auftritt. Denn moralische Bedenken schwinden stark beim Eindruck, anonym zu sein. Diese Anonymität dient als Schutzschild, welcher ermöglicht, seine Gefühle und Meinungen frei zum Ausdruck zu bringen. Zudem sind die Auswirkungen des eigenen Handelns, also die direkten Konsequenzen, die auf die Handlung folgen, nicht so präsent wie in der realen Welt.

Je größer die Community, das Netzwerk oder die Cybergroup, desto mehr Konformität gibt es. Das bedeutet, dass je mehr User etwas positiv oder negativ bewerten, desto eher schließen sich andere der Mehrheit an. Bei diesem menschlichen Verhalten handelt es sich um die sogenannte **soziale Bewährtheit.** Sie beschreibt den folgenden Sachverhalt: Je mehr Menschen eine Idee oder ein Verhalten für richtig halten, desto mehr wird diese Idee anerkannt und für richtig empfunden.

Das Prinzip der sozialen Bewährtheit funktioniert am besten, wenn Unsicherheit darüber besteht, wie eine Situation zu deuten ist. In diesem Fall wird sich noch mehr auf andere verlassen, was die Chancen von Meinungsbildnern, genau die eigene Meinung zu verbreiten, enorm steigert. Das Konzept der sozialen Bewährtheit ist somit eine recht simple Erklärung für den Einfluss großer Kollektive. Wer sich nicht anschließt, schließt sich aus.

Eine Studie des Instituts für Generationenforschung aus dem Jahr 2019 mit über 4800 Teilnehmern untersuchte das internetbedingte Kaufverhalten vor allem der Generation Z (Bild 3.4).

Die Ergebnisse zeigten auf, dass 94 % (kumuliert) der Generation Z ihr Kaufverhalten external attribuieren. Also wird beim Kaufentscheid nicht selbst entschieden, sondern andere entscheiden für einen. Diese Zahl setzt sich aus 50 % Ratschlägen von Freunden und Familie, 37 % von Bewertungssystemen und 7 % von Influencern zusammen. Die Generation Z strebt in den Mainstream, Gegenpositionen sind eher die Ausnahme. Das bedeutet, dass der Drang, der Massenbewertung zu folgen, sehr stark ist.

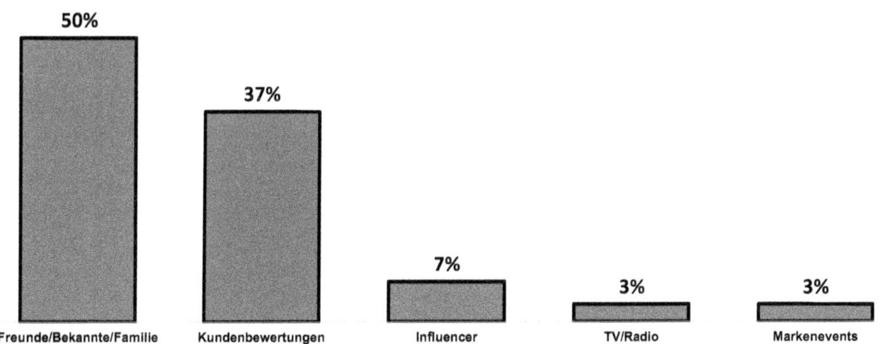

Bild 3.4 Einstellungen der Generation Z zum Einkaufen und Konsum: Einfluss auf Marken (Institut für Generationenforschung, Studie 2019, n = 4812)

Massenphänomene, die sich innerhalb sozialer Medien aufeinander beziehen oder als organisierte Formation auftreten, sind schon lange keine Ausnahme mehr. In der Regel treten Meinungsbilder oft nicht individuell, sondern als soziale Formation auf. Zu solchen Formationen zählen themenzentrierte Gruppen von Bloggern oder Protestkollektive. Im Online-Kontext lässt sich eine Vielzahl solcher Kollektive finden. Prinzipiell lassen sie sich in zwei Kategorien unterteilen: *nicht organisierte Kollektive* und *strategiefähige Kollektive.*

Die nicht organisierten Kollektive zeichnen sich durch eine Aggregation ähnlicher Individuen aus. Sie fügen sich zusammen, ohne dass ihnen eine kollektive Handlungsorientierung zugrunde liegt. Akteure solcher spontaner Kollektive interagieren nicht bewusst miteinander, können dennoch einen erheblichen Einfluss haben.

Ein sogenannter Shitstorm – zu Deutsch Sturm aus Scheiße, ergibt aber keinen Sinn, deshalb lassen wir es lieber auf Englisch – ist eines dieser spontan auftretenden Massenphänomene. Ihren Ursprung haben diese – meist rasend schnellen Dynamiken – beispielsweise im Aufgreifen einer unerfreulichen Nachricht. Man kennt es, es entsteht eine große Welle der Empörung, die meist genauso schnell, wie sie gekommen ist, auch wieder abflacht. Oft trifft diese Empörung auf einen guten Nährboden, wenn das Thema gerade den Zeitgeist trifft: Islam, Flüchtlinge, Umwelt, Wahlen, Krise und vieles mehr. Egal was es jedoch ist, es reißt die analoge Welt mit sich.

Die strategiefähigen Kollektive beschreiben stabilisierte Gemeinschaften oder Bewegungen, die bewusst bestimmte Ziele anstreben. Sie sind aktive Interessengemeinschaften, die durch organisierte Kerngruppen verwaltet werden. Dank der Infrastrukturen des Internets vermischen sich klassische Organisationsmuster kollektiver Akteure mit neuen Möglichkeiten. Das Hacker-Kollektiv Anonymous ist ein Beispiel so einer strukturierten Online-Bewegung. Das Kollektiv hat zwar keinen klaren Kern, verfügt allerdings über gut organisierte einzelne Gruppen, die sich mit dem Namen Anonymous identifizieren, um ein gemeinsames Ziel zu erreichen. Anonymous setzt sich unter anderem für Urheberrecht, Redefreiheit und die Unabhängigkeit des Internets ein.

Ihre potenziellen Nachwuchskräfte, die sogenannte Generation Z und auch schon in Ansätzen die Generation Alpha, zeichnen sich durch eine passive, abwartende und absichernde Art aus. Absicherung vor allem durch die eigene Peergroup. Ihr Selbstkonzept wird durch die Gruppe definiert, zu der sie gehören. Das Dazugehören oder auch *need to belong* ist dabei enorm wichtig.

In der Sozialpsychologie versteht man unter *need to belong* (Bedürfnis nach Zugehörigkeit) das emotionale Bedürfnis, ein akzeptiertes Mitglied einer Gruppe zu sein. Dieses Gemeinschaftsgefühl ist gerade für die Generation Z von enormer Bedeutung. Sie wächst in einer Gesellschaft voller Individualisten auf, weswegen der Wunsch nach Zusammenhalt und einem Kollektiv immer mehr wächst. Zudem wächst die Generation Z in einer globalisierten Welt mit unzähligen Möglichkeiten auf. Diese Flut an Möglichkeiten ist Chance und Belastung zugleich. Der *Homo interneticus* sucht permanent nach Sicherheit und Orientierung, weswegen er auch stärker den Beispielen anderer (Influencer) folgt. Dies ist mitunter Grund für den großen Erfolg von Influencern, sie kommunizieren quasi Peer-to-Peer. Influencer sind somit Fluch und Segen zugleich. Die Macht, die sie bekommen, ist jedenfalls nicht allen Influencern in Gänze bewusst oder sie können kaum sozial erwünscht damit umgehen.

Man nennt diese Gruppendynamiken allgemein auch Cybergroups. Der Sozialpsychologe Kurt Lewin beschrieb bereits im Jahre 1951, wie sich Individuen in Gruppen verhalten, und nannte diesen Prozess *group dynamics*, zu Deutsch Gruppendynamiken.

Gruppendynamiken können auch offline schnell außer Kontrolle geraten, in der anonymen Welt des Internets kann sich das sogar noch beschleunigen und sehr gefährlich werden. Gruppenmitglieder stacheln sich gegenseitig an und sind in ihrer sozialen Identität skrupellos, verstecken sich hinter ihrem Kollektiv. Der Einzelne kann schwierig zur Verantwortung gezogen werden. Es ist daher verlockender und einfacher, seinen Missmut zu äußern und vor allem Unterstützung zu finden.

Wenn Sie diese Dynamiken verinnerlicht haben, wird Ihnen schnell bewusst, was es bedeuten kann, wenn ein ehemaliger Mitarbeiter oder ein potenzieller Bewerber sich vom Unternehmen nicht im Guten trennt. Schlechte Bewertungen bei diversen Portalen sind noch das geringste Übel. Ein viraler Shitstorm über ein Unternehmen, das z. B. nur vorgibt, Nachhaltigkeit zu leben, gar *Greenwashing* betreibt, ist in der digitalen Welt dank unfassbar vielen Möglichkeiten sofort in aller Munde und, viel schlimmer noch, in allen Köpfen. Eine Nachricht kann sich in rasender Geschwindigkeit via WhatsApp, Facebook, YouTube & Co verbreiten ... Selbst wenn es nur Fake News sind. An Ihrer Firma bleibt immer etwas Negatives haften.

Die Hemmschwelle, sich an kollektiven Aktivitäten zu beteiligen, ist im Internet sehr niedrig. Zudem ermöglicht der Online-Bereich einen viel größeren Interaktionsraum. On top beeinflussen die Algorithmen, was Nutzer zu sehen bekommen. Sie sind dafür verantwortlich, dass dem User vorwiegend das geboten wird, was auf ihn abgestimmt ist. Dadurch kann eine Art Blase entstehen, in der der User praktisch nur von dem Inhalt umgeben ist, der auf ihn zugeschnitten und gegebenenfalls gefiltert wurde. Was nicht seiner Meinung entspricht, wird kaum mehr wahrgenommen oder gar nicht erst angezeigt. Man kennt dieses Phänomen vor allem bei politischen Themen aus dem extremen Spektrum. Eine kollektive Identität, ein Gemeinschaftsgeist oder auch Wir-Gefühl entsteht. Beide Seiten bekommen somit immer bestätigte Nachrichten über ihre jeweilige Ideologie ...

Früher nannte man dies sich selbst erfüllende Prophezeiung. Heute beschreibt es die alltägliche Internetnutzung. Dass dieses digitale Blasenuniversum vor allem in den politischen Bereichen in der analogen Welt zu Protestbewegungen, Massenphänomenen und sogar zu Amokläufen führen kann, lässt die Community kalt. Sie sehen sich nach wie vor immer und immer wieder bestätigt. Beispiele gibt es genug, wie man an den Amokläufen von Neuseeland 2019 oder von Hanau 2020 sehen kann. Die Mörder haben sich über das Internet radikalisiert und wollten ihre Botschaften ebenfalls über das Internet verbreiten.

3.6 Digital Detox und mentale Gesundheit

Die Gegenbewegung im Kampf gegen den ständigen digitalen Konsum nennt sich Digital Detox - digitale Entgiftung. Hierbei ist es vor allem wichtig, seine Gewohnheiten zu ändern. Das Smartphone ist fest in den Alltag integriert. Es gilt, die routinierte, automatisierte Nutzung zu durchbrechen. Es hilft also nicht, im Urlaub für eine Woche das Smartphone beiseitezulegen. Damit sich das Gehirn erholen kann, sind mehrere kleine Auszeiten pro Tag nötig. Das kann bereits damit anfangen, gewisse Funktionen auszulagern, beispielsweise einen Wecker zu benutzen, der nichts anders kann, als zu wecken.

Wofür auch gesorgt wird: ein Pflichtgefühl der permanenten Erreichbarkeit der Druck des Dauer-online-Seins. Apps sind so konzipiert, dass die Nutzer eingeloggt bleiben, die Abmeldefunktion scheint schon fast altertümlich, wenn sie überhaupt noch gefunden wird. Kommunikations-Apps zeigen an, ob der Gesprächspartner eine Nachricht bereits empfangen oder schon gelesen hat - was zu einem erhöhten Stresslevel und empfundenen Druck führt. Erleichterung schafft das Prüfen des Smartphones - ein Effekt, welcher sich jedoch als äußerst kurzlebig herausstellt. Als Folge schauen User in immer kürzeren Abständen auf das Display. Das führt zu abnehmender Konzentration und kostet viel Kraft: Denn wir erinnern uns: Es braucht vor allem in jungen Jahren sehr viel Energie, um äußere Reize auszublenden und fokussiert bei einer Sache zu bleiben.

Selbst in Arbeits- und Mittagspausen gibt es keine Ruhe. Das vermeintlich Verpasste wird schnellstmöglich nachgeholt, statt sich zu erholen. Und dabei betrifft diese Aufzählung lediglich, was sich unmittelbar beobachten lässt: Das volle Ausmaß der langfristigen Folgen ist noch nicht abzuschätzen.

In den letzten Jahren lässt sich ein Gegentrend von FOMO und Nomophobie beobachten, genannt JOMO: *joy of missing out*. Die Freude, einmal etwas zu verpassen, wirkt wie ein Hilfeschrei in Zeiten digitaler Überforderung und Überflutung. Die Kunst, weniger zu tun, ist auf bestem Wege, eine neue Lebenseinstellung zu werden.

Anstatt sich dem sozialen Druck zu beugen, immer zur richtigen Zeit am richtigen Ort sein zu müssen, ist die Kunst der JOMO, sich mit sich selbst zu beschäftigen und an seinen eigenen Projekten zu arbeiten.

Eine weitere Handlung kann auch das sogenannte Handyfasten sein. Jugendliche verzichten bewusst ein oder zwei Tage auf ihr Smartphone, um so der Smartphone-Sucht entgegenzuwirken. Dies scheint gerade in einer Welt des Informationsüberflusses und unzähliger Entscheidungen eine große Herausforderung zu sein. Der dänische Psychologieprofessor Svend Brinkmann fordert in seinem Buch *The Joy of*

Missing Out dazu auf, „Nein" zu sagen. Seiner Meinung nach ist es wichtig, zu den „altmodischen" Werten der Zurückhaltung und Mäßigung zurückzukehren, denn JOMO ist eine Möglichkeit, ein bewusstes Leben zu führen (Brinkmann 2019). JOMO ist übrigens etwas, was der Generation Babyboomer schon in die Wiege gelegt wurde.

Bei der Generation Z besteht eine permanente Angst davor, weniger Likes zu bekommen, als sozial verträglich ist.

Dies ähnelt der Angst, in einer Gemeinschaft nicht anerkannt zu werden. In der Psychologie versteht man unter sozialer Angst das Meiden gesellschaftlicher Zusammenkünfte. Die Angst davor, negativ bewertet zu werden, ist so groß, dass Menschen mit sozialer Angst soziale Situationen meiden, wann immer dies möglich ist. Soziale Ängste sind häufig mit einem geringen Selbstbewusstsein und Selbstwertgefühl verbunden. Ähnlich ist es mit dem Online-Verhalten von unsicheren Usern. Die Angst vor negativen Bewertungen ist auch hier groß. Weniger Likes als gewöhnlich oder gar weniger Likes, als mein langweiliger Schulkamerad erhält, können dabei bereits als negatives Feedback gesehen werden. So kann es passieren, dass Nutzer sozialer Medien sich nicht mehr trauen, Bilder ins Netz zu stellen, aus Angst, diese könnten nicht gut ankommen. Dies führt mitunter zu großem psychischem Stress bei den Jugendlichen.

Einer Studie der American Psychological Association kurz APA zufolge ist es die Generation Z, welche die geringste Wahrscheinlichkeit hat, eine gute bzw. exzellente mentale Gesundheit genießen zu können (American Psychological Association 2018). Sie leidet unter enormer Stressbelastung und hat massive Probleme, mit dieser Belastung adäquat fertigzuwerden oder umzugehen.

Mehr als neun von zehn Vertretern der GenZ (91 %) gaben an, mindestens ein psychisches oder emotionales Symptom eines hohen Stresslevels – wie Depressivität und Traurigkeit (58 %), Interesselosigkeit, Motivations- und Energieverlust (55 %) – bereits selbst erlebt zu haben.

Nur die Hälfte der Befragten dieser Generation hat das Gefühl, genug dafür zu tun, um adäquat mit der hohen Belastung umzugehen. Der Anteil der befragten Jugendlichen, welche in den vergangenen zwölf Monaten (vor Befragungszeitpunkt) Symptome einer schweren depressiven Episode berichteten, stieg im Zeitraum zwischen 2005 und 2017 um 52 %. Bei den jungen Erwachsenen im Alter von 18 bis 25 stieg die Rate zwischen 2009 und 2017 um 63 % (von 8,1 auf 13,2 %). Die Anzahl der US-Teenager, die 2017 zumindest eine schwere depressive Episode erlebten, stieg seit 2007 um 59 %. Insgesamt handelt es sich dabei um 3,2 Millionen Teenager, das sind 13 % der gesamten Kohorte (National Survey on Drug Use and Health 2017).

Wie bei vielen psychischen Pathologien sind Mädchen etwa dreimal so häufig betroffen wie Jungen: 20 % der Mädchen im Teenageralter berichteten von einer schweren depressiven Episode, im Gegensatz zu 7 % bei den Jungen. Der Prozentsatz an Mädchen, die in jüngster Vergangenheit an Depression litten (66 %), stieg im Zeitraum von 2007 bis 2017 auch schneller an als der an Jungen (44 %).

Nicht nur in den USA ist das ein Problem, denn laut Angaben der WHO leidet jeder vierte Europäer an schweren Stimmungsstörungen, darunter wiederum jeder vierte an Depressionen. Leichtere Depressionen und Angstzustände mit eingerechnet ist sogar ein Viertel der Bevölkerung betroffen. Jeder zehnte nimmt im Laufe eines Jahres mindestens einmal Antidepressiva.

Besonders in der Statistik der Krankenkassen fällt ein stetig wachsender Anteil „psychischer- bzw. Verhaltensstörungen" am Krankenstand auf, der angeführt wird von den Diagnosen F 32 „Depressive Episode" und F 43 „Anpassungsstörungen". Bei der F-32-Diagnose ist approximativ eine Verdopplung des Anteils am Krankenstand seit 2000 festzustellen, wobei der Anteil bei den TK- und DAK-Versicherten auf einem höheren Niveau liegt als der bei den AOK-Versicherten.

Eine aktuelle Befragung mit weltweit 16 400 Teilnehmern ergab, dass jüngere Generationen – also die internetgeprägten Generationen Y und Z – die aktuelle gesellschaftliche Lage so pessimistisch einschätzen wie nie zuvor (Deloitte 2019). Zieht man lediglich die Zahlen der in Deutschland Befragten heran, zeichnet sich ein noch extremeres Bild ab: Die 800 deutschen Studienteilnehmer bewerten die aktuelle wirtschaftliche, soziale und politische Situation als äußerst prekär und blicken noch ernüchterter und desillusionierter in die Zukunft als Angehörige ihrer Kohorte in anderen Ländern. Nur 26 % der weltweit befragten GenZ denken, dass sich die wirtschaftlichen Aussichten künftig verbessern werden – in Deutschland sind es sogar nur noch 14 %. Die deutsche Generation Y ist sogar noch pessimistischer: Hier sind es nur 13 %. 2018 lag der Wert immerhin noch bei 35 %. An eine Besserung der politischen und sozialen Zukunft glauben nur 10 % der deutschen Millennials und 7 % der GenZ (Zahlen global: 22 bzw. 18 %). Die niedrigsten Werte, die je verzeichnet wurden.

Eine weitere Untersuchung der San Diego State University ergab außerdem, dass seit 2008 die Belastung durch suizidale Gedanken unter jungen Menschen in den USA um 47 % zunahm (American Psychological Association 2018). In Amerika erreichte die Selbstmordrate 2017 ihren Peak (Niederkrotenthaler 2019).

Die Zahl der Suizide in Deutschland ist jedoch stark gesunken: 1980 waren Selbstmorde noch rund doppelt so hoch wie heute. Rund 40 Jahre lang (zwischen 1945 und 1985) lag die Suizidrate konstant bei etwa 230 Suiziden pro Million. Ein Tiefstwert wurde 2007 in Deutschland erreicht nach Jahren der Besserung: In diesem Jahr lag die Rate bei 114 Suiziden pro Million. Dieser Trend ist Aufklärungs- und Anlaufstellen, aber auch der Vollversorgung bzw. -betreuung der Eltern zu danken. So kann zwar einerseits die Überbehütung der Eltern, der permanente Like-Wettstreit in den sozialen Medien, die Vereinsamung durch das Smartphone zu einer Erhöhung affektiver Störungen führen. Die 24/7-Betreuung der Helikopter/Curling-Eltern kann aber auch auf der anderen Seite gegebenenfalls verantwortlich sein, dass wir eben keinen Anstieg an Suiziden haben.

Ihrer ständigen Verbundenheit durch Social Media zum Trotz - oder womöglich auch genau durch diesen Faktor bedingt - ist der *Homo interneticus* die bislang einsamste Generation (UCLA loneliness scale von Daniel W. Russel 2010).

Nach Jean Twenge sind die Zahlen bezüglich mentaler Gesundheit der Generation Z zu einem sehr großen Teil durch die exzessive Smartphone-Nutzung und die viele Bildschirmzeit - und die dabei gleichzeitig verloren gehenden Face-to-Face-Interaktionen und dadurch eingebüßte Schlafqualität - zu begründen (Twenge, 2018).

Twenge, Psychologieprofessor an der San Diego State University, weist in diesem Zusammenhang darauf hin, dass die Daten mit dem Zeitpunkt korrelieren, an dem die meisten Teenager erstmalig ein eigenes Smartphone besaßen. An diesem Punkt begannen die Probleme auszuufern und die belastungsbezogenen Zahlen drastisch in die Höhe zu schnellen.

Andere Experten verorten die Wurzel des Problems schon weit früher und datieren diese etwa ein halbes Jahrhundert zurück. So beispielsweise Peter Gray, Professor am Boston College. Er ist der Meinung, dass die von der Jugend erlebten Ängste auf Erziehung und Schulsystem zurückzuführen sind: Diese förderten eine externale Kontrollüberzeugung und somit das Erleben, sie seien den Ereignissen in ihrem Leben hilflos ausgeliefert. Nur mit einem internalen *Locus of Control* (Kontrollort) ist man jedoch in der Lage, sowohl gute als auch schlechte Ereignisse in seinem Leben bis zu einem gewissen Grad auf eigenes Zutun zurückzuführen - und damit die eigene Selbstwirksamkeit wahrzunehmen. Ein derartiger wahrgenommener Kontrollverlust begünstigt laut Peter Gray in hohem Maße die Entstehung psychischer Erkrankungen wie Angststörungen und Depressionen (Gray & Chanoff, 1986).

Hinsichtlich Erziehungsstil könnte in westlichen Ländern zudem Überbehütung eine große Rolle spielen: Das Phänomen Helikopter-Eltern der Generation Y - und die Steigerung dieser Helikopter-Eltern sind die Rasenmäher- bzw. Curling-Eltern der Generation Z. Ähnlich dem Curling versuchen diese Eltern alles wegzuwischen, was ihren Kindern gefährlich werden kann, sodass ihre Kinder erst gar nicht mehr hinfallen können. Ihnen ist dabei nicht bewusst, dass sie ihren Kindern dadurch jede Chance verbauen, eigene Bewältigungsstrategien oder auch Coping-Strategien zu entwickeln und auszubauen.

In Deutschland sind Schätzungen zufolge etwa 10 bis 15 % aller Eltern Helikopter-Eltern (Kraus 2013).

Betroffen sind hier vor allem die mittlere und obere gesellschaftliche Schicht. Unter anderem aufgrund der rückläufigen Geburtenrate wollen und können die Eltern mehr Zeit und Geld für das Kind aufbringen. Helikopter- oder Curling-Kinder erhalten im Übermaß materielle sowie immaterielle Unterstützung und werden zunehmend verwöhnt, was sich beispielsweise im Erlassen von Pflichten oder unangenehmen Situationen, einem Übermaß an Fürsorge sowie permanenter Hilfestellung äußert. Sie verlassen sich ständig und in allen Belangen auf ihre Eltern und gewöhnen sich an dieses hohe Maß an Unterstützung. Was selbstverständlich auch die Erwartungen, welche sie später in anderen Situationen an die Menschen in ihrem Umfeld haben, stark prägt.

Helikopter- oder Curling-Kinder können nicht die nötigen Fähigkeiten entwickeln, später auf zufriedenstellende Art und Weise mit den täglichen Herausforderungen des beruflichen Alltags fertigzuwerden. ■

Sobald sie sich auf sich selbst zurückgeworfen erleben und die Herausforderungen ihres Alltags erstmalig eigenständig in Angriff nehmen müssen, beginnen in vielen Fällen die Schwierigkeiten und infolgedessen auch die damit einhergehenden mentalen Probleme.

Insgesamt wäre es jedoch zu kurz gegriffen, den Anstieg psychischer Erkrankungen in der Generation Z lediglich auf den Internetkonsum und die Überbehütung zurückzuführen. Nicht nur individuelle Gegebenheiten auf Mikroebene kommen hier zum Tragen. Die Problematik ist ebenso vielschichtig und komplex wie die globale wirtschafts- und gesellschaftspolitische Situation, in welche diese Generation hineingeboren ist und in der sie aktuell heranwächst. Um sie im Kern zu erfassen, ist die Berücksichtigung sich daraus ergebender Bedingungen sowie eine multiperspektivische Betrachtung und ein Verständnis auch der größeren Zusammenhänge unumgänglich.

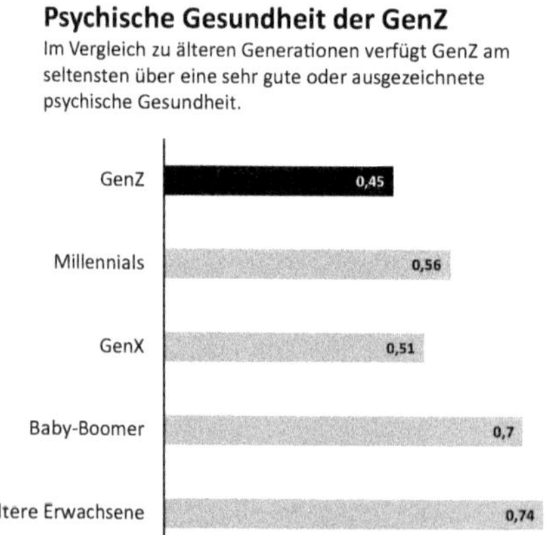

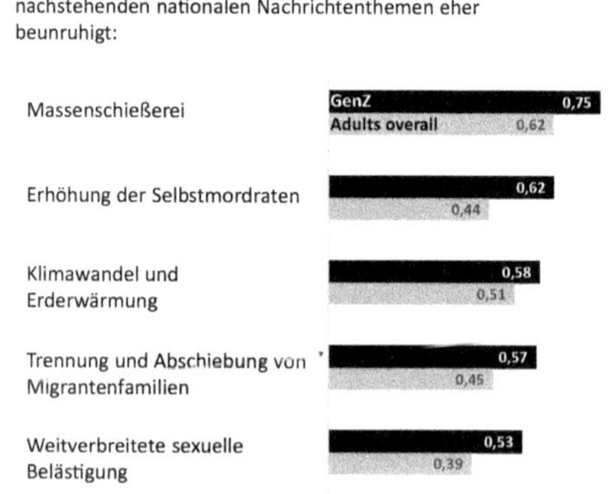

Bild 3.5 Generation Z: häufiger psychisch krank und eher gestresst (American Psychological Association 2020)

Teil II: Ratgeber Cyberpsychologie für einen wirtschaftlichen Erfolg

Kennen Sie Tuvalu? Nein? Tuvalu ist ein Inselstaat im Pazifischen Ozean, der viertkleinste offizielle Staat der Welt. Mit einer Größe von 26 Quadratkilometern und 10 600 Bürgern sehr überschaubar. Das Atoll zählt zu den am wenigsten besuchten Orten der Welt. Zudem ist Tuvalu wohl eines der am schwierigsten zu erreichenden Länder der Erde. Jedenfalls von Europa aus betrachtet. Ich war dort. Flog über 13 Stunden nach Singapur, dann weitere zwölf Stunden nach Nadi (Fiji) und wieder vier Stunden nach Funafuti (Tuvalu). Ein Dorf mitten auf einem schmalen Küstenstreifen. Einige Kilometer lang, aber nur 50 Meter breit, stellenweise sogar nur zwei Meter.

Bild 1
Tuvalu von oben

Hier gibt es nichts, außer ein paar Travel-Influencer, die ich dort für meine Recherche interviewt habe. Insgesamt gab es drei von diesen Influencern. Der Präsident von Tuvalu hat uns zu einem Treffen eingeladen. Während dies für mich eine Ehre war, hatte von den Influencern keiner die Muse, den Präsidenten von Tuvalu tatsächlich treffen zu wollen. In einem Gespräch über diese Möglichkeit erklärten die Influencer mir, warum das so ist. Der Präsident ist schlicht zu unbedeutend. Er hat zu wenig Follower, als dass es sich rentieren würde, sich mit ihm zu treffen. Denn ein Foto mit jemandem, den niemand kennt? Das verdirbt den Instagram-Account und verwirrt die Followerschaft. Also traf ich Mr. Kausea Natano allein, um ihn zu interviewen. Er erklärte mir, dass das größte „Erbaute" der Insel die Landefläche des Flughafens sei. Diese wird zu 99 % für Sportaktivitäten genutzt.

Bild 2 Zusätzliche Nutzung der Landebahnen des Flughafens

Nur dreimal in der Woche landet ein Flugzeug hier. Zweimal kommend aus Fiji, einmal pro Woche aus Kiribati (Aussprache: „kiribas" btw.). Mr. Natano erklärte mir, dass die Insel vom Untergang bedroht sei, falls der Meeresspiegel weiter ansteigen würde. Nach längerem Small Talk fragte ich ihn, was denn die größte Einnahmequelle des Inselstaates sei? Und Er antwortete: „Unsere Domain." Wie bitte? Hier gibt es kaum ein richtiges Wifi, und sie verdienen Geld mit ihrer Domain?? Ja, Tuvalu vermietet seine Domain, die länderspezifische Top Level Domain hat die Endung TV. TV zählt zu den beliebtesten dieser Top-Level-Domains kurz TLD und wird z. B. bei vielen TV-Sendern verwendet. Und hier war sie dann wieder, die Internetpsychologie.

Tuvalu hat sogar ein eigenes Unternehmen hierfür gegründet, die DotTV. Sie vermarktet die Domain. Bis jetzt brachte die DotTV 50 Millionen US-Dollar an Einnahmen nach Tuvalu. Tuvalu hat die Domain deshalb auch mit einer eigenen Briefmarke geehrt.

Mitten im Pazifik wird einer Domain gehuldigt. Manche Menschen, z. B. auch Psychologen, wissen sehr gut, wie andere Menschen ticken, wie sie wahrnehmen. Die Wahrnehmung des Menschen, als Kern der Psychologie in Kombination mit der Erfindung des Internets, ist für den kleinen Staat mitten im Pazifik zum Glücksfall geworden. Die Internetpsychologie zieht, wie man sieht, interessante und vor allem weite Kreise, von der E-Mail zur Briefmarke. Damit konnte Tuvalu sogar die Aufnahmegebühr für die Vereinten Nationen entrichten. Quasi nur dank der Internetpsychologie.

Was sagt diese Geschichte aber eigentlich? Wenn Sie wissen, wie die Internet- und User-Prozesse und die Verhaltensweisen funktionieren, können Sie diese Mechanismen für sich nutzen. Selbst im äußerten Pazifik-Winkel der Erde, weit weg von jeglicher Industrie und Silicon Valley funktionieren diese Mechanismen.

4 Der digitale Werbeauftritt

„Die Homepage muss schmecken!"

Mein Rückflug nach Deutschland von Tuvalu bestand aus vier einzelnen Flügen: Funafuti-Nadi-Singapur-Zürich-München. Der vorletzte Halt war also Zürich. Und irgendwie schloss sich nun der digitale Kreis. Denn war es nicht die Schweiz, in der die erste Homepage erstellt wurde?

Kurz nach der Wiedervereinigung der Bundesrepublik Deutschland. Modisch und musikalisch keine herausragende Zeit. Aber politisch und technisch eine Zeit voller Umbrüche. Politisch und geografisch passierte hier auf der Weltkarte sehr viel. Die Sowjetunion und Jugoslawien lösten sich in viele kleine Einzelstaaten auf. Es war das Ende des Kalten Krieges und der Beginn von vielen Disruptionen und wieder weiteren Kriegen, wie z. B. in Zentralasien und am Balkan. Die geografische Weltkarte formte sich pluralistisch neu. Parallel dazu entstand auch eine neue digitale Weltkarte im Cyberraum. 1990 wurde am Kernforschungszentrum CERN in Genf ein kleines digitales Wunder erschaffen, die erste Website der noch recht neuen World-Wide-Web-Welt. Tim Berners-Lee stellte vier Tage vor Heilig Abend die erste Website der Welt vor. Ihre Adresse lautete damals:

http://info.cern.ch/hypertext/WWW/TheProject.html.

Sie war so etwas wie der erste Ur-Wikipedia-Eintrag, denn sie beinhaltete vor allem Infos und Geschichten über die Entstehung der Website. Zuvor nutzte man das in den Vereinigten Staaten entwickelte Internet vor allem für den Austausch in sogenannten Newsgroups oder für den E-Mail-Versand. So richtiges Internetsurfen, wie wir es kennen, war damals noch nicht möglich. Es gab noch keine Hyperlinks oder Ähnliches. Die User konnten nur über FTP-Server Daten austauschen.

Durch die Geschichte auf Tuvalu haben Sie erfahren, dass man mit Domains und Domain-Adressen Geld machen kann, egal wo man ist. Durch das Schweizer Forschungszentrum, dass diese Domains seit 1990 auch mit Websites und Homepages genutzt werden können.

Wie sieht Ihre Webseite oder Homepage aus?

- Ist sie Smartphone- oder Tablet-tauglich?
- Trägt sie aktuelle und relevante Daten?
- Ist sie modern?
- Ist sie optisch anspruchsvoll?
- Navigiert sie den User korrekt?
- Hat man Lust, auf der Homepage zu bleiben?
- Bringt die Homepage Usern und Anbietenden einen Mehrwert?

Diese Fragen können Sie relativ einfach und schnell selbst beantworten, indem Sie versuchen, Ihre Homepage neutral zu betrachten. Googeln Sie nach Begriffen, die auf Ihre Homepage verweisen sollen. Falls es nicht funktioniert, wissen Sie nun, an was Sie arbeiten müssen. Sie müssen im Netz immer an die Suchmaschinen denken. Das Wichtigste an der Homepage ist der Content für die Suchmaschinen. SEO (Search Engine Optimization = Suchmaschinenoptimierung) ist das, was Sie berücksichtigen müssen. Spezielle SEO-Experten machen nahezu nichts anderes, als zu versuchen, Websites im Ranking der Suchmaschinen weiter nach vorne zu bekommen. Dennoch sollten Sie selbst grob verstehen, wie das Internet und die Suchmaschinen funktionieren.

Die erste (Urur-)Suchmaschine hatte den Namen Archie. Der Name war vom englischen Wort *to archive* abgeleitet, zu Deutsch „archivieren". Archie wurde ebenfalls 1990 geboren und war im Endeffekt so etwas wie ein Suchindex. Drei Jahre später entstand Excite, eine der ersten großen Suchmaschinen. Ein Jahr später folgte Altavista, und 1996 fing BackRub an, was ein Jahr später, also 1997, zu Google umbenannt wurde. Dieser Name wurde abgeleitet vom Wort „Googol", was eine Eins mit 100 Nullen bedeutet. Eben eine Zahl, die faktisch sogar noch höher ist als das Vermögen von Larry Page, einem der Google-Gründer.

Also BackRub sollte Googol heißen, um die Unendlichkeit des Netzes zu skizzieren. Der Begriff Googol existierte schon vor dem Zweiten Weltkrieg. Es war eine Wortneuschöpfung eines Neffen des berühmten Mathematikers Edward Kasner. Kasner bat 1938 seinen Neffen, einen Namen für diese hohe Zahl zu erfinden. Der Junge sagte, ganz klar, eine Zahl mit so vielen Nullen kann nur „Googol" heißen! Ein Mitstudent von Larry Page, Sean Anderson, gab 60 Jahre später jedoch versehentlich „Google.com" ein ... (Kaufmann, Siegenheim 2009). Weitere 20 Jahre später *googeln* wir nun, anstatt richtigerweise zu *googoln*.

Google war relativ spät am Netz, denn es gab schon längst viele erfolgreiche Suchmaschinen. Wie war es also möglich, dass Google alle anderen Suchmaschinen derart überholt hat? Die Zauberwörter heißen *„copy, paste and optimize"*. Der indische Informatiker Nischhal Sharma entwickelte für Google einen Algorithmus, der versuchte, alle Vorteile der bis dahin genutzten Suchmaschinen zu sammeln und in einer Suchmaschine zu vereinen. Dieses Projekt trug den Namen „Meseen", was für Mega Search Engine stand. Mittlerweile hat Google in Europa einen Marktanteil von 93%.

Konzentrieren Sie sich hauptsächlich auf Google und seine „Mechanismen". ■

Wie funktioniert Google? Wie weiß Google, was sich auf Ihrer Homepage befindet? Wichtige Begriffe sind hierfür die sogenannten Spider, Crawler oder Searchbots. Im Falle von Google kann man auch von Googlebots sprechen. Diese Bots bzw. Crawler indexieren die Seiten und „tragen" diese in die Google-Datenbank ein, wo sie dann weiter ausgearbeitet werden. Ähnlich dem Sammeln von Büchern in einer großen Bibliothek. Diese digitale Bibliothek war bereits nach sieben Jahren so groß, dass sich schon 2004 über 4,3 Milliarden Webseiten und knapp eine Milliarde Bilder darin anhäuften. Weltweit existierten 2004 insgesamt zehn Milliarden Webseiten. Würde man diese digitale Bibliothek mit einer herkömmlichen Bibliothek vergleichen, dann würden 43% aller existierenden Bücher weltweit darin vorhanden sein.

Algorithmen und Rankingsysteme entscheiden in dieser digitalen Bibliothek über Wertigkeit, Rang und Wichtigkeit für den jeweiligen Suchbegriff. Davon ist abhängig, wo Ihre Homepage erscheint. Je weiter hinten, desto schlechter, denn in der Regel suchen die meisten Menschen nicht weiter als maximal bis zur dritten Google-Seite. Der User geht in der Regel davon aus, je weiter hinten etwas steht, desto unwichtiger ist die Information oder desto ungenauer der Suchtreffer. Hinzu kommt, dass die meisten Menschen auch nicht mehr die Geduld aufbringen, weiter zu suchen als maximal bis zur dritten Google-Treffer-Seite.

Während die Google-Algorithmen indexieren und werten, arbeiten sich die Crawler durch die verlinkten URLs von Seite zu Seite. Sie erfassen also nur Seiten, die zu anderen Seiten verlinkt werden. Das genaue Vorgehen von Google bleibt Google-Betriebsgeheimnis. Viele Netzforscher munkeln, dass die Google-Ingenieure den Algorithmus selbst nicht mehr nachvollziehen können, da die Programme sich ständig selbst optimieren und mittlerweile Programme von Programmen lernen.

Ihr oberstes Ziel muss sein, dass Sie in der „digitalen Bücherei" einen dominanten, interessanten und auffallenden Platz erlangen. ■

Wie lautet Ihre Webadresse? Ist sie sinnig und auch suchmaschinenfreundlich? Wie werden Ihre Produkte beworben? Sind diese schon in der Webadresse sichtbar? Seit Beginn der Websites reservieren und „blockieren" Anbieter Begriffe und Eigenmarken im Netz. Nehmen wir einmal an, Sie stellen ein Schokoladeneis her, das Sie „Ben und Larry" nennen wollen. Ihre Firma heißt aber „Unileber". Nun macht es Sinn, neben Ihrer Homepageadresse *www.unileber.com* auch die Domainadresse *www.benundlarry.com* zu sichern. Denken Sie an die Suchmaschinen und denken Sie an Google.

Wenn Sie im Netz gefunden werden wollen, kommen Sie an Google nicht vorbei. Das Machtmonopol von Google wird deutlich, wenn man sich darüber im Klaren wird, dass Google z. B. einen Anbieter X auf den ersten Seiten platzieren und andere gar nicht erst erscheinen lassen kann. Google hat somit die Macht, über Nacht einen Anbieter berühmt zu machen und den anderen in Vergessenheit geraten zu lassen. Ist man bei den Suchmaschinen nicht mehr auffindbar, sehen auch die scheinbar treuen und sicheren „Stammkunden" die Mitbewerber im Netz und deren Vorteile und Angebote.

Der Kundenkampf im Netz wird durch den Suchmechanismus von Google auf ein neues Level gehoben.

Neben einer schönen Homepage muss nicht nur der Inhalt, sondern auch der Aufbau für die Suchmaschinenprogramme von Google interessant sein. Falls nun Google Ihre Seite gut findet und gleich auf der ersten Präsentierseite darstellt, ist das schon sehr gut! Die nächste Frage lautet nun, was der Betrachter sieht, wenn er die Website zum ersten Mal besucht. Wie ist die Optik. Gibt es Schwierigkeiten beim Laden der Homepage? Das sollten Sie auch auf allen gängigen Geräten prüfen: Smartphone, Tablet, Laptop und PC. Bleibt die Optik der Seite auch auf mobilen Geräten erhalten? Wie wirkt die Seite, wenn man Sie oder Ihr Produkt nicht kennt? Wird der Betrachter durch die einzelnen Bereiche geführt?

Die Homepage selbst ist für viele, vor allem ältere Internetnutzer die digitale Visitenkarte. Das ist das Erste, was mögliche Kunden sehen und von dem sie in der Regel Rückschlüsse auf Ihre Kompetenz und Aktualität ziehen. Für die jüngeren Generationen wird die Homepage erst in einem zweiten Schritt betrachtet. Möchte diese Generation etwas über Ihr Produkt erfahren, besucht sie nämlich zunächst die Social-Media-Kanäle oder Bewertungsportale. Will die jüngere Generation mehr zu den Hintergründen wie der Unternehmensgeschichte oder den -bestandteilen erfahren, ziehen sie meist Wikipedia zurate.

Sollte sich ein Angehöriger der jüngeren Generation bei Ihnen bewerben wollen, geht er zuerst auf die Bewertungsportale, wie z. B. kununu. Bewertungsportale, Statements von Influencern und die Ratschläge von Eltern, Bekannten und Freunden überwiegen vor allem bei der Generation Z so stark, dass oft sogar erst im dritten Schritt die Homepage angeschaut wird. Deswegen noch mal:

Ist Ihre Homepage nicht Smartphone-tauglich, haben Sie bei den Jüngeren schon verloren.

Bei einer Homepage verhält es sich in der Regel wie beim Essen. Je ansprechender es aussieht, desto größeren Appetit hat man in der Regel. Um dies zu erfassen, kann man z. B. den WWI-Fragebogen zurate ziehen (Thielsch 2017). Dieser erfasst die Wahrnehmung und Bewertung des Website-Betrachters. Der **WWI** (**W**ahrnehmung, **W**ebsite, **I**nhalt) war der erste nicht bereichsspezifische Fragebogen für die Bewertung von Homepages.

Aber wie beim Essen auch, wenn Sie dann reinbeißen, muss der erste Biss auch den vermuteten Eindruck wiedergeben. Essen und Geschmack sollten kongruent sein. So auch bei Ihrer Webseite.

2002 konnte Ritu Agarwal und Viswananth Venkatesh nachweisen, dass der Inhalt einer Webseite der zentrale Faktor ist, ob diese Seite weiterempfohlen wird oder man sie überhaupt nochmals besucht. Untersucht wurden damals die Webseiten von allgemein bekannten Fluggesellschaften, Autovermietungen oder Autoherstellern (Agarwal & Venkatesh, 2002). Die Ergebnisse zeigten, dass unabhängig von der Branche der Webseiten-Inhalt insgesamt immer an erster Stelle stand. Also der Webseiten-Inhalt stand vor der Webseiten-Optik. Meinald Thielsch und Rafael Jaron konnten in Studien 2012 dies bestätigen. Sie haben festgestellt, dass der Inhalt, vor allem beim Ersteindruck, einen signifikanten Einfluss nimmt. Beim Gesamteindruck nimmt die Wichtigkeit des Inhalts sogar noch weiter zu (Thielsch, Jaron 2012).

Die Essensmetapher passt auch hier. Stimmt der Gesamteindruck des Restaurants und hat es einfach geschmeckt, dann wird das Restaurant auch wieder besucht und weiterempfohlen.

Die Inhalte einer Webseite sollten zum Thema und zur Kultur des Benutzers oder auch Users passen. Sie müssen für den Betrachter relevant, aktuell und vollständig sein und zusätzlich noch die Suchmaschinen bedienen (Stichwort SEO). ■

Neben Optik und Inhalt ist auch die Benutzerfreundlichkeit, die sogenannte Usability, besonders wichtig. Die Interaktion mit der Webseite sollte möglichst einfach und innovativ sein. Selbstverständlich sollte sie stets fehlerfrei sein.

Wie sollte der Teller dekoriert sein, damit er möglichst ansprechend aussieht? Oder anders gefragt: Wie muss die Webseite grafisch bzw. optisch aussehen oder aufgebaut sein? Gibt es allgemeingültige Blickmuster?

Laura Ruel sagte vor gut 15 Jahren: "When viewing homepages, eyes initially tend to fixate in the upper left and finally move to the lower and upper right" (Ruel, Outing 2004). Viele Forscher würden somit die Frage nach den Blickmustern bejahen. So auch Jakob Nielsen, der ähnlich wie Ruel von einem sogenannten F-Muster ausging. Wir betrachten, so Nielsen, die Webseite in Form eines F (Nielsen 2006). Das bedeutet, dass unser Blick auf eine Webseite zuerst links oben beginnt und von dort horizontal nach rechts oben wandert. Dann betrachtet man die Mittelebene links und wandert horizontal gerade zur Mittelebene rechts. Am Schluss sieht sich der Betrachter die linke untere Ecke an, dabei wandert der Blick vertikal. Rechts unten wird häufig ausgespart. Bei arabischen Seiten verhält sich dies genau umgekehrt. Das war allerdings die Sicht auf damalige Webseiten, die oft sehr textlastig aufgebaut waren. Bei reinen Bildseiten würde ein F-Muster wenig Sinn machen. Auch bei der Smartphone-Betrachtung haben wir ein anderes Blickmuster.

Heute sehen wir diese F-Blickmuster-Betrachtung noch sehr stark bei der Darstellung der Google-Suchergebnisseiten (Hotchkiss 2006). Spätere Studien fanden jedoch heraus, dass dieses Muster nur für die ersten sechs Sekunden zählt. Danach weicht dieses Muster individuell auf. Weitere Studien fanden heraus, dass der zweite Fixationspunkt länger ist als der erste. Das bedeutet, der erste Bissen wird schneller gegessen als der zweite, um das Essensbeispiel ein weiteres Mal zu bemühen.

Wir wissen aus anderen Studien, dass vor allem die jetzige digital geprägte Jugend, also die Generation Z oder der *Homo interneticus*, eine geringere Aufmerksamkeitsspanne bei der digitalen Betrachtung von Webseiten hat. Sie entscheiden schneller, ob ihnen die Webseite und der Inhalt zusagen. Diese sechs Sekunden des F-Musters können somit entscheidend sein, ob ein Vertreter dieser Kohorte auf der Webseite länger verweilt oder weitersurft. Ähnlich beim Buffet. Ist das Angebot zu groß, entscheidet man sich schneller, ob man den Teller noch weiter auflädt. Vor allem die Generation X ist hierbei bekannt, den Teller bis zum Rand zu beladen. Ein Phänomen, das wir bei der Generation Z eher seltener beobachten, da sie ein anderes Sättigungsgefühl entwickelt hat. Wenn es immer schon alles gab, muss ich mein Teller nicht überbeladen.

Achten Sie darauf, dass Ihre Homepage Smartphone-tauglich ist, dass der Content dem User gefällt und stimmig erscheint. Die Homepage sollte aktuell sein und von Google als wertig wahrgenommen werden. Achten Sie darauf, dass Ihr „Eyecatcher" sowie der Aufbau und die wichtigsten Infos, dem F-Muster entsprechen. Tabelle 4.1 zeigt die zentralen Aspekte im Überblick. ■

Tabelle 4.1 Der digitale Werbeauftritt

Dos	Don'ts
▪ Die Homepage muss optisch ansprechend sein ▪ Die Benutzung muss intuitiv und logisch sein ▪ Die Webseite sollte einprägsam sein ▪ Die Webseite sollte dem Besucher „Spaß“ machen ▪ Wichtige textbasierte Infos sind nach dem F-Muster aufgebaut ▪ Inhalt ist aktuell, stimmig und ansprechend ▪ Optik ist modern, stimmig und ansprechend ▪ Fördern einer langen Verweildauer durch einen interessanten Aufbau und Inhalt ▪ Man sollte selbst Freude bei der Betrachtung der eigenen Webseite haben	▪ Fehler auf der Homepage ▪ Links, die auf keine Seite verweisen ▪ Grafiken oder Videos, die viel Ladezeit beanspruchen ▪ SEO-irrelevanter Content ▪ Überschriften doppelt oder dreifach hervorheben (fett, unterstrichen, kursiv) ▪ Wichtige Infos rechts unten platzieren ▪ Smartphone-untaugliche Webseite ▪ Große Ladedauer der einzelnen Homepage-Seiten ▪ Zu kleine Bilder oder Schrift ▪ Nicht an die Bildschirmgröße angepasst ▪ Alte Bilder des Inhabers, CEOs, Mitarbeiters ▪ Verpixelung bei herangezoomten Bildern

5 Wie (be)nutzt man Social Media?

Soziopathie hat jeder schon mal gehört, aber haben Sie schon mal was von Sozioinformatik gehört? Das Suffix *pathie,* altgriechisch für Leiden, Krankheit, wurde durch Informatik ersetzt. Und voilà, *Sozioinformatik.*

Die Sozioinformatik untersucht die Interaktionen von sozialen Gruppen oder Kohorten mit Softwaresystemen. Sie ist somit eine „Schnittstelle“ von Soziologie und Informatik.

Die Definition von Günter Ropohl macht diese Schnittstellenwissenschaft noch deutlicher: „Ein Computer wird erst wirklicher Computer, wenn er zum Teil einer Mensch-Maschine-Einheit geworden ist. Wenn Text geschrieben wird, tut das nicht allein der Mensch, aber es ist auch nicht allein der Computer, der den Text schreibt. Erst die Arbeitseinheit von Mensch und Computer bringt die Textverarbeitung zuwege. Da freilich im benutzten Computer immer schon die Arbeit anderer Menschen verkörpert ist, (...) bezeichne ich sie als soziotechnisches System.“ (Ropohl 2009). Untersucht werden also neben dem großen Gebiet der Anwendersoftware vor allem auch die Social-Media-Plattformen.

Zu den ersten sozialen Netzwerken zählt das 1994 online gegangene GeoCities. Man konnte bei GeoCities eine Homepage mit Chat und Netzwerkfunktionen in einer virtuellen Stadt erstellen. Drei Jahre später war GeoCities die am dritthäufigsten besuchte Seite im Netz, zehn Jahre später wurde es (bis auf die japanische Seite) vom Netz genommen. 1997 erschien SixDegrees, eine Social-Media-Plattform, die den heutigen schon sehr ähnlich sah. SixDegrees hatte immerhin eine Million User. Drei Jahre später wurde es verkauft und 2001 mehr oder weniger für die Öffentlichkeit unzugänglich gemacht. Ein Jahr später erschien Friendster und hatte schon nach drei Monaten drei Millionen User. Wie man diesen Daten entnehmen kann, haben das Internet und speziell die sozialen Netzwerke einen sehr schnelllebigen, und unter gewissen Umständen auch exponentiellen Charakter.

Die Seite von Friendster hatte jedoch Mängel und brach öfter zusammen. So wechselten auch innerhalb kürzester Zeit die User zu MySpace. Die Programmierung dauerte dank *copy, paste and optimize* der Friendster-Seite nur zehn Tage und hatte zwei Jahre später schon 100 Millionen User. MySpace arbeitete schon mit Influencern. Der Gründer Tom Anderson hatte gute analoge Kontakte zur Musikszene. Infolgedessen gab es nun auch Künstler auf den Social-Media-Kanälen.

Parallel dazu entwickelten sich die ersten Blogger-Plattformen, die ebenfalls 1999 entstanden, die Bloggerseiten LiveJournal *(http://livejournal.com)* und Blogger *(http://blogger.com)*. Sie zählen zu den ersten dieser Art. Zwei Jahre später, also 2001, entstand Wikipedia und hatte schon innerhalb von einem Jahr 18 verschiedene Sprachversionen. Zwei Jahre später kamen LinkedIn und XING mit Fokus auf Geschäftskontakte ins World Wide Web. Ähnlich wie mit Google, als relativ spät auf dem Markt erschienene Suchmaschine, verhielt es sich auch mit Facebook. Facebook kam erst 2004 auf den Cybermarkt. Ein Jahr später kam YouTube und 2006 erschien Twitter.

Heutige Nachwuchskräfte sind bis zu sechs Stunden täglich auf diesen sozialen Netzwerken aktiv. ■

Auf Social Media pflegt man schon lange nicht mehr nur soziale Kontakte – dort wird von vielen ein Produkt beworben, Menschen finden einen neuen Job und informieren sich auch über das weltweite Tagesgeschehen.

Das Institut für Generationenforschung hat 2018 eine bundesweite Umfrage mit jungen Erwachsenen zwischen 17 und 23 Jahren durchgeführt, um zu erfahren, auf welchem Kanal ein Unternehmen sich bei den Jungen, der Generation Z, bewerben soll (Tabelle 5.1).

Tabelle 5.1 Umfrage mit jungen Erwachsenen im Jahr 2018 (Maas 2019)

„Wie finden Sie es, wenn sich Ihr möglicher Arbeitgeber auf folgenden Plattformen präsentiert?“						
	finde ich sehr schlecht	finde ich schlecht	finde ich nicht gut	finde ich okay	finde ich gut	finde ich sehr gut
Messe	2,9 %	2,3 %	3,0 %	23,6 %	41,9 %	26,2 %
Jobportale	3,9 %	2,1 %	3,6 %	21,3 %	37,2 %	31,8 %
Firmenwebseite	1,6 %	1,2 %	1,0 %	9,5 %	27,7 %	59,0 %
Stellenanzeigen in der Zeitung	3,3 %	4,6 %	7,6 %	35,1 %	35,2 %	14,1 %
Snapchat	38,0 %	22,6 %	18,4 %	6,7 %	7,1 %	7,1 %
Instagram	21,6 %	19,4 %	21,0 %	12,3 %	14,4 %	10,4 %
Facebook	23,3 %	9,3 %	13,1 %	18,7 %	23,9 %	11,7 %

Wie Tabelle 5.1 deutlich macht, müssen Unternehmen, Akteure oder Produkte nicht auf allen Kanälen vertreten sein. Alle Kanäle unterscheiden sich voneinander. So kann auf einem Kanal die Werbung zum Erfolg führen, beim anderen zum Gegenteil.

Die Generation Z wuchs komplett mit Social Media auf. Das bedeutet, diese Kanäle haben ihre Kindheit und das junge Erwachsenenleben geprägt und waren somit immer auch privat. Diese Art von Social-Media-Plattformen ist für die Mitglieder der Generation Z ein Rückzugsraum ins private Leben. Wenn auf diesen Kanälen ein Job beworben wird, hat das einen ähnlichen Charakter, als wenn der Unternehmer mit seiner Broschüre bei ihnen im Garten stehen würde. Es ist also nicht empfehlenswert, wenn ein Unternehmer auf diesen Kanälen versucht, den Nachwuchs zu rekrutieren.

Möchte ein Unternehmen Vertreter der Generationen X und Babyboomer für Berufe im Niedriglohnsegment bekommen, kann jedoch die Annonce über Facebook wiederum sehr zielführend sein, aber nur für diese Zielgruppen. Es gilt auch hierbei abzuwägen, welche Zielgruppe welche Kanäle *wie* nutzt und *was* auf diesen Kanälen erwartet wird.

Soll ein Produkt oder eine Dienstleistung beworben werden, egal was es ist, es muss der Logik der Social-Media-Nutzung angepasst werden.

Generell sollte man sich also immer überlegen, wen man für welche Thematik erreichen möchte, um dann die entsprechenden Kanäle auszuwählen.

Hält es nun ein Unternehmen für sinnig, z. B. auf Instagram zu sein, muss dennoch einiges beachtet werden. Einfach die Facebook-Bilder parallel auf Instagram spiegeln ist nicht sinnvoll. Generell sind auf Instagram jüngere User als auf Facebook, mit einem anderen Anspruch an Bild und Content. Aber auch nur wenige Follower zu haben, ist keine gute Werbung. Gekaufte Follower ebenfalls nicht, denn das merkt die Generation Z sofort: 1000 Follower und nur drei Likes auf ein zwei Tage altes Foto – da stimmt doch was nicht!

Anzahl der Follower

Aber wie groß sollte die Followeranzahl dann tatsächlich sein? Es gilt, je mehr organisch gewachsene Follower, desto größer die Reichweite, das Wahrgenommenwerden und die Vermarktung. Aber diese Follower müssen auch in irgendeiner Form auf Posts reagieren. Liken, teilen, kommentieren. Je mehr passiert, desto besser und desto größer die Reichweite.

Interaktionen meiner Follower

Fängt man klein an, dann interagieren in der Regel Menschen, die einem wohlgesonnen sind, oder Menschen, die man kennt oder die einen kennen. Diese Anzahl übersteigt in der Regel nicht die sogenannte *Dunbar's Number*.

Robin Dunbar ging der Frage nach, wie hoch die Zahl solcher persönlicher „Bekanntschaften“ bei nicht öffentlichen Personen denn sein kann. Diese Frage lässt sich zwar nicht so einfach beantworten, aber interessanterweise stellte im Jahr 1992 Robin Dunbar während seiner Forschung mit Primaten einen Zusammenhang zwischen der Größe des Neokortex und sozialen Gruppengrößen fest: Das Volumen neokortikaler Neuronen beeinflusst die Verarbeitungskapazität von Organismen, was wiederum einen Faktor zur Begrenzung der Anzahl gleichzeitig zu bewältigender sozialer Beziehungen darstellt (Dunbar 1992). In anderen Worten: Es wird vermutet, dass die von einem Menschen zu unterhaltende Gruppengröße eine Funktion der relativen Größe des Neokortex ist (Dunbar 1992 und 1995). Dunbar stellt dabei als kritische Zahl an Sozialkontakten **150** fest (Dunbar 1993). Die sogenannte Dunbar's Number sind somit **150 Kontakte.**

Überträgt man nun diese Theorie von Dunbar in den Kontext sozialer Medien, konnte Dunbars Theorie auch für Twitter-Konversationen bestätigt werden. Bei der Studie zeigte sich, dass die User maximal zwischen 100 und 200 stabile Beziehungen auf Social Media führen konnten (Gonçalves, Perra, Vespignani 2011). In einer anderen Studie wurden die numerischen Richtwerte von Dunbar für enge und normale Freunde von Facebook-Nutzern hingegen infrage gestellt (Striga, Podobnik 2018). Problem ist, dass bei 1000 Followern auf Instagram oder Facebook nur ein Bruchteil tatsächliche Freunde sind.

Aber was bedeutet das jetzt? Viele Follower, obwohl die meisten davon sowieso entbehrlich wären. Wie geht man da nun am vernünftigsten vor?

Bevor Sie eine Social-Media-Aktivität starten, sollten Fragen über Namen geklärt sein. Sie sollten genau wissen, wen Sie ansprechen wollen, also wer genau Ihre Zielgruppe ist und welche Vorlieben diese hat. Ebenso sollten Sie Ihr Posting-Konzept und die damit einhergehende Strategie geklärt haben.

■ 5.1 Instagram

Zeitpunkt des Postings

Der Zeitpunkt für den Post muss richtig gewählt sein, um möglichst viel Aufmerksamkeit und auch Likes zu generieren. Dies ist von den Wochentagen, vom Wetter und einigen anderen Faktoren abhängig. Die Interaktionen auf einen Post können in den *Instagram Insights* eines Businessprofils eingesehen und analysiert werden. Es ist nicht wichtig, jeden Tag ein Bild zu posten, jedoch sollte dies in regelmäßigen Abständen sein (alle zwei Tage, einmal die Woche). Ideal wäre es auch, immer zu ähnlichen Tageszeiten zu posten. Andere Wissenschaftler sagen wiederum, der

Zeitpunkt sei irrelevant, aber die Frequenz sei wichtig. Entscheidend ist jedoch immer, auf welchem Medium Sie sich bewegen und was Ihr Content ist.

Bild 5.1 zeigt, wann Instagram genutzt wird. Das Facebook-Nutzerverhalten unterscheidet sich beispielsweise etwas davon (Bild 5.2).

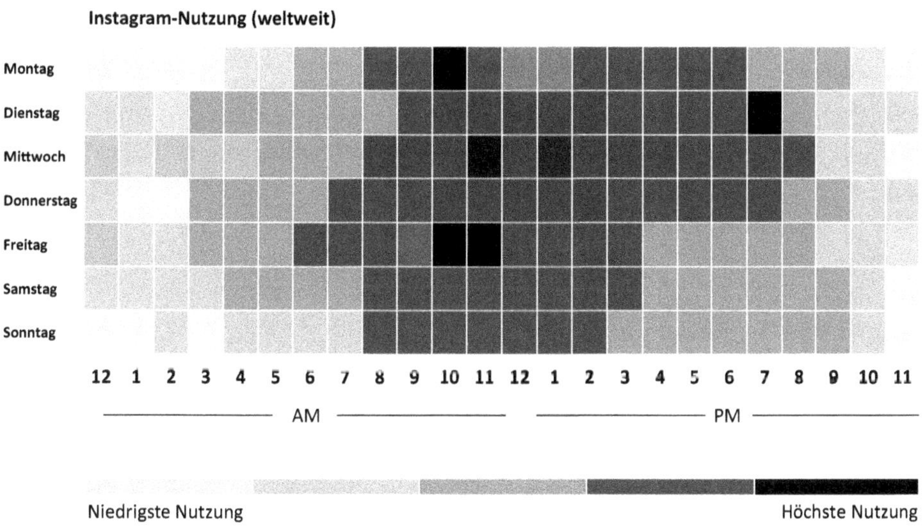

Bild 5.1 Wann wird Instagram besucht? Je dunkler die Schattierung, desto mehr Menschen sind in Instagram aktiv

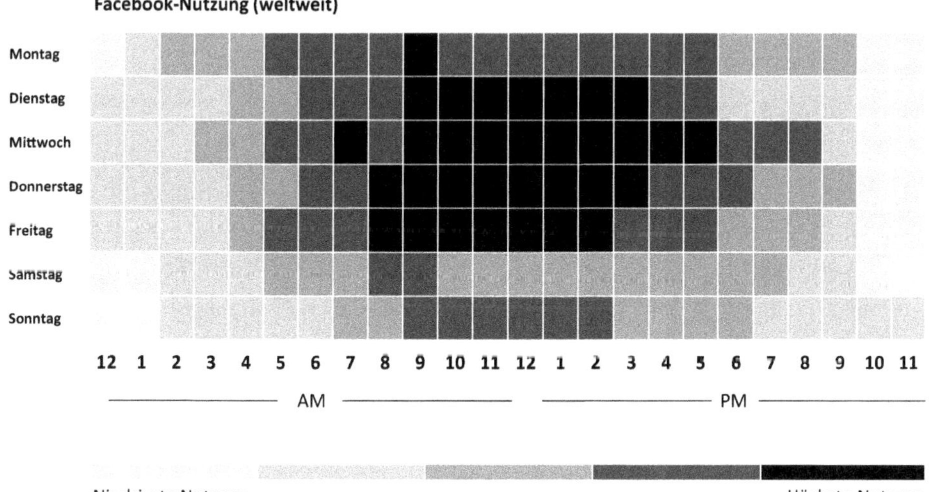

Bild 5.2 Wann wird Facebook besucht? Je dunkler die Schattierung, desto mehr Menschen sind in Facebook aktiv

Die Story

Eine musikhinterlegte Story soll Menschen dazu animieren, länger darauf zu verweilen. Die Generation Z hat im Durchschnitt 16 Influencer, denen sie folgt. Da muss man hervorstechen! Storys sind nur 24 Stunden online und werden danach automatisch wieder gelöscht. Hier gibt es die Möglichkeit, zu sehen, welche Menschen diese Story gesehen haben. Storys können mit Filtern, GIFs, Standorten, anderen Personen, Musik und Umfragetools erweitert werden. Storys können vorgedreht und erst später hochgeladen werden. Ein weiteres Bearbeitungstool ist die Aufnahme von Storys im Zeitraffer (z. B. mit der App Hyperlapse). Auch GIFs können sinnvoll verwendet werden. GIFs sind kurze Animationen, die in Storys eingefügt werden und diese optisch und visuell ansprechender gestalten. Instagram hat eigene Storyfilter, die angewandt werden können, um die Bildfarbe zu verändern oder um einen Gesichtsfilter zu nutzen.

Besonderheiten für Firmen

Ein „blauer Haken" kann beantragt werden. Ein solcher Haken suggeriert allen Usern, dass es sich bei dem Account um einen echten, oft auch bekannten Account handelt.

Dieser wird nach der Beantragung geprüft und daraufhin an Marken, Unternehmen, Politiker und einflussreiche Menschen vergeben. Ein Unternehmensprofil ist immer öffentlich. Das bedeutet, jeder kann alle Beiträge sehen. Nur private Profile können ihre Ansicht verbergen. Ein Instagram-Profil, privat oder im Business, ist immer kostenlos. Ein Businessprofil kann zusätzlich Statistiken zu Bildern, Storys und weiteren Interaktionen einsehen. Dabei können das Followerwachstum, Altersgruppen, Standort und Geschlecht der Community ebenfalls eingesehen werden.

Der Hashtag

Hashtags können in der Story und auf Posts gesetzt werden. Dies sind Schlagwörter, welche zu dem Bild oder Thema passen. Bei einem Fitnessbild könnten dies beispielsweise #Sport, #Training, #Fitness sein. Hashtags können angeklickt werden, und es werden alle Beiträge angezeigt, bei denen dieser Hashtag verwendet wurde. Dies ist eine sehr gute Option, um Reichweite zu generieren. Es ist auch möglich, Hashtags zu folgen. Je länger oder spezieller der Hashtag, desto unwahrscheinlicher, dass der Beitrag gefunden wird. Die Hashtag-Auswahl sollte jedoch zum Themenbereich passen. Es empfiehlt sich ein guter Mix aus verschiedenen Größen bzw. Längen. Es gibt auch sogenannte Hashtag Finder, welche 30 Hashtags zu dem eingegebenen Wort finden können.

Die Influencer

Die meisten Influencer haben ihren eigenen spezifischen Bereich, mit dem sie sich auf den Social-Media-Kanälen beschäftigen. Sport, Ernährung, Beauty, Wohnen, Kinder sind nur einige Beispiele dafür. Die sogenannte Swipe-Up-Funktion wird erst ab 10 000 Followern freigeschaltet. Hier kann ein Link eingefügt werden, auf den man direkt zugreifen kann. Dadurch muss Instagram nicht geschlossen werden. Man wird also direkt auf eine andere Seite weitergeleitet. Wird diese Seite wieder geschlossen, wird genau die letzte Story mit dem Link wieder angezeigt, von der man gekommen ist. Wenn 50 % der Influencer-Follower die Story anschauen, zählt dies als positive Resonanz und aktive Follower.

Animation

Eine Caption (Text unter dem Bild) soll meist dazu anregen, dass Leute unter dem Post kommentieren oder diesen Liken. Solche Formen von Animation sorgen für eine hohe Interaktionsrate und somit für mehr Reichweite.

Darstellung

Man sollte immer versuchen, einen einheitlichen Feed zu gestalten. Dies kann bestmöglich durch Bildbearbeitung oder auch ein bestimmtes Farbdesign geschehen. Follower haben sich in der Regel auf Ihre „CI“ (Corporate Identity) eingestellt, des Weiteren wirkt es professioneller.

Werbung

Bei Kooperationen, Empfehlungen und Namensnennungen muss dies meist auch als Werbung deklariert oder gekennzeichnet werden (bei Bezahlung muss dies immer als Werbung gekennzeichnet werden; bei Nicht-Bezahlung muss es grundsätzlich nicht als Werbung gekennzeichnet sein, es sei denn, der Beitrag ist an Bedingungen geknüpft). Daraus gibt es keinen Nachteil, vielmehr wirkt das für Follower transparent.

Reichweite

Um Reichweite zu bekommen, können Hashtags genutzt werden. Weiterhin können auch Standorte genutzt werden, um Menschen von dort zu erreichen. Der Standort kann in der Story und auch beim Posten eines Fotos hinterlegt werden. Folgen und Liken von ähnlichen Unternehmen in der gleichen Branche kann eine große Aufmerksamkeit generieren und zu einem reziproken Effekt führen. Sprich die anderen tun es einem gleich.

Aktivitäten auf Instagram sind aufwendig. Aber über Instagram kann man sehr gut vor allem jüngere Mitmenschen erreichen.

■

Andere Social-Media-Kanäle wie TikTok

Ein Meme, das schon woanders aufgetaucht ist, also vielen Followern schon bekannt sein könnte, ist auf Instagram kontraproduktiv. Zum Beispiel Fakten, die schon vor einiger Zeit von anderen Anbietern gepostet wurden. Oft reichen hierfür schon ein Tag oder gar Stunden aus, um als veraltet zu gelten. Es suggeriert, dass man nicht mit dem neuesten Trend mithält. Auf TikTok verhält sich dieses Phänomen hingegen genau andersherum. TikTok-Nutzer scheinen Wiederholungen in all ihren Variationen zu lieben.

Der durchschnittliche TikTok-Nutzer ist jünger als der Instagram-Nutzer. Facebook-Nutzer sind älter als Instagram-Nutzer und haben somit wieder ein anderes User-Verhalten. Dies gilt es ständig zu berücksichtigen. ■

Sie können also nicht einfach parallel die gleichen Postings z. B. auf Instagram und Facebook machen. Oder die gleichen Videos auf TikTok oder Reels auf Instagram, und hierbei ähnliche User-Reaktionen erwarten. Hier bedarf es eines ausgeklügelten Social-Media-Konzepts. Des Weiteren benötigt TikTok dank guter KI keine Hashtags mehr.

■ 5.2 YouTube

YouTube ist eine der am häufigsten genutzten Social-Media-Plattformen. YouTube wird aber immer noch selten von Unternehmen genutzt. YouTube hat eine hohe Reichweite und kann somit Ihre Bekanntheit sehr schnell erhöhen. Täglich werden kumuliert weltweit ca. 1 000 000 000 Stunden auf YouTube verbracht. YouTube ist die zweitgrößte Webseite bzw. Plattform der Welt. Laut *Absatzwirtschaft.de* vom 24.06.2016 ziehen 40 % des *Homo interneticus* YouTube dem Fernsehen vor. Tendenz steigend. Aber auch Ältere haben YouTube für sich entdeckt. Wer liest denn noch eine komplizierte Anleitung für das Zusammenbauen eines Grills, Schranks oder Rasenmähers, wenn es dafür ein YouTube-Video gibt?

Bereits mit einer Anzahl von 1000 Abonnenten lässt sich auf YouTube Geld verdienen. Diese Abonnenten sind jedoch nicht so leicht wie bei Facebook zu bekommen. Hier muss man etwas mehr Arbeit investieren. ■

YouTube hat einen sehr guten Algorithmus, der dafür sorgt, dass die User lange dortbleiben. So werden z. B. schon während des Anschauens gegen Ende des Videos Vorschläge für weitere, ähnliche Videos gezeigt. Im Anschluss wird man automatisch zum nächstähnlichen Video geleitet. Das heißt, Sie sehen sich z. B. ein

Video über das letzte Bundesliga-Fußballspiel an, und gegen Ende werden Ihnen Vorschläge zu anderen Bundesliga-Spielen gezeigt. Weitergeleitet werden Sie automatisch zum vorletzten Spiel Ihrer Mannschaft.

Wenn Sie also einen eigenen YouTube-Kanal erstellen, sollten Sie von Anfang an auch eine Strategie hierfür entwickeln. Die simple Rechnung lautet: Je mehr Abonnenten Sie auf Ihrem Kanal haben, desto höher die Anzahl weiterer Abonnenten. Dadurch erhöhen Sie Ihre Videoaufrufe, Wiedergabezeiten und Ihr Engagement, da dies direkt zusammenhängt. Abonnenten einfach kaufen ist keine Lösung und kann von YouTube mit Sperrung Ihres Kanals enden. Viele Anbieter treten hierbei unseriös aus. Versuchen Sie deshalb, „organisch" zu wachsen. Sie könnten z.B. allen Abonnenten Ihrer anderen Social-Media-Kanäle wie LinkedIn, XING, Facebook, Instagram und Twitter nun bitten, auch Ihren YouTube-Kanal zu abonnieren.

Nutzen Sie Ihr Cross-Media-Potenzial voll aus! ■

In E-Mail-Signaturen oder auch auf Ihren WhatsApp-Status könnten Sie ebenfalls auf Ihren neuen YouTube-Kanal hinweisen. Am besten machen Sie das zu Beginn immer mal wieder und auch später. In homöopathischen Dosen schadet so eine Werbung niemandem und kann für permanenten Traffic auf Ihrem Kanal sorgen. Im Folgenden könnten Sie den 100. oder 500. Abonnenten feiern. Sie könnten Verlosungen starten oder dem Abonnenten eine Urkunde überreichen. Alles ist erlaubt, solange Sie keinen Abonnenten kaufen.

Bevor Sie mit den Postings starten, sollten Sie bereits genau wissen, welche Strategie Sie verfolgen werden. ■

Welche Hashtags werden Sie verwenden? Recherchieren Sie am besten zu diesem Zweck die Hashtags, die Ihnen dienlich sein könnten. Genauso verfahren Sie bei den Überschriften der einzelnen Videos. Wie und nach was suchen potenzielle Abonnenten? SEO-Tools wie der Google Keyword Planner könnten Ihnen dabei helfen, entsprechende Schlagwörter zu identifizieren, die potenzielle User verwenden, um die von Ihnen bereitgestellten Informationen zu finden. Es ist somit eine Konsequenz, keine Videos zu erstellen, nach denen niemand suchen wird. Idealerweise sollten 80 % Ihrer Videos SEO-fokussiert sein, um Aufmerksamkeit auf sich zu ziehen. Die restlichen Prozent, also ein Fünftel, verwenden Sie bitte für Content mit Mehrwert, z.B. Videos, die Ihren Unternehmens-USP hervorheben, den niemand sonst hat, oder die Ihre Exklusivität darstellen.

Sie müssen Mehrwert demonstrieren, um Abonnenten zu generieren. ■

Wieso sollte jemand unter den vielen Tausend Kanälen gerade Ihren abonnieren? Weil Sie aktuell sind! Weil der Abonnent weiß, welche Videos und welchen Content er bei Ihnen bekommt. Deshalb bleiben Sie beim Posten Ihrer Videos nachvollziehbar und transparent. Was erwarten Ihre Abonnenten? Jede Woche immer sonntagabends ein neues Video? Wird im Video auf das nächste schon hingewiesen?

Idealerweise verknüpfen Sie Ihre Videos miteinander, aber auch mit Ihrer Homepage, Ihrem Produkt oder gar mit anderen Videos, die Ihnen wiederum Traffic generieren. Denn Ihre Reichweite könnten Sie noch weiter steigern mit Partnerkanälen, bei denen Sie sich gegenseitig bewerben, oder mit Influencern.

■ 5.3 LinkedIn

LinkedIn ist eine der ältesten Social-Media-Plattformen. Gründung war im Jahr 2002. Heute hat LinkedIn 660 Millionen Nutzer. LinkedIn selbst beschäftigt 15 000 Mitarbeiter mit einem jährlichen Umsatz von ca. drei Milliarden US-Dollar.

Auf dieser Plattform könnte z. B. neben Ihrem privaten Account auch Ihr Firmenaccount stehen. Auch hierdurch generieren Sie eine größere Reichweite. Passen Sie Ihr Profil an Ihre Firmenwebseite an und verknüpfen diese. Bestimmte Erkennungsmerkmale (Corporate Identity, Corporate Design) sollten erkennbar sein. Am besten Sie veröffentlichen Teile Ihrer Arbeit, Beiträge, Auftritte, Neuigkeiten auch bei Ihrem LinkedIn-Profil und vice versa. Je eindrucksvoller Sie dies machen, desto größer der Effekt. Slideshow, Präsentation, der Fantasie sind keine Grenzen gesetzt. Durch gezielte Überschriften, Sublines, Hashtags und Keywords beim Posting und auch bei Ihrem Profil generieren Sie automatisch mehr Reichweite. Dafür müssen Sie jedoch anderen Benutzern erlauben, Sie finden und kontaktieren zu können.

Zu beachten gilt jedoch, dass LinkedIn nicht wie Instagram funktioniert. Bei LinkedIn kann die Reichweite erhöht werden, wenn den Beitrag selbst likt und kommentiert. Beim Liken kann man zwischen Symbolen des Likens auswählen. Also ein Kommentar und dazu ein Symbol wie Glühbirne, Applaus, Herz, Support oder Fragezeichen erzeugt eine maximale Reichweite. Ein nur einfaches, neutrales Like erzeugt nur eine „normale" Reichweite. In der Regel sollten bei LinkedIn nicht mehr als drei bis fünf Hashtags genutzt werden. Mehr als fünf Hashtags verringern sogar die Reichweite. Geteilte Beiträge haben kaum Reichweite. Besser ist es, einen neuen Beitrag zu erstellen und auf den Originalbeitrag zu verweisen und mit drei Hashtags zu versehen.

Sie können LinkedIn nach Ihren schon bekannten Geschäftspartnern, Freunden oder potenziellen Kontakten durchforsten und sich vernetzen. Viele Mitglieder nutzen auch LinkedIn-Gruppen wie ein Schwungrad für Ihre eigenen Bedürfnisse. Sie können auch selbst solche Gruppen oder eine Community erstellen, um noch mehr Reichweite und Bekanntheit zu generieren. All das muss permanent „befeuert" werden. Gibt es gerade aktuelle Themen und Trends, bei denen Sie sich oder Ihr Produkt ebenfalls platzieren können? Das bedeutet viel Zeit, aber am Ende kann es sich lohnen. Denn eine interne Studie von HubSpot hat herausgefunden, dass Traffic, der via LinkedIn generiert wurde, die höchste visitor-to-lead conversion rate (2,74 %) aller top Social Networks hatte, fast dreimal höher als Twitter und Facebook zusammen (Bild 5.3):

LinkedIn ist um 277 % effektiver als Twitter und Facebook!

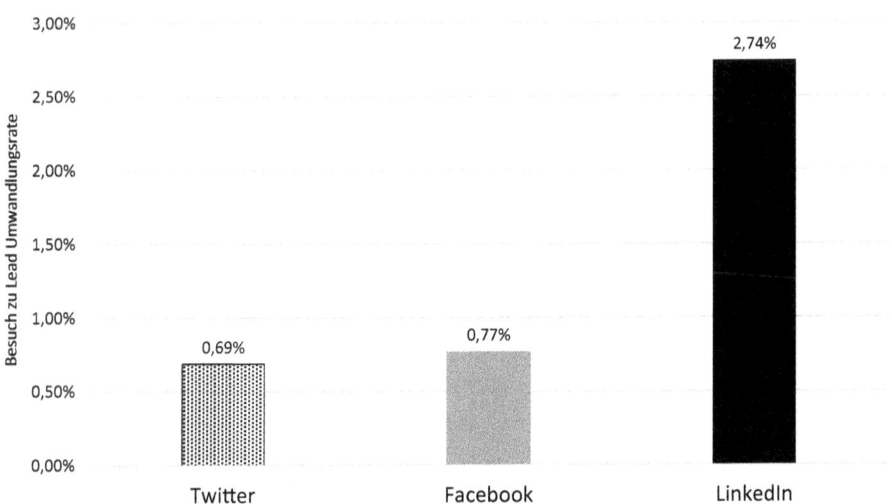

Bild 5.3 LinkedIn ist das beste soziale Medium, wenn es ums Generieren von Leads geht (in Anlehnung an Corliss, R. in HubSpot Marketing 2020)

Tabelle 5.2 fasst die Dos and Don'ts im Umgang mit Social-Media-Plattformen zusammen.

Tabelle 5.2 Wie (be)nutzt man Social Media?

Dos	Don'ts
▪ Social-Media-Konzept ist passend zur Unternehmensstrategie ▪ Die Social-Media-Inhalte sind informativ, aktuell sowie unterhaltsam, entertainend ▪ Die Posts sind stimmig und kongruent ▪ Die „Sprache“ und der Auftritt sind authentisch ▪ Ein gutes Mittelmaß aus „nicht zu provokativ vs. nicht zu brav“ anstreben ▪ Hochwertige Bilder verwenden ▪ Haben Sie Spaß bei der Social-Media-Aktivität	▪ Social Media nur um der Social-Media-Willen ▪ Falscher Kanal und falsche Zielgruppe ▪ Keine Regelmäßigkeit in den Posts ▪ Follower und Likes kaufen ▪ Selbst keine Muse oder kein Verständnis für die Posts und Zielgruppe haben ▪ Fehler im Post ▪ Kopierte Posts (von anderen Kanälen) ▪ Zu viele Hashtags ▪ Nicht berücksichtigen der Algorithmen ▪ Zu große Abwechslung in den Bildern und Inhalten ▪ Zu viel Abstand zwischen den Posts ▪ Zu viele Posts auf einmal ▪ Keine affektierte Sprache oder künstlich jung wirken wollen

Der Einsatz von Online-Messverfahren im Rahmen der berufsbezogenen Eignungsdiagnostik ist nicht unumstritten. Zum einem, weil es wissenschaftlich nicht eindeutig belegbar ist, welche Eigenschaften, Verhaltensweisen oder Motive von Menschen zum Erfolg in einer Position führen. Zum anderen, weil eine Skepsis besteht, dass ein Mensch tatsächlich mit einer begrenzten Auswahl an betrachteten Eigenschaften oder Verhaltensweisen beschrieben werden kann. Hinzu kommt, dass bei daheim durchführbaren Online-Verfahren schwer zu prüfen ist, ob die Person diesen Test wirklich alleine und ohne Hilfsmittel durchgeführt hat. Einige Testleiter verwenden die interne Laptopkamera, um den Prüfling zu beobachten, aber auch hierbei kann der tote Winkel der Kamera genutzt werden.

Damit Messverfahren auch tatsächlich zum gewünschten Ergebnis führen, sollten sie den strengen Gütekriterien genügen, die auch von einer festgelegten Norm gefordert werden.

6 Wie nutzt man Influencer?

Influencer sind nahbar wirkende Personen, die ihre Ecken und Kanten offen zur Schau stellen, zu ihren Fehlern stehen. Je „echter" sie wirken und je natürlicher sie sich geben, desto besser können sich ihre Follower mit ihnen identifizieren. Indem sie auch ihre Makel preisgeben, sich intim und unvollkommen zeigen, schaffen sie am schnellsten Verbundenheit und wecken Sympathie. Sie erteilen ihren Followern damit auch implizit die Erlaubnis, ebenso fehlbar sein zu dürfen und nicht immer perfekt sein zu müssen - was angesichts hoher von außen an die Generation Z herangetragener Anforderungen wie auch der hohen Ansprüche, die sie an sich selbst stellen, als große Entlastung empfunden wird.

Influencer spielen vor allem für die jüngeren Generationen eine zentrale Rolle. Je älter eine Generation, desto vernachlässigbarer ist ihr Einfluss. ■

Eine allzu glatte Oberfläche langweilt die Generation Z und kann schnell Misstrauen wecken. Sie erkennen sofort, wenn man ihnen etwas vorspielt - auch hierfür scheinen sie seit Kindesbeinen an erworbene Filter zu besitzen. Ihr Gespür für gekauft ist äußerst fein. Je mehr ein Unternehmen hervorzuheben versucht, wie sozial engagiert es ist oder wie nachhaltig es produziert, desto weniger wird es ihm abgekauft.

Erfolgsfaktor Transparenz

Will man die Generation, welche mit Influencern aufwächst, erreichen, darf man auf keinen Fall kommerziell plump inszeniert oder aufdringlich wirken. ■

Botschaften müssen subtiler transportiert werden und dürfen nicht zu platt sein, Kommunikation muss auf Augenhöhe erfolgen. Die GenZ verlangt nach Echtheit, Tiefe, Sinn und nach Authentizität. Sie sind die entscheidenden Erfolgsfaktoren der Influencer und des „Social Brandings". Laut einer Studie des Digitalverbandes Bitkom aus dem Jahre 2018 sind neun von zehn Internet-Usern auf sozialen Netzwerken unterwegs (89 %), unter den 14- bis 29-Jährigen ist nahezu jeder dabei (98 %) (Bitkom 2018).

Das Internet bietet immer vielfältigere Möglichkeiten des Marketings. Dies ist ein Grund dafür, dass Konsumenten der klassischen Werbung immer weniger vertrauen und stattdessen Empfehlungen von Freunden, unabhängigen Experten oder Influencern einholen. Aus diesem Grund können Influencer für Sie als Unternehmer enorm wichtig sein.

Erfolgsfaktor Authentizität

Influencer wirken authentisch, haben eine große Reichweite, sind greifbar, immer erreichbar, bieten Orientierung und geben ein Gefühl von Zugehörigkeit. ■

Influencer nutzen die medialen Umbrüche dieses Jahrhunderts für ihre Zwecke. Sie haben die Inszenierung des Privaten perfektioniert, sie sprechen ihr Publikum an, als wären es ihre Freunde. Es fehlt jegliche Distanz, vermeintlich ohne Vorbehalte erzählen Influencer, was sie gerade machen und was sie bewegt. Genau das lässt sie authentisch, echt und ehrlich wirken. Zudem wirken sie greifbarer als etwa High-Society-Stars. Influencer vermitteln ihren Followern das Gefühl, einer selektiven Followerschaft anzugehören, quasi die „auserwählten" Freunde zu sein. Sie sind ständig online und bieten den ungeduldigen Mediennutzern damit genau, was sie wollen: Ständige Erreichbarkeit – bloß keine Langweile aufkommen lassen.

Erfolgsfaktor Reziprozität

Weil Influencer authentisch und greifbar wirken, identifiziert sich der *Homo interneticus* mit ihnen. Sie bieten eine Orientierungshilfe und werden zu Vermittlern von Werten und Normen. Der Follower fühlt sich dadurch verpflichtet, „etwas zurückzugeben". ■

Influencer vermitteln manchmal das Gefühl, Teil einer Bewegung zu sein. Gerade weil sich Follower mit ihren Influencern identifizieren, vertrauen sie auf deren Meinung. Genau das macht sie als Markenbotschafter so interessant. Sie können Dienstleistungen, Marken oder Produkte direkt oder indirekt in ihren Content einbauen. Sie sind das Bindeglied zwischen Verbraucher und Unternehmen.

„Bücher sind nur dickere Briefe an Freunde."

Jean Paul

Jean Paul lebte Anfang des 19. Jahrhunderts. Würde er noch leben, hätte er wohl E-Mails geschrieben oder Posts, Memes bzw. Tweets und wäre wohl ein Influencer geworden. Aber wer schreibt denn heute noch Bücher? Und wer bewirbt seine Firma und sein Produkt denn noch selbst? Es gibt für alles Experten oder Berater. Doch was ist nun der optimale digitale Weg, seine Firma oder sein Produkt im Cyberraum zu vermarkten?

Durch Influencer lässt sich das *Social Branding* und das *Employer Branding* stärken, das Produkt vermarkten oder eine Kampagne publik machen. Klingt erst mal einfach und ohne Mühen. Doch hinter alldem stecken immer noch die klassischen Mechanismen der Werbung und somit auch die Grundlagen der Sozialpsychologie. Am Anfang steht somit vor allem erst mal die „Sympathie" für den Vermarkter, den Influencer, das Produkt, die Person, die Marke, die Firma, die Plattform oder auch das Medium, das Sie nutzen.

Erfolgsfaktor Sympathie

Will man jemanden begeistern oder überzeugen, benötigt man vor allem auf irgendeine Weise Sympathie.

6.1 Die Basis von Influencern

Der Influencer muss wahrgenommen werden, aus der Flut von Werbung und Textnachrichten herausgefiltert werden. Damit sie nicht versehentlich überscrollt werden, muss der Mensch blitzschnell in der Lage sein, zu erkennen, ob auf dem angezeigten Bild wieder nur ein Produkt beworben wird oder eine Person zu sehen ist, die dem heutigen *Homo interneticus* Orientierung, Sicherheit und Kontinuität bieten kann.

Eine für die Wahrnehmung von menschlichen Gesichtern relevante Hirnstruktur ist der sogenannte Gyrus fusiformis. Forscher konnten herausfinden, dass Probanden mit Schizophrenie ein geringeres Volumen an grauer Substanz im Gyrus fusiformis aufweisen als gesunde Probanden. Dies spiegelte sich mutmaßlich in der schlechteren Leistung der Schizophrenen beim Behalten menschlicher Gesichter wider. Es zeigte sich ein signifikanter Zusammenhang zwischen Behaltensleistung und der Volumenreduktion im Gyrus fusiformis bei den Schizophrenen (Onitsuka et al. 2003). Bezogen auf die Dauer, die es braucht, um ein Gesicht auch als solches erkennen zu können, fanden Forscher heraus, dass menschliche Gesichter ein sogenanntes negatives evoziertes Potenzial auslösen, welches den Namen N170 trägt und nach 172 Millisekunden auftritt (Bentin et al. 1996). Dies kann als die Dauer bis zur Erkennung des Gesichts interpretiert werden. Steht das Gesicht auf dem Kopf, brauchen wir dafür etwas länger (Bentin et al. 1996).

Der Influencer, auch wenn er noch so „alltagstauglich" auftritt, darf kein Allerweltsgesicht haben. Er muss in 172 Millisekunden wirken und etwas Wiedererkennbares haben, das die Aufmerksamkeit erregt.

Der Grat ist schmal, denn die Person braucht etwas minimal aus der Masse Stechendes und muss dennoch vertrauenswürdig wirken.

Eine mögliche Erklärung für das Phänomen, dass Influencer als vertrauenswürdiges Gegenüber wahrgenommen werden, ist die Ausschüttung des Hormons Oxytocin. Oxytocin wird nie isoliert ausgeschüttet, es interagiert mit anderen Neurotransmittern wie Serotonin, Dopamin und Noradrenalin. Dies hat Auswirkungen sowohl auf die Physiologie des Körpers wie auf kognitive Prozesse. Die Produktion von Endorphinen wird erhöht, der Cortisolspiegel abgesenkt, dies führt zu einem geringeren Stresslevel, verringerter Ängstlichkeit und einem Gefühl von Vertrauen, Zuneigung und Liebe.

Paul J. Zak, der Gründer und Direktor des Zentrums für Neuroökonomische Studien und Professor für Wirtschaft, Psychologie und Management an der Claremont Graduate University konnte wissenschaftliche Hinweise dafür finden, dass Social Networking die Ausschüttung von Oxytocin auslöst (Zak, Kurzban, Matzner 2005). Zak führte 2017 Messungen des Oxytocin-Spiegels während der Nutzung sozialer Netzwerke durch und stellte einen Anstieg fest (Zak 2017).

6.2 Die vier Erfolgsfaktoren von Influencern

Die vier Erfolgsfaktoren von Influencern sind Sympathie, Authentizität, Transparenz und Reziprozität.

Sympathie

Sympathie kann ein bedeutender Überzeugungsfaktor sein. Menschen lassen sich von Personen eher überzeugen, wenn sie diese sympathisch finden. Sympathie wird dabei von einigen Faktoren beeinflusst. Sie wird beispielsweise durch Attraktivität, Ähnlichkeit und Vertrautheit verstärkt. Also sieht jemand ähnlich aus und benimmt sich auch noch ähnlich, ist die Chance hoch, dass er oder sie einem sympathisch ist. Insgesamt haben es attraktive Menschen leichter, da ihnen in der Regel von vornherein positive Eigenschaften wie Intelligenz, Kompetenz und Zufriedenheit zugeschrieben werden. Dieses Phänomen nennen Sozialpsychologen den Halo-Effekt.

Unter dem Halo-Effekt wird die kognitive Verzerrung verstanden bzw. eine unbewusste Störung unserer Urteilskraft. Eine besondere Eigenschaft wie z. B. Attraktivität überstrahlt dabei das Übrige.

Hieraus zieht das Influencer-Marketing klare Vorteile. Die heile, erfolgreiche und schöne Welt, die dem Follower auf sozialen Netzwerken präsentiert wird, überstrahlt dabei die objektive Urteilskraft. Ein Influencer, der erfolgreich und schön dargestellt wird, wird automatisch auch in anderen Gebieten als kompetenter Berater gesehen. Vertrautheit trägt auch maßgeblich zur Sympathiebildung bei, je häufiger wir mit jemandem in Kontakt treten (bestenfalls in positivem Kontext), desto mehr (positive) Assoziationen verbinden wir mit der Person. Bringt ein Influencer seine Followerschaft/Community beispielsweise oft zum Lachen, so wird diese Freude mit dem Influencer assoziiert. Er wird als sympathisch empfunden.

Authentizität

Authentizität kommt vom Griechischen αὐθεντικός *(authentikós)* und bedeutet so viel wie „echt" sein. Der Versuch, künstliche und digitale Authentizität zu schaffen, ist eine Art Paradox, denn wer versucht, Authentizität zu schaffen, ist damit streng genommen nicht mehr authentisch. Die digitale Authentizität ist also nur eine digitale künstliche „Echtheit". Negieren sich „künstlich" und „digital", ähnlich dem mathematischen Gesetz: „negativ mal negativ ist positiv"?

Der *Homo interneticus* schreibt Influencern, welchen er folgt, in der Regel ein hohes Maß an Authentizität zu. Das ergab eine Influencer-Studie des Instituts für Generationenforschung aus dem Jahr 2019. In dieser Studie wurden über 1400 sogenannte Follower und 130 Influencer befragt. Der *Homo interneticus* besteht hauptsächlich aus der sogenannten Generation Z (geboren 1995 bis 2010). Die Angehörigen der Generation Z sind sehr meinungsstark. Werte sind ihnen wichtig. Produkte sollten mit diesen Werten übereinstimmen. Diese Produkte sollten im Idealfall von anderen gut bewertet worden sein. Denn alles und jeder wird im Cyberraum bewertet. Bewertungen geben einem Angehörigen der Generation Z Sicherheit und vereinfachen das Leben. Sie ersetzen die eigene Entscheidungsfindung. Umso wichtiger ist die Glaubwürdigkeit derjenigen, auf deren Bewertung man sich verlässt. Und diese Glaubwürdigkeit bedeutet heutzutage Authentizität.

Die drei Hauptdeterminanten, die Glaubwürdigkeit bzw. Authentizität beschreiben, sind laut Roobina Ohanian (1990): Attraktivität, Vertrauenswürdigkeit und Expertise. Attraktivität beinhaltet die körperliche Attraktivität des Influencers sowie persönliche oder sportliche Fähigkeiten. Expertise beinhaltet das Wissen, die Fähigkeiten und Erfahrungen eines Influencers in einem bestimmten Gebiet. Vertrauenswürdigkeit meint die Akzeptanz und das Vertrauen der Follower in die Botschaft des Influencers. Diese Determinante bezieht sich vor allem auf Ehrlichkeit und Integrität. Bei allen Determinanten ist allerdings zu beachten, dass es sich lediglich um die Wahrnehmung und Wirkung auf den Follower handelt, nicht um das tatsächliche Wissen des Influencers.

Laut B. Joseph Pine und James H. Gilmore (2008) gibt es zwei Authentizitätsstandards. Erstens: Dem eigenen Selbst treu bleiben und derjenige sein, von dem man sagt, dass man es ist. Zweitens: Dem Verbraucher einen Ort zu einer Zeit bieten, an dem Verbrauchende das sind, was man sagt, dass sie sind.

Wir streben danach, als stimmig und konsistent wahrgenommen zu werden. Wer als inkonsequent wahrgenommen wird, gilt als unzuverlässig, sprunghaft, unglaubwürdig. Deshalb ist es nicht verwunderlich, dass die Generation Z als Beweis für Authentizität nach Konsistenzen sucht. In anderen Worten, die Generation Z sucht begehrlich nach authentischen Botschaften, in denen sie sich wiederfinden und mit denen sie sich identifizieren kann. Diese Botschaften liefern ihnen Influencer in großen Mengen. Nicht selten haben diese Influencer mehrere Hunderttausend bis Millionen Follower. Influencer können daher unter Umständen viel Macht ausüben.

Bewirbt beispielsweise ein Influencer, der einem ähnlich und sympathisch ist, ein Duschgel, dann fragt sich der Follower, warum man es eigentlich nicht selbst nutzt. Produkte werden so gezielt und erfolgreich beworben, da Influencer für eine konsistente Authentizität stehen und kongruent wirken. ■

Transparenz

Transparenz ist für den *Homo interneticus* bzw. die Generation Z das höchste aller Güter. Für andere Generationen sind Transparenzen oft nur Banalitäten, aber ein Angehöriger der Generation Z stellt sich fragen wie:

- Wie verbringt der Influencer seinen Alltag?
- Wo isst er oder sie?
- Wie und wo joggt er oder sie?
- Welche Kleidung trägt er oder sie täglich?

Bezogen auf Produkte ist ihnen wichtig, woher ein Produkt kommt und wie es hergestellt wurde. Denn nur so kann die Generation Z einen Vergleich vornehmen, ob die Werte des Produkts oder des Influencers mit den eigenen Werten übereinstimmen. Um sich erfolgreich vermarkten zu können, sollten die Werte Ihrer Firma oder Ihres Produkts auf die jeweilige Generation abgestimmt sein. Dazu gehört, dass Influencer laut geltenden Vorschriften bezahlte Kooperationen auf sozialen Netzwerken offenlegen müssen (Fries 2019). Dass es um Marketing geht, ist den Followern klar.

Werbung, Influencer und Produkte müssen authentisch und gleichzeitig transparent sein. ■

Die Influencer-Studie und die Generation-Thinking-Studie des Instituts für Generationenforschung konnten Hinweise für die Bestätigung dieser Vermutung finden. Ist dem nicht so oder der Influencer zählt nicht zu den persönlichen „Haupt-Influencern“, nimmt die Glaubwürdigkeit ab. Generell sehen jedoch immer noch 25% der Generation Z Influencer, die bewusst als Werbeträger genutzt werden, glaubwürdiger als andere Werbeträger (Bild 6.1).

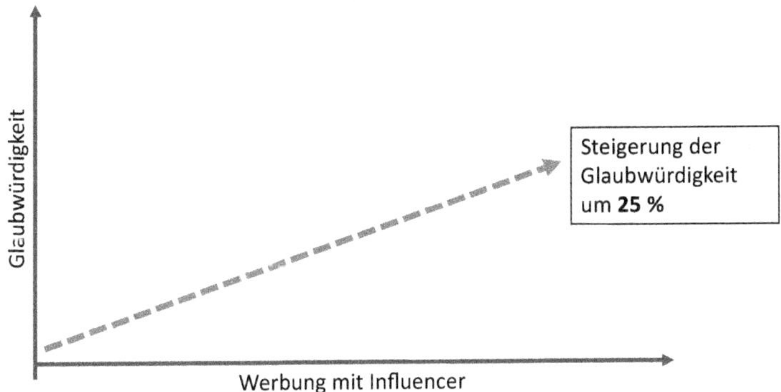

25 % stimmen zu, dass wenn ein Influencer ein Produkt bewirbt, es glaubwürdiger wirkt als andere Formen der Werbung.

Bild 6.1 Glaubwürdigkeit von Influencern (Institut für Generationenforschung 2019; n = 4812; Alter 16 bis 25 Jahre; 62% weiblich/38% männlich)

Reziprozität

Ein weiterer Erfolgsfaktor ist die Reziprozität bzw. der sogenannte *reciprocity effect*, das Prinzip der Gegenseitigkeit. Dieses spielt in sozialen Netzwerken eine große Rolle, der Follower bekommt das Gefühl vermittelt, dem Influencer etwas zurückzugeben, durch den Kauf eines Produkts, einen Kommentar oder ein Sharing. „Ich like, also bin ich“ bekommt somit eine neue Dimension – René Descartes wäre begeistert.

Der Begriff Reziprozität bedeutet, sich für das, was man von anderen erhält, zu revanchieren. ■

Das Prinzip der Reziprozität stellt ein ausgeglichenes Verhältnis von Geben und Nehmen sicher. Der Mensch strebt nach Ausgeglichenheit und versucht, das Gefühl, jemandem etwas schuldig zu sein, zu vermeiden. So schenken Influencer ihren Followern etwas, wie z.B. Orientierung oder das Gefühl von Dazugehörigkeit, und setzen sie damit unter Druck, etwas zurückzugeben.

Das geschieht im Fall der Influencer-Follower-Beziehung jedoch nicht auf Augenhöhe! In der Schule, im Verein, in der Familie und in der Arbeit fordert die Generation Z unentwegt, auf Augenhöhe ernst genommen zu werden, mitsprechen zu dürfen und auch Entscheidungen zu treffen. In der Social-Media-Welt scheinen sie genau diese Werte nicht einzufordern. Hier zeigt sich ein Paradox: Die Generation Z steht für Authentizität und Augenhöhe, und dennoch folgen einige Mitglieder der Generation Z ihren Influencern bereitwillig, als wäre sie ein willenloser Zombie.

6.3 Einfluss von Influencern

Der YouTuber Rezo, der Junge mit den blauen Haaren, sprach 2019 eine knappe Stunde über die „Zerstörung der CDU“. Über zehn Millionen haben das Video angeschaut, ob bis zum Schluss, das weiß keiner. Aber was wir wissen, ist, dass es die Wahl beeinflusst hat. Wir wissen auch, dass ein Beitrag gut oder authentisch sein muss, um einen solchen Effekt zu erzielen. Dieser YouTube-Beitrag war offensichtlich besser als alles, was die Parteien produziert haben. Er war für den *Homo interneticus* authentisch und somit glaubwürdiger als der übliche Politikersprecher mit seinen vorhersehbaren und durchschaubar eigennützigen Sprechblasen.

Rezo war für viele dieser Generation in sich stimmig und authentisch. Sehr viele der unter 30-jährigen Befragten gaben in der Europawahl aufgrund dieses YouTube-Videos der Opposition ihre Stimme. Dieses Ergebnis erhielt das Institut für Generationenforschung bei retrospektiv durchgeführten qualitativen Interviews mit 75 Befragten im Alter zwischen 16 und 19 Jahren. Bei den Interviews gaben knapp 40 % der 18- und 19-Jährigen an, nur wegen des Videos überhaupt gewählt zu haben, und dann nicht die Regierungsparteien, sondern die Opposition. Jüngere Befragte gaben sogar an, ihre Eltern überzeugt zu haben, für sie das Kreuz bei der Opposition zu setzen.

Das bringt zum Ausdruck, dass Influencer ihren Namen zu Recht besitzen, wenn nicht nur die Follower von Influencern gelenkt werden, sondern sogar diejenigen, die diesen YouTuber gar nicht kannten. An diesem Beispiel wird der enorme Einfluss der digitalen Welt auf die analoge mehr als deutlich. Es zeigt, dass die digitale Welt größer und vor allen Dingen schneller ist, als man es von der analogen gewohnt ist. Viele Menschen und auch Politiker der Generation Babyboomer denken oft, vermeintlich die gleichen Medien wie die jüngeren Mitbürger zu beherrschen, und demonstrieren dabei jedoch oft ihr digitales Unvermögen. Der *Homo interneticus* hat hierbei eine viel feinere Wahrnehmung als die älteren Generationen, die noch analog geprägt wurden. Dies konnten Studien des Instituts für Generationenforschung nachweisen, indem jungen und alten Menschen aller Generationen bestimmte Bilder aus dem Internet gezeigt wurden und sie diese bewerten mussten.

Angehörige der Generation Z haben authentische Fehler im Schnitt schneller entdeckt, oft sogar auch „Fehler", die den älteren Probanden verborgen blieben.

Die Parteien hätten ihrerseits einen Influencer, nennen wir ihn mal „Gegen-Rezo", ins Rennen schicken müssen, der parteidienlich die Fakten wieder „zurechtrückt". Diesen kann man nicht aus dem Hut zaubern, denn auch der Gegen-Influencer muss authentisch sein. So einer wurde jedoch bis dato nicht aufgebaut. Stattdessen wollten sie ihren jüngsten Bundestagsabgeordneten Philipp Amthor mit einem Konter-Video als Wahlwaffe einsetzen. Analog gedacht und digital gehandelt. Der zweite Fehler war, dieses Video zu bewerben, um es dann nicht zu zeigen. Der dritte Fehler, den Influencern einen Maulkorb geben zu wollen. Zu viel digitale Inkompetenz für den *Homo interneticus;* das Ergebnis ist bekannt.

6.4 Influencer-Marketing

Der Begriff des Influencer-Marketings fand seinen Ursprung im 2011 veröffentlichten Sachbuch *Die Psychologie des Überzeugens* des Psychologieprofessors Robert Cialdini. In seinem Buch schreibt Cialdini, dass sich Menschen mit zunehmender Komplexität des Alltags nicht mehr in allen Themenfeldern informieren (können) und sich daher bei ihren Entscheidungen auf den Rat von Influencern verlassen. Außerdem geht Cialdini davon aus, dass dadurch Menschen leicht beeinflussbar und ihre Handlungen in gewisser Weise steuerbar sind (Cialdini 2011). Influencer sind somit auch „Meinungsmacher" und für den *Homo interneticus* die effizientesten Markenbotschafter. Sie sind der Mittelpunkt des Influencer-Marketings, einer Form des Online-Marketings, die heutzutage nicht mehr wegzudenken ist. Hier trifft alt auf neu, klassische Marketingstrategien werden durch neue ergänzt.

Mit dieser Marketingform wird vor allem die Generation Z erreicht. Sie scheint für Unternehmen besonders attraktiv zu sein, wenn diese es schaffen, das Vertrauen mithilfe von sozialen Netzwerken wie Instagram, Snapchat oder YouTube zu gewinnen und Influencer als glaubwürdiges Gegenüber erscheinen zu lassen. Dieses vermeintliche Vertrauen macht Influencer-Marketing so erfolgreich.

Influencer genießen hohe Anerkennung ihrer Followerschaft und somit hohe Relevanz. Zudem verfügen sie über eine ausgesprochen große Reichweite, welche zu einer rapiden Verbreitung werberelevanter Informationen führt. Von Influencern beworbene Inhalte wirken auf den Follower auf den ersten Blick meist eher wie eine ehrliche Empfehlung, dass das Unternehmen der Drahtzieher ist, wird oft nicht wahrgenommen (Degens 2018).

Influencer-Marketing ist ein noch recht junger Begriff. Etablierter ist der Begriff Social Selling, der in eine ähnliche Richtung geht, aber dennoch von Influencer-Marketing zu unterscheiden ist. Beim Social Selling werden die sozialen Medien wie Instagram und LinkedIn für eine effektive Bewerbung und anschließenden Verkauf von Produkten oder Dienstleistungen genutzt. Speziell werden dabei die sozialen Kontakte auf diesen Plattformen verwendet, um Daten über potenzielle Kunden zu sammeln, sich bei diesen als möglicher Lieferant vorzustellen und in der Folge den Umsatz zu steigern (Schmäh, Essen 2017). ■

■ 6.5 Bewertung der Erfolgsfaktoren in Bezug auf Marketing

Von vielen älteren Generationen wird oft nicht verstanden, dass es beim *Homo interneticus* primär um die eigenen Bedürfnisse geht, die von den Influencern bedient werden. Was intuitiv einleuchtend erscheint, bestätigte auch die von der Visual-Marketing-Plattform Olapic in Auftrag gegebene und von CITE Research durchgeführte Studie „The Psychology of Following" (Olapic, 2017). Die Forscher beschäftigen sich mit Definitionen und Wirkmechanismen des Phänomens der „Beeinflusser". Im Befragungszeitraum vom 13. bis 21. November 2017 wurde untersucht, ab wann jemand von der Community überhaupt als Influencer anerkannt wird und warum sie einer Person mit einem solchen Status folgt oder vertraut und sich in ihren Entscheidungen so stark von dieser Person leiten lässt. Dabei konnte geschlechter-, generations- wie auch länderspezifisch differenziert werden, welche Themenbereiche als relevant erachtet und welche Formate auf welchen Plattformen am liebsten konsumiert werden.

Insgesamt wurden im Befragungszeitraum über 4000 Teilnehmer aus Deutschland, Frankreich, Großbritannien und den USA befragt. Die Befragten, Angehörige der Generation Z, befinden sich zum großen Teil gerade in dem Alter, in dem es wenig Bedeutenderes gibt als die Bewertung der Peergroup. Den richtigen Trend zu erwischen, wird somit zur wertvollen sozialen Währung – was sich auch stark auf die Art ihres Medienkonsums auswirkt. Inhaltlich sind sie deshalb in erster Linie an oberflächlicheren Kategorien wie beispielsweise Beauty und Fashion interessiert.

Das klingt vielleicht zunächst oberflächlich – doch der Schein trügt: Auf den zweiten Blick wird schnell klar, dass man inzwischen selbst in Branchen, welche früher als eher inhaltslos galten, nicht mehr daran vorbeikommt, auch einmal politische Themen aufzugreifen und Botschaften mit mehr Tiefe und sozialer Relevanz zu transportieren. Dass ein solcher Versuch mitunter auch schnell danebengehen kann und eher absurd und ungelenk daherkommt, ist dabei nicht weiter überraschend.

So schmal dabei stets der Grat ist, so unumgänglich ist es, auch in diese Bereiche vorzudringen, wenn man es über die Aufmerksamkeitsschwelle der jüngeren Follower schaffen will. Dabei reicht es diesen schon fast nicht mehr, lediglich ganz vorne mit dabei zu sein – am liebsten wollen sie den nächsten Trend gleich selbst setzen. Und wenn schon nicht initial, dann wenigstens im eigenen Freundeskreis oder Klassenzimmer. Dafür ist diese Generation auch bereit, ein gewisses Risiko einzugehen und Meinungen und Empfehlungen unhinterfragt, dafür aber sehr schnell zu übernehmen. In ein paar Tagen, Stunden, Minuten kann die Information schließlich bereits keinen Wert mehr besitzen.

Das Ergebnis der Studie „The Psychology of Following" zeigte, dass die jüngste Kohorte auch jene war, welche sich am stärksten beeinflussen ließ: 44 % der Befragten zwischen 16 und 24 Jahren gaben an, ein Produkt gekauft zu haben, nachdem dieses von einem Influencer nahegelegt wurde. Plattformübergreifend folgten die Befragten am liebsten jemandem, der einen bestimmten Lifestyle transportiert – was angesichts des Faktors Authentizität und dessen Gewicht Sinn macht: Würde jemand lediglich für eine ganz bestimmte Kategorie oder ein Produkt stehen und dieses womöglich auch noch ständig bewerben, wäre damit seine Glaubwürdigkeit massiv infrage gestellt. Beginnt ein Influencer, der oder die sich bereits eine große Fangemeinde aufgebaut hat, an einem bestimmten Punkt auf eine solche Weise zu posten, kann das einen schlagartigen Sympathieverlust der Anhängerschaft zur Folge haben – die Followerzahlen werden infolgedessen stark in Mitleidenschaft gezogen. Die Social-Media-Autorität wird untergraben.

43 % der international Befragten gaben Authentizität als Hauptgrund an, einer Person zu folgen. Dabei waren sich die meisten auch völlig im Klaren darüber, dass viele Postings bezahlt sind und Influencer oftmals gute Summen entgegennehmen, um ein Produkt zu bewerben – doch das schmälerte nicht unbedingt das ihnen entgegengebrachte Vertrauen. Nicht nur, aber gerade für die Generation Z ist die gefühlte Echtheit einer Person das mit Abstand wichtigste Kriterium, dem zugehörigen Account durch das Klicken des Follow-Buttons einen Platz in der eigenen Aufmerksamkeit zu gewähren.

Fast die Hälfte der Befragten gab an, den Kauf eines von einem Influencer beworbenen Produkts in Erwägung gezogen zu haben, und fast ein Drittel gab an, einen solchen Kauf tatsächlich getätigt zu haben. Am stärksten ließ sich dieser Effekt in den USA nachweisen. Dort wird dem Influencer sogar eine Art Expertenstatus zugesprochen.

Konsumiert werden die Inhalte in erster Linie auf Instagram (53 %), YouTube (46 %) und Snapchat (27 %), wobei die Jüngeren innerhalb der Kohorte am stärksten auf das Medium Video (mit Ton) ansprechen, wie z.B. TikTok, während die Älteren unter ihnen unbewegte Bilder bevorzugen.

In Deutschland werden Influencer immer noch am kritischsten betrachtet. Das bedeutet, dass die Deutschen am wenigsten gewillt sind, jemandem, der mit Gratisprodukten für gestellte Fotos posiert, einen Expertenstatus zuzuerkennen (im Gegensatz zu den USA). Dennoch messen die deutschen Befragten einem Experten gleichzeitig mehr Gewicht bei als Teilnehmer anderer Länder. Expertise und damit einhergehende Glaubwürdigkeit zählt in Deutschland zum Hauptgrund, einem Influencer zu vertrauen. Und nicht nur was das Auftreten angeht legen die Deutschen große Skepsis an den Tag – auch bezüglich der Reichweite haben sie hohe Standards: Hier wird jemand oft erst ab 50000 Followern für die Kategorie Influencer überhaupt in Betracht gezogen – 10000 sind es im Gegensatz dazu in vielen anderen Ländern.

Dieser kritische Blick hielt die deutschen Studienteilnehmer jedoch nicht davon ab, sich beeinflussen zu lassen. Fast 80% gaben an, einem *Beauty-Influencer* zu folgen, mehr als 70% einem *Fashion-Influencer*, fast 70% einem *Fitness-Influencer*, und fast 80% ließen sich im Bereich Food inspirieren. Das macht deutlich, dass die Generation Z vielen Influencern gleichzeitig folgt.

6.6 Den richtigen Influencer-Typ finden

Influencer ist nicht gleich Influencer! Nicht austauschbar, nicht ersetzbar, nicht beliebig. Jeder besetzt eine eigene Nische, ist Experte für ein anderes Thema, hat einen anderen Stil. Influencer decken eine enorme Bandbreite ab, so gibt es Coaches, Experten, Missionare, Selbstdarsteller und Stil-Vorbilder. Jeder Influencer hat eine eigene Art, sich darzustellen und mit seinen Followern zu interagieren. Dies gilt es zu berücksichtigen, wenn Sie mit einem Influencer zusammenarbeiten möchten. Die Grenzen der verschiedenen Influencer sind fließend.

Ein Influencer lässt sich nicht immer klar kategorisieren und kann auch unterschiedlichen Branchen zugeordnet werden.

Im Folgenden werden die verschiedenen Arten an Influencern genauer unter die Lupe genommen:

- Zuallererst sind die sogenannten *Stil-Inspiratoren* zu nennen. Influencer dieser Branche nehmen ihre Follower in die Welt der Mode-, Schönheits- und Einrichtungstrends mit, berichten aber auch über gutes Essen und Reisen. Sie inszenieren eine ästhetische Welt schöner Gerichte und abgelegener Sandstrände.

Sie werden auch als Lifestyle-Influencer bezeichnet und bieten ihren Followern Projektionsflächen zur Identifikation. Ihre Followerzahlen liegen meist über 100 000 und ihren Erfolg erreichen sie vor allem dadurch, dass sie ihren Followern das Gefühl vermitteln, an ihrem Lifestyle-Leben teilhaben zu können. Damit schaffen sie erneut das Gefühl von Authentizität.

- Dann gibt es die Influencer als reine *Selbstdarsteller*. Ihnen geht es in erster Linie darum, ihre Follower mit Humor zu unterhalten. Man findet sie vor allem auf YouTube, aber auch auf Instagram, TikTok, Snapchat oder Facebook. Anders als bei den Lifestyle-Influencern ist Ästhetik bei den Selbstdarstellern zweitrangig. Sie befriedigen die Schaulust ihrer Follower beispielsweise mit lustigen Chart-Hit-Parodien, Reality- oder Daily-Formaten.
- Eine andere Gruppe von Influencern sind die *Erklärer, Experten, Coaches und Missionare*. Sie machen es sich zur Aufgabe, komplexe Sachverhalte verständlich und unterhaltsam zu präsentieren. Der Professionalitätsanspruch ist ihnen dabei eher zweitrangig, was sie von den klassischen Medien unterscheidet. Dafür werden sie jedoch dem Anspruch, authentisch zu wirken, gerecht.

  Wichtig für die ältere Generation (Babyboomer, Generation X) sind vor allem die *Erklärer und Experten*. Diese beiden Influencer-Typen sind sich sehr ähnlich. Sie teilen Erklärvideos für die unterschiedlichsten Bereiche, ob Politik, Wirtschaft, Wissenschaft, Technik oder Schulwissen. Im Internet gibt es für beinahe jede Frage ein passendes Erklärvideo. Experten sind eine besondere Form der Erklärer, sie sind die Spezialisten auf ihrem Gebiet. Ihre Followerzahl ist zwar groß, ihre Reichweite ist jedoch aufgrund ihrer speziellen Nische oft überschaubar. Sie punkten mit ihrem Know-how.

  Einige nutzen auch Influencer als *Coaches*. Hierunter fallen z. B. *Fitness- und Ernährungs-Influencer*. Sie versuchen, ihre Follower mit Handlungsempfehlungen und umsetzbaren Lerneinheiten an bestimmte Themen heranzuführen. Sie teilen ihre Erfahrungswerte und Wissen, bieten damit Support, Orientierung und Anleitung.

  Missionare beschäftigen sich hauptsächlich mit Alltags- und Politikthemen. Leute, die Missionaren folgen, suchen meist nach alternativen Lebensformen und Gleichgesinnten. Sie werden als idealisierte Vorbilder gesehen, denen sie versuchen, nachzustreben. Möchten Sie als Unternehmer mit Missionaren zusammenarbeiten, ist allerdings Vorsicht geboten: Missionare polarisieren häufig und bringen mitunter auch gerne andere gegen sich auf.

Da Influencer von ihren Followern als authentische Konsumenten wahrgenommen werden, eignen sie sich sehr gut zur Vermittlung von glaubhaften Produktvorteilen. Die persönliche Empfehlung eines Influencers hat Gewicht für deren Follower. So können Influencer zu Testern für gewisse Produkte werden und ihr Meinungsbild nach außen tragen. Sie können aber auch als Coaches, Experten und Erklärer genutzt werden.

Um das Image eines Unternehmens aufzupolieren, eignen sich am besten Mode- und Lifestyle-Blogger, aber auch Unterhalter und Missionare. Ziel ist es, eine nachhaltige emotionale Beziehung zu den Kunden aufzubauen. Beispielsweise indem ein Influencer seine Follower für eine Woche auf ein bestimmtes Event eines Unternehmens „mitnimmt", indem er sie durch Fotos und Videos auf dem Laufenden hält. Der Influencer vermittelt den Followern dadurch „persönliche" Eindrücke, und das Unternehmen wird mit positiven Eigenschaften assoziiert.

Für das Ziel, die Reichweite eines Unternehmens zu steigern, eignen sich alle Typen von Influencern. Hier geht es meist zunächst darum, die Aufmerksamkeit überhaupt auf das Unternehmen zu lenken, die Marke erst einmal kennenzulernen. Damit sollen neue Zielgruppen angesprochen werden, wobei es nicht unbedingt um eine tiefe emotionale Verbundenheit mit der Marke geht.

■ 6.7 Chancen und Risiken

Laut den Marketing-Plattformen HubSpot und Mention spielt sich Influencer-Marketing hauptsächlich auf Instagram ab (HubSpot, 2020). In ihrer Studie fanden sie zudem heraus, dass Videos doppelt so viele Kommentare wie Bild-Posts erhalten. Außerdem folgen 80 % der Instagram-Nutzer mindestens einem Unternehmen, insbesondere Unternehmen mit kreativen Hashtags. Daraus folgt:

Publizieren Sie Videos und setzen Sie für jeden Post entsprechende Hashtags! ■

Bald werden aber Hashtags überflüssig, da die Algorithmen so gut werden, dass wir bald schon ohne Hashtags auskommen. So arbeiten viele Portale wie z. B. TikTok kaum noch mit Hashtags.

Ein erfolgreicher Influencer-Account entsteht nicht aus dem Nichts. Schritt für Schritt, Follower für Follower bauen sich Influencer ihre Community innerhalb ihrer Nische auf. Das Hochladen von Bildern, Videos und Storys ist nur der Teil der Arbeit eines Influencers, der für den User sichtbar ist. Weitere Aufgaben, wie das Beobachten von Trends, das Beantworten von Nachrichten und Anfragen, die Analyse des eigenen Accounts, ständiges Aktivsein sowie die rechtlich korrekte Absicherung werden vom Follower ebenfalls permanent wahrgenommen.

Das Influencer-Dasein lebt von ständiger Präsenz. Influencer vermitteln das Gefühl, man nehme Anteil an ihrem Leben, dabei wird oft außer Acht gelassen, dass sie nur den Teil ihres Lebens mitteilen, den sie mitteilen wollen. Diese Scheinrealität führt vor allem bei der Generation Z zu enormem Druck, mithalten zu müssen. Der permanente Vergleich mit anderen, genauer genommen mit deren verzerrter Realität, lässt das eigene Leben ungenügend wirken. Sieht man von Freunden wunderschöne Bilder mit Traumfigur am Sandstrand, während man selbst zu Hause mit einer Tüte Chips im Regen sitzt, so lässt das den eignen Alltag düster wirken. Doch die Darstellung auf Instagram und Co ist nicht annähernd eine akkurate Spiegelung des Alltags. So helfen Fotobearbeitungsprogramme bei der perfekten Figur, und nur die tollen Ereignisse gehen viral. Dass man auf dem Weg zum perfekten Foto mit einem Elefanten auf Bali zuvor in dessen Kot ausgerutscht ist, wird nicht erwähnt. Dies wird außer Acht gelassen, und Follower fühlen sich ständig im Zugzwang. Die Angst, nicht mithalten zu können oder etwas zu verpassen, ist groß. Stichwort FOMO – fear of missing out … seit 2013 ist dieser Begriff nun auch im *Oxford Dictionary*.

Die sehr feinen Filter dieser Generation für Unauthentisches und Gekauftes funktionieren wohl nur, wenn es um technische und rein visuelle Sachverhalte geht. Diese Filter würden also das Bild des Influencers auf dem Elefanten sofort als falsch erkennen, wenn es beispielsweise mit Photoshop bearbeitet wurde. Ist das Bild jedoch echt, erkennt das die Generation Z zwar, jedoch nicht das Narrativ, welches dahintersteckt. Die Filter setzen aus, wenn es um mehr als das Offensichtliche, um die Geschichte dahinter geht. Und das ausgerechnet dann, wenn das Funktionieren dieser gut ausgebildeten Filter den Selbstwert schützen könnten.

Im Unternehmenskontext ist es wichtig, zu beachten, dass Influencer die Glaubwürdigkeit eines Produkts oder eines Unternehmens enorm stärken können. Nicht-authentische Influencer bewirken hingegen genau das Gegenteil! ■

Die Persönlichkeit des Influencers ist gleichzeitig sein Erfolgsfaktor und muss daher mit dem Kooperationspartner übereinstimmen. Die Community eines Influencers bemerkt schnell, wenn dieser nicht wirklich hinter dem Produkt oder dem Unternehmen steht. Es ist daher unbedingt notwendig, einen Vertreter zu finden, welcher mit gutem Gewissen hinter dem Produkt oder Unternehmen steht, Leidenschaft und Begeisterung für die Branche des Unternehmens zeigt und dessen Follower sich ebenfalls mit dem, was dargeboten wird, identifizieren. Influencer setzen ihre Glaubwürdigkeit aufs Spiel, wenn sie sich auf unpassende Kooperationen einlassen. Auch die Art der Produkte muss der Zielgruppe entsprechen.

Um wirklich sicher sein zu können, dass der vermittelte Content eines Influencers dem entspricht, was das eigene Produkt oder Unternehmen repräsentiert, bedarf es guter Vorbereitung und Recherche. Hierbei ist vor allem auf den sogenannten *Brand Fit* und *Audience Fit* zu achten. Ersteres meint, ob der Influencer zum Markenimage passt, Letzteres hingegen, ob die Follower des Influencers zur Zielgruppe der Marke passen.

Ein aktueller Trend der Social-Media-Werbung ist die vermehrte Nutzung von sogenannten Mikro-Influencern. Es hat sich herausgestellt, dass, wie so oft, weniger mehr ist. Marken setzen immer mehr auf die Macht von Mikro-Influencern. Diese zeichnen sich durch weniger als 10 000 Follower aus und haben eine hohe Interaktion mit ihren Followern und damit einhergehend eine hohe Glaubwürdigkeit in ihrem Gebiet (Clifton 2016). Sie werden noch eher als „normale" Menschen angesehen. Influencer mit mehreren Hunderttausend Followern können weniger zugänglich und damit weniger glaubwürdig erscheinen. Mikro-Influencer sind zudem kostengünstiger als ihre berühmten Kollegen.

Konzentrieren Sie sich auf Mikro-Influencer!

Instagram ist nach wie vor das wichtigste soziale Netzwerk für diese Art von Mikro-Influencer-Marketing, dennoch sollten andere Kanäle nicht außer Acht gelassen werden. Influencer-Marketing wächst auch auf Plattformen wie Pinterest, Snapchat und sehr stark auf TikTok.

Setzen Sie ein ganzheitliches Marketing um und nutzen Sie verschiedene Plattformen!

Es wird immer wichtiger, Transparenz zu zeigen. Moralische und ethische Standards sind für die junge Generation Z sehr wichtig. Dies bedeutet für Unternehmen, sie müssen für ihre Werte einstehen und diese von Influencern übermitteln lassen! Also nehmen Sie sich Zeit bei der Auswahl Ihres Influencers und denken Sie immer daran, es muss für beide Seiten passen. Ein Influencer kann in der Regel nichts kompensieren oder kaschieren. Das bedeutet, die Basis muss stimmen, sonst geht der Schuss nach hinten los. Im schlimmsten Fall viral und für immer. Denn das Internet vergisst nichts und teilt es gerne mit der ganzen Welt!

Für Unternehmen können Influencer vor allem nützlich sein, wenn es darum geht, das Image zu stärken, das *Employer Branding* aufzumöbeln, die Reichweite zu steigern oder mit Produktvorteilen zu überzeugen. Allerdings ist Vorsicht geboten, die Wahl des passenden Influencers hat große Auswirkungen für Ihr Unternehmen. Tabelle 6.1 fasst zusammen, wie Sie am besten Influencer in Ihr Marketing einbauen können.

Tabelle 6.1 Wie benutzt man am besten Influencer?

Dos	Don'ts
▪ Bleiben Sie sich selbst treu, stellen Sie sich vor und bleiben Sie dabei transparent ▪ Kommunizieren Sie auf Augenhöhe ▪ Influencer sind das Bindeglied zwischen Verbraucher und Unternehmen ▪ Überzeugen Sie im ersten Kontakt ▪ Influencer können die Reichweite eines Unternehmens steigern ▪ Produktbewerbungen und Meinungsbild nach außen tragen: Coaches, Experten, Erklärer ▪ Image aufpolieren: Mode- und Lifestyle-Blogger, Unterhalter ▪ Ganzheitliches Marketing auf verschiedenen Plattformen, vor allem Instagram ▪ Setzen Sie im Netz auf Authentizität und Transparenz: Seien Sie nahbar, stehen Sie für Ihre Werte ein und legen Sie offen, wie Ihr Unternehmen vorgeht (Wo kommen die Produkte her? ...) ▪ Prüfen Sie, ob der Influencer mit seiner Persönlichkeit zu Ihrem Unternehmen und Ihren Produkten passt ▪ Die Wahl eines geeigneten Influencers erfolgt am besten durch diejenigen, die sich damit auskennen: die Digital Natives ▪ Setzen Sie auch auf Mikro-Influencer (können potenzielle Bindung zu Kunden aufbauen) ▪ Lernen Sie Ihren Influencer nicht nur digital, sondern auch analog kennen ▪ Fehler sind okay, solange sie authentisch behandelt werden	▪ Fehler vertuschen ▪ Auftrag an den Influencer: Fehler des Unternehmens zu kaschieren ▪ Influencer-Auswahl von älteren Generationen machen zu lassen bzw. von potenziellen Nicht-Followern ▪ Missionar als Influencer wählen ▪ Schnelle und unüberlegte Influencer-Wahl ▪ Ihre Wahrnehmung des Influencers ist entscheidend, und nicht die ihrer potenziellen Kunden ▪ Mikro-Influencer vernachlässigen

7 Der Umgang mit Bewertungen

Ein Hotel lief bisher wunderbar, immer ausgebucht. Doch plötzlich bleiben die Gäste aus. Die Recherche ergibt: sechs Google-Bewertungen, bei denen vier nur zwei von fünf Sternen gaben. Ein nicht bezogenes Bett, schlechte Arbeit eines Zimmermädchens, das längst entlassen wurde. Die Kommentare stammen vom betroffenen Ehemann, von seiner Frau und einem Bekannten des Paares. Darunter weitere Kommentare, die zwar nichts mit dem Hotel zu tun haben, aber ebenfalls negativ sind. Ein weiteres Beispiel: Eine Großbäckerei sucht Personal, doch die Suche gestaltet sich plötzlich im Gegensatz zu früher sehr schwierig. Auch hier ergibt die Recherche, dass die Firma auf einem Bewertungsportal als „miserabler Arbeitgeber" bezeichnet wurde.

Reklamationen sind für viele Unternehmen ein Warnhinweis und können in der Regel auch für Optimierungsmaßnahmen dienlich sein wie beispielsweise eine Beschwerde über den BH, welcher bei Bewegung in die Haut einschneidet. Hierbei kann der Hersteller zügig reagieren und diese sogar noch für sich nutzen. „Rückenfreier BH mit nahtlosem Tragekomfort". Eine Kundenbeschwerde, beispielsweise im Restaurant, kann sofort mit einem Gratis-Wein behoben werden und am Ende dadurch sogar einen Stammkunden generieren. In der analogen Welt haben Unternehmer, Vertriebler und Verkäufer schon längst die „Reklamation" für sich genutzt. In der digitalen Welt verhält sich dies etwas schwieriger.

Reklamation kommt ursprünglich aus dem lateinischen *reclamare* und bedeutet so viel wie: „laut dagegenrufen". Im digitalen Zeitalter ist dieses laute Dagegenrufen keine auditive Momentaufnahme. Es wird im Netz bewertet und steht dort, solange es die Bewertungsplattformen gibt. Für jeden und für immer einsehbar.

Nicht immer zum Vorteil des Anbieters oder des „Verbreiters". Denn im Netz kann einfach jeder jeden bewerten. Nahezu jeder Post kann auf Social-Media-Plattformen kommentiert, weitergeleitet oder gar geschmäht werden. Ganze Firmen, Produkte oder Veröffentlichungen können so beeinflusst werden.

7.1 Ein „Troll" als Bewerter

Menschen, die versuchen, bewusst durch (emotionale) Provokation die Kommentare zu lenken, zu beeinflussen oder weiter zu befeuern, werden als Troll bezeichnet. Diese Art von Kommentieren wird Trollen oder *trolling* genannt (Schwartz 2008). Gezieltes Trollen wird *trolling with bait* genannt und bedeutet wortwörtlich Trollen mit Köder. Diesen Begriff gibt es schon seit Anfang der 1990er-Jahre. Haben sich diese Trolle auf Ihr Thema, Ihr Produkt versteift, können Sie eine ganze Flut von Negativ-Werbung bekommen. Die Motivationsrange geht von Langeweile, Aufmerksamkeit bis hin zu Rache, Konkurrenzdenken und Schaden zuführen. Die Motivationslage ist in der Regel negativ konnotiert. Es gibt aber auch Anbieter, die das „Trollen" professionalisiert haben und dafür bezahlt werden, mit ganzen „Troll-Armeen" anderen im Netz Schaden zuzufügen. Lässt man sie frei gewähren oder reagiert man falsch, können Trolle großen Schaden anrichten. Viele Anbieter unterbinden (z.B. YouTube bei bestimmten Themen: Flüchtlinge, Corona, Impfen) die Kommentier-Funktion oder veröffentlichen auf Social-Media-Kanälen nur in geschlossenen Gruppen.

Was für Menschen sind diese Trolle? Die kanadischen Psychologen Erin Buckels et al. der University of Winnipeg haben 2014 in zwei Online-Studien insgesamt 1215 Personen befragt (Buckels et al. 2014). Die Ergebnisse zeigten eine große Gemeinsamkeit zwischen der Häufigkeit von Online-Kommentaren, dem sogenannten Trolling-Vergnügen und der Trollidentität. Beide Studien zeigten ähnliche Beziehungsmuster zwischen Trolling und der Dunklen Tetrade der Persönlichkeit (Bild 7.1 und Bild 7.2). Die Dunkle Tetrade der Persönlichkeit umfasst Machiavellismus, Narzissmus, Psychopathie und Sadismus.

Trolling korrelierte somit positiv mit Sadismus, Psychopathie und Machiavellismus. Von allen Persönlichkeitsmaßen zeigte der Sadismus die robustesten Assoziationen mit Trolling. Die Freude an anderen Online-Aktivitäten wie Chatten und Debattieren hatte nichts mit Sadismus zu tun. Cyber-Trolling scheint also eine Internetmanifestation des alltäglichen Sadismus zu sein. Das sollten Sie wissen und beachten, bevor Sie auf die Posts reagieren.

Beim Umgang mit unerwünschten Kommentaren empfiehlt es sich, erst mal ruhig zu bleiben. Nicht sofort, aufgebracht und voller Adrenalin antworten. Soldaten in der Bundeswehr bekommen ab dem ersten Soldatentag eingetrichtert, eine Beschwerde erst 24 Stunden später abzugeben. Nicht ohne Grund. Ein Großteil der Beschwerden wird einen Tag später gar nicht mehr eingereicht, das Adrenalin ist aus dem Körper, und einen Tag später sieht die Welt oft ganz anders aus. Vieles relativiert sich, und mit etwas Distanz betrachtet man die Dinge objektiver. Ähnlich sollten Sie auch hierbei vorgehen. Denn wie die Studie eindeutig zeigt, leben einige Trolle davon, dass Sie aufgebracht und im Affekt reagieren. Sie bekommen somit die Aufmerksamkeit, die sie suchen.

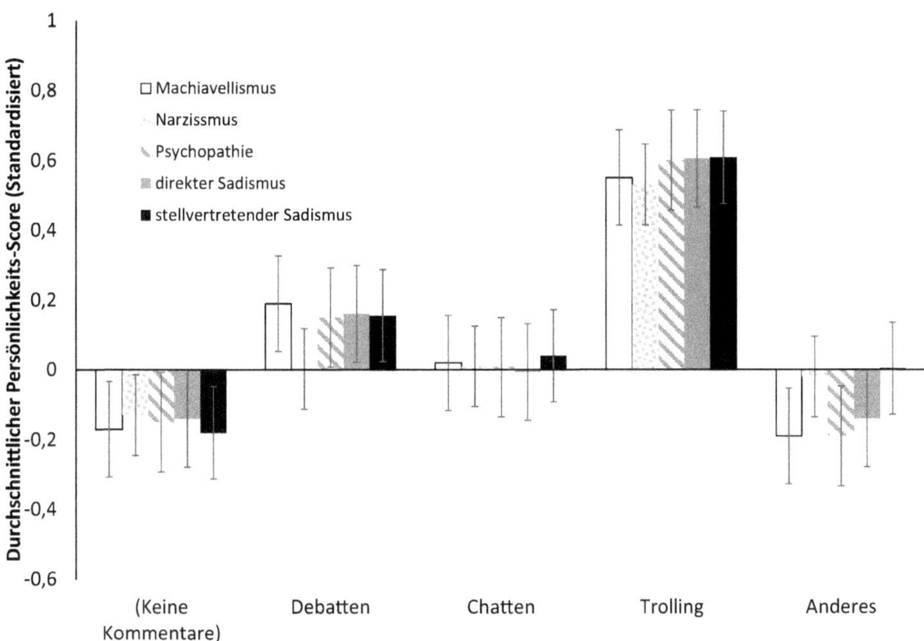

Bild 7.1 Dark Tetrad scores als Funktion der Lieblingsbeschäftigung (in Anlehnung an Buckels 2014)

Personality Scale	Commenting frequency (h/day)	Commenting frequency (controlling for overall Internet use)	Rated enjoyment				
			Trolling	Debating	Chatting	Making friends	GAIT scores
Sadism Total	.43***	.40***	.52***	.21	.07	-.12	.68***
Direct Sadism	.35***	.36***	.54***	.14	-.001	-.17	.65***
Direct Physical	.35***	.34**	.44***	.19	.04	-.20	.62***
Direct Verbal	.32***	.33***	.53***	.10	-.02	-.15	.56***
Vicarious Sadism	.39***	.40***	.39***	.25*	.13	-.03	.55***
Machiavellianism	.33**	.33***	.37***	-.06	-.10	-.14	.34***
Narcissism	.27*	.30**	-.09	.23*	.19	.21	.18***
Psychopathy	.23*	.23*	.38***	.07	-.23*	-.21	.55***

Note. *p < .05; **p < .01; ***p < .001. All tests are two-tailed.
GAIT scores were a composite of four items capturing trolling behavior, enjoyment, and identity.

Bild 7.2 Trolling. Höchste Korrelation mit Sadismus (In Anlehnung an Buckels 2014)

Haben Sie einen Troll für sich ausgemacht, könnten Sie ihn sperren oder über die Anbieterplattform oder den Administrator sperren lassen. Falls dies nicht geht, zuerst mal indirekt ignorieren, d. h., falls Sie viel Zeit und Muße haben. Eine weitere Empfehlung lautet, nicht mit dem Troll zu reden, sondern nur über ihn, um so die Kontrolle über die Kommunikation zurückzugewinnen. „Ist euch auch schon dieser Troll aufgefallen? Die Trolle müssen ja Zeit haben ...!“

Fangen Sie auf keinen Fall mit einem Troll eine direkte öffentliche Diskussion an.

Sie brauchen sich vor solchen Kommentaren und Beiträgen nicht zu rechtfertigen. Wird der Troll beleidigend oder sogar noch mehr, können Sie die üblichen Rechtsmittel nutzen. Wichtig ist nur, dass Sie sich sicher sind, dass es sich auch wirklich um einen Troll handelt.

Neben Trollen gibt es auch sogenannte Sockenpuppen, die Ihnen das Cyberleben schwer machen können. In der Regel werden als Sockenpuppen Fake Accounts bezeichnet. Sie dienen dazu, Pseudo-Meinungen oder Stimmen „von vielen" zu mimen. Besonders bei Bewertungsportalen oder bei Wikipedia-Einträgen. Diesen Begriff gibt es schon seit 1993. Handelt jemand im Auftrag eines anderen, sprich ein reales Benutzerkonto wird animiert, im Auftrag eines anderen ebenfalls zu kommentieren oder zu agieren, wird dieser *meatpuppet* genannt. Beide Arten sind sehr leicht im Netz anzuwenden und können ebenfalls großen Schaden anrichten, gar ganze Wahlen beeinflussen (Fielding, Cobain 2011).

■ 7.2 Die Rolle von Produktbewertungen

Verbraucher treffen heute nahezu alle ihre Kaufentscheidungen auf Basis von Produktbewertungen – nicht nur beim Online-Einkauf, sondern auch im stationären Handel. Die Generation Z, der *Homo interneticus*, kann ohne diese Portale in der Regel online gar keine Entscheidung mehr treffen. Als besonders dankbar empfinden sie leicht verständliche Produkt- oder Kundenbewertungen mit einfachen Sterne-Ratings.

Wie häufig eine Produktbewertung verwendet wird, hängt nicht nur von der Einstellung potenzieller Kunden ab. Die Nutzung einer Produktbewertung ist ebenfalls sehr abhängig von der Warengruppe. Bei funktionalen Produkten, wie z. B. Elektronik, werden die Rezensionen häufiger verwendet als bei „emotionalen" Produkten, wie z. B. Bekleidung. Produktbewertungen werden jedoch in Zukunft immer mehr den Markt bestimmen, da der *Homo interneticus* ein Produkt ohne Bewertung wahrscheinlich nicht mehr konsumieren wird (Bild 7.3).

Laut einer Studie von Daniela Wiehenbrauk und Anke Hutzschenreuter aus dem Jahr 2018 empfinden Verbraucher die sogenannten Sterne-Ratings als besonders hilfreich (Bild 7.4).

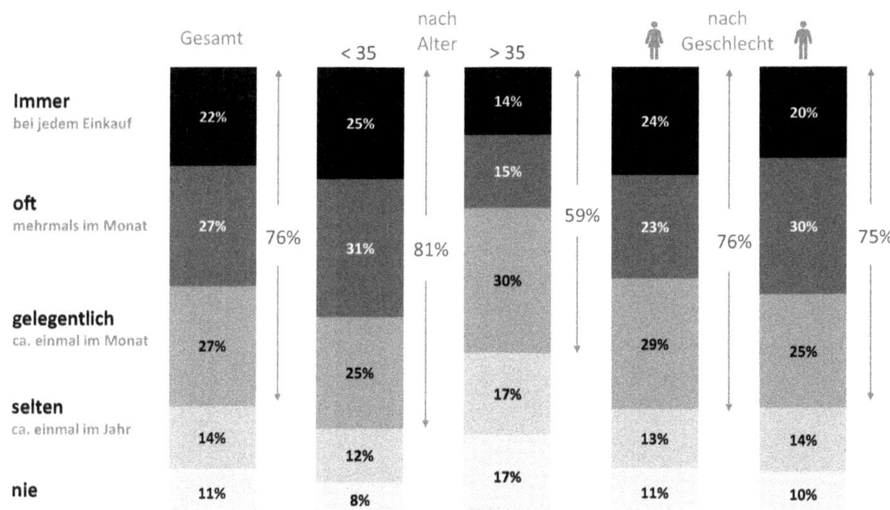

Bild 7.3 Frage: „Wie häufig nutzen Sie Produktbewertungen, wenn Sie einkaufen?" (In Anlehnung an Wiehenbrauk und Hutzschenreuter 2018)

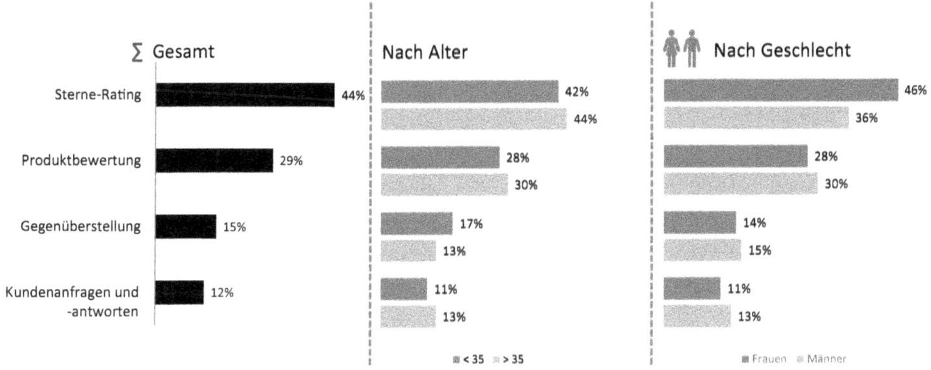

Bild 7.4 Frage: „Welche der folgenden Elemente von Produktbewertungen sind für Sie besonders hilfreich? Bitte bringen Sie die einzelnen Elemente in eine Reihenfolge von 1 bis 4." (In Anlehnung an Wiehenbrauk und Hutzschenreuter 2018)

Insgesamt nutzen laut dieser Studie drei von vier Befragten diese Art von Produktbewertungen beim Online-Einkauf. „22 % davon geben sogar an, Produktbewertungen vor jeder Online-Kaufentscheidung in Betracht zu ziehen (Wiehenbrauk, Hutzschenreuter 2018). Eine Studie von Simon-Kucher & Partners aus dem Jahr 2019, bei der online über 6400 Konsumenten befragt wurden, ergab, dass 71 % der Konsumenten weltweit und 66 % deutschlandweit Produktbewertungen als wichtig bzw. sehr wichtig einschätzen. Bei dieser Studie gab knapp die Hälfte an, regelmäßig die Bewertungen des Produkts zu lesen. Ca. 33 % bewerten das gekaufte Produkt im Anschluss selbst. Etwa 75 % sind nach einem „positiven" Kauf motiviert, selbst eine Bewertung abzugeben. Bei unzufriedenen Käufern sind es etwas weniger (Simon-Kucher & Partners 2019).

Kunden vertrauen in erster Linie anderen Kunden! Erst danach kommen Homepage, Firmenauftritt usw. Im Internet dreht sich oft alles um das Attribut Authentizität, vor allem beim *Homo interneticus*.

Das Marktforschungsinstitut SPLENDING RESEARCH hat in einer repräsentativen Untersuchung vom Dezember 2018 sogar herausgefunden, dass neun von zehn vor einem Produktkauf ein Bewertungsportal zurate ziehen. Die Online-Plattform Podium geht ebenfalls von über 90 % der Konsumenten aus, die sich von Online-Bewertungen und Rezessionen beeinflussen lassen. Ein Produkt oder ein Unternehmen darf beim Sterne-Rating dabei niemals unter 3,3 von fünf Sternen geraten. Liegt es darunter, wird es von den meisten Verbrauchern, Konsumenten oder Bewerbern laut podium.de nicht als potenziell interessant eingestuft (Podium n. d.).

Eine weitere Studie von Miyoung Jeong und Myunghee Mindy Jeon (2008) ergab, dass 82 % der Menschen Bewertungen auf TripAdvisor und ähnlichen Seiten vertrauen. Laut dieser Studie vertrauen 84 % der Menschen den Online-Bewertungen mehr als persönlichen Empfehlungen (Jeong, Jeon 2008). Laut der Studie von Nan Hu, Ling Liu und Jennifer Zhang führt eine Veränderung der Online-Bewertung zu einer Umsatzänderung. Neben dem quantitativen Messwert (d. h. z. B. die Sterne-Bewertung) beachten Kunden auch qualitative Aspekte der Bewertung wie z. B. die Qualität des Bewertenden. Kunden reagieren außerdem stärker auf Online-Bewertungen, wenn es noch nicht so viele Bewertungen gibt (Huu, Liu, Zhang 2008).

Die wichtigsten Branchen, bei denen hauptsächlich Online-Bewertungen genutzt werden, sind laut Online-Bewertungsportal Monitor:

- Hotels und Reisen,
- Restaurants und Gastronomie,
- Elektronik.

Ein „durchschnittlicher Sterne-Wert“ von 5,0 Sternen wird vom Verbraucher nicht so positiv wahrgenommen wie ein Sterne-Wert von 4,2 bis 4,5. Nur positive Bewertungen sieht der Verbraucher in der Regel als nicht authentisch oder gar manipuliert an. Negative Bewertungen sind für den Betrachter wichtig, um ein differenziertes Bild zu geben, sie können dem Konsumenten Vertrauen und Authentizität bieten. Ganz nach dem Motto „kein Produkt ist perfekt“.

Oft sind die Bewertungen nicht der mathematische Durchschnitt aus den Rezessionen, sondern folgen einem eigenen Algorithmus, wie dies z. B. bei Amazon der Fall ist. Diese Bewertungsberechnungen nutzen zusätzlich das Alter der Bewertung, die Beurteilung der Nützlichkeit durch andere Kunden und ob die Bewertung aus einem verifizierten Kauf stammt (Stummeyer, Köber 2020).

7.3 Warnung vor Fake-Bewertungen

Immer mehr Firmen bieten an, diese Art von Bewertungen, also Response, zu übernehmen. Sie generieren Fake-Bewertungen. Ein geübter Nutzer erkennt diese sofort. Oft gehen diese Anbieter auch nicht sehr professionell vor. Oder würde Sie es nicht wundern, wenn es plötzlich viele Bewertungen auf einmal innerhalb kürzester Zeit gibt und alle diese auch noch rein positiv sind? Oder wenn das Produkt kaum auf dem Markt ist und schon bewertet wird? In der Regel erkennen dies die Verbraucher.

Es gilt, lange Texte schreiben Kunden, die sich ärgern. Zufriedene Kunden fassen sich meist kurz. Das bedeutet, dass zu lange Positiv-Bewertungen über ein Produkt auffällig sind, da dies für die meisten Betrachter ein Hinweis auf Fake-Bewertungen sein kann. Solche Bewertungen wirken oft nicht kongruent. Es ist ein vergleichbarer Effekt wie ein Verkäufer, der mit einem affektiven Lächeln uns einen schönen Tag wünscht. Der Wunsch kommt so nicht an, da der Gesichtsausdruck mit dem Gesagten nicht übereinstimmt und somit als inkongruent wahrgenommen wird. Genauso wirken künstliche und übertrieben positive Bewertungen. Sie können sogar zum Gegenteil führen.

Das Profil des Bewertenden lässt sich in der Regel oft nachschauen. Immer der gleiche Text bei Bewertungen, immer fünf Sterne vergeben oder auch zehn verschiedene Produkte an einem Tag bewertet, dies wirkt für die meisten verdächtig. Aber auch Links und Verweise auf ähnliche Produkte des Herstellers sind verdächtig. Genauso auch extrem unterschiedliche Meinungen oder wenig Bewertungen. Findet man nur zwei Bewertungen, führt dies ebenfalls nicht zu einer größeren Vertrautheit der Verbraucher.

Fake-Bewertungen sind in der Regel von Portalbetreibern nicht erwünscht und auch nicht erstrebenswert. Sie führen weniger internetaffine Kunden oft in die Irre und suggerieren ein falsches Käuferverhalten. Aber auch juristisch betrachtet können Fake-Bewertungen problematisch sein. Unternehmen, die Fake-Bewertungen nutzen, verstoßen in der Regel gegen die AGB der jeweiligen Bewertungsplattformen. So ein Fehlverhalten kann zum Ausschluss führen. Auch kann ein derartiges Verhalten als wettbewerbswidrig angesehen werden. Das bedeutet, dass Abmahnungen von Konkurrenten drohen.

Wer diese Art von Bewertungen als Dienstleister anbietet, also Fake-Bewertungen verkauft, haftet ebenso wie auch das Unternehmen, welches Fake-Bewertungen einkauft und auf dem eigenen Profil präsentiert. Die Verbraucherschutzzentralen und auch die jeweiligen Mitbewerber haben das Recht, diese Art Dienstleister, die sich mit falschen Bewertungen im Netz präsentieren, abzumahnen. Zusätzlich sind auch Schadensersatzforderungen möglich.

7.4 Die Reaktion auf Bewertungen

Wie geht man nun mit Negativ-Bewertungen oder mit Online-Bewertungen im Allgemeinen um? Diese Frage kann nicht pauschal beantwortet werden. Denn dies hängt vom Produkt, der Dienstleistung und vom Bewertungsportal ab. Auf Ratgeber-Webseiten wird oft vom Antworten auf Produktbewertungen abgeraten; die ersten wissenschaftlichen Studien zur Frage, ob auf schlechte Rezensionen geantwortet werden sollte (die sich allerdings alle auf Hotels fokussieren), ergaben aber allesamt, dass zu antworten besser sei als nicht zu antworten.

Was allerdings gegen ein Antworten sprechen könnte, wäre der Fakt, dass Kunden auf Bewertungsportalen andere Kunden informieren möchten und in der Regel nicht mit dem Unternehmen interagieren. Denn falls Kunden den Dialog mit dem Unternehmen suchen, posten sie ihr Feedback auf Plattformen, die dafür gemacht sind, z. B. der Unternehmens-Facebook-Seite oder auf der Homepage.

Generell gilt, schlechte Bewertungen sind nicht immer schlecht. Konsumenten verstehen, dass nicht jedes Produkt für jeden Kunden geeignet ist. Negative Bewertungen helfen den Kunden, zu verstehen, was andere Kunden nicht mochten, aber wirken sich nicht unbedingt schlecht auf das Image des Unternehmens aus.

Reagieren Sie nur auf negative Bewertungen, wenn Sie konstruktiv mit der Beschwerde umgehen können.

Unternehmen sollten generell nur auf negative Bewertungen reagieren, wenn der kritisierte Aspekt in ihrer Kontrolle liegt, um den Kunden zu signalisieren, dass sie gehört werden und sie sich permanent verbessern. Ein geschicktes Antworten kann das SEO-Google-Ranking der Bewertung beeinflussen, sodass gute Bewertungen eher gefunden werden als schlechte. Laut einer Studie von 2019 des Online-Bewertungsportals Monitor ändert jeder Vierte eine negative Bewertung zum Positiven, nachdem auf diese seitens des Anbieters reagiert wurde. Bild 7.5 zeigt Reaktionen auf Bewertungen.

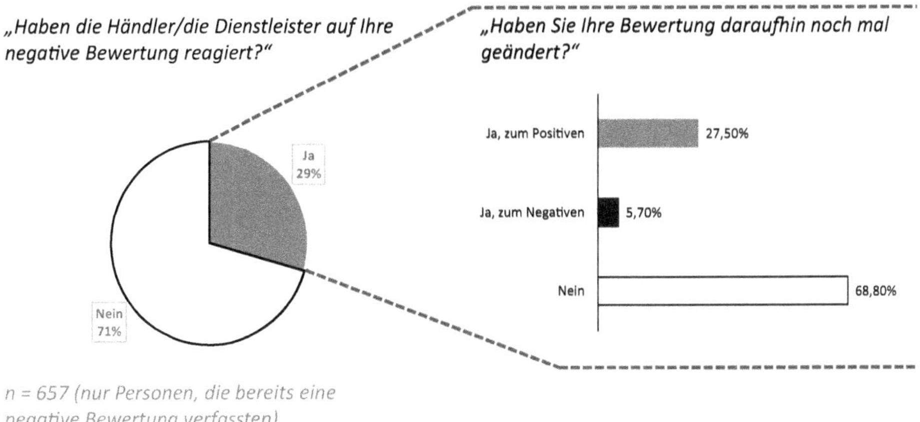

Bild 7.5 Reaktionen auf Bewertungen (in Anlehnung an Splendid Research 2019)

Laut einer aktuellen Studie von Rico Piehler et al. zum Thema Hotelbewertungen ist es für Hotels am effektivsten, in der Antwort eine Erklärung abzugeben und eine Kompensation anzubieten. Nur eine Erklärung oder nur eine Kompensation unterscheiden sich nicht in ihrer Effektivität (Piehler et al. 2019). Dienstleister, denen die nötigen Strukturen und Prozesse fehlen, Fehler und deren Gründe zu identifizieren und Korrekturmaßnahmen zu ergreifen, sollten dann in diesem Fall nur mit Kompensation antworten. Dienstleister mit limitierten finanziellen Ressourcen sollten in diesem Fall nur eine Erklärung abgeben. Laut einer anderen Studie von Chunyu Li, Geng Cui und Ling Peng (2018) funktioniert eine entgegenkommende Antwort für Bewertungen zu Produktversagen, während eine defensive Antwort für allgemeine negative Bewertungen, aber nicht für Produktversagen funktioniert. Laut einer Studie der *Harvard Business Review* (Feb. 2018) haben Antworten auf positive Bewertungen dieselben Vorteile wie Antworten auf negative Bewertungen (Prosperpio, Zervas, 2018). Laut einer anderen Studie hat die Anzahl von Antworten auf Bewertungen einen positiven Einfluss auf die Performance der Hotels. Antworten auf negative Bewertungen haben einen stärkeren positiven Einfluss als Antworten auf positive Bewertungen.

Es ist wichtig, eine definierte Antwortstrategie zu haben. Auf einige Bewertungen zu antworten ist besser, als gar nicht zu antworten; eine selektive Antwortstrategie ist effektiver, als auf alle Bewertungen zu antworten. Hier geht es darum, sich eine Strategie für die verschiedensten Variationen zu überlegen, um in jedem möglichen Fall richtig handeln zu können. Diese sollte dann bei jedem einzelnen Fall angewendet werden. Die verantwortlichen Mitarbeiter sollten geschult sein und wissen, wie sie sich zu verhalten haben. ■

Laut Fang Meng et al. verbessert eine „service recovery“-Antwort auf negative Bewertungen das Image des Hotels. Es verbessert die Kundeneinstellung zu dem Hotel und erhöht die Absicht zu buchen. Laut Meng et al. (2018) wurden Image und Einstellung am schlechtesten bewertet, wenn es überhaupt keine Antwort gab. Auch Evan Sparks und Joseph Bradley haben 2016 in Studien festgestellt, dass Antworten auf Bewertungen (im Vergleich zu keiner Antwort) den Eindruck verstärken, dass das Unternehmen glaubwürdig sei und sich für seine Kunden interessiere. Die positiven Eindrücke waren stärker, wenn nur ein Tag zwischen der Bewertung und der Antwort lag. Spätere Antworten machten laut Sparks und Bradley keinen signifikanten Unterschied mehr. Es war egal, ob man nach zwei oder sieben Tagen geantwortet hatte.

Positive Eindrücke wurden dabei verstärkt, wenn die Antwort nachvollziehbar bzw. alltäglich klang, also eine „human voice“. Die im Vergleich zu einer „professional voice“ schlicht nahbarer und somit positiver wirkt. Trotz der Tatsache, dass der wahrgenommene Unterschied zwischen den verschiedenen Formulierungen nicht groß war, hatte dieser Faktor human voice vs. professional voice den größten Einfluss. Weitere Ergebnisse deuten darauf hin, dass es nicht so wichtig ist, wer auf eine negative Bewertung antwortet (Manager vs. normaler Mitarbeiter), sondern dass es zeitnah durch einen Verantwortlichen geschieht. Auch machte es einen Unterschied, ob man antwortet, ein Problem sei schon behoben worden oder ein Problem muss erst noch behoben werden.

Man sollte auf keinen Fall den Einfluss von Online-Bewertungen unterschätzen. Im Gegenteil, Sie müssen eine Strategie entwickeln, wie insgesamt mit Bewertungen umgegangen werden soll. Wer beantwortet wann die Bewertungen? Dabei scheint eine selektive Antwortstrategie am sinnvollsten. Die Antwort sollte immer zeitnah auf die Bewertungen erfolgen. Dabei ist vor allem der „Ton“ bzw. die Sprache sehr wichtig. Eine eher umgangssprachliche, alltagsnahe oder einfache Beantwortung ist dabei zielführender, da sie persönlicher und „menschlich“ wirkt. Eine professionelle Antwort mit Fremdwörtern suggeriert den Lesern, dass gegebenenfalls ein Programm diese Antworten geschrieben hat, was wiederum eine „Verschlimmbesserung“ wäre und genau das Gegenteil als beabsichtigt zur Folge hätte.

Entwickeln Sie eine Strategie, wie Sie generell mit Bewertungen umgehen wollen. Beantworten Sie möglichst zeitnah eine Bewertung und formulieren Sie Ihre Antwort in einer einfachen und verständlichen Sprache. ■

Man muss auch nicht jedem Kommentar bzw. jeder Bewertung eine entsprechende Plattform bieten. Statt auf jede Bewertung zu reagieren, könnte der Betroffene damit werben, dass er z. B. das Produkt oder die Dienstleistung gemäß dem Kundenfeedback geändert oder angepasst habe. Eine sehr beliebte Methode bei Apps, Spielen oder PC-Programmen, die neu auf den Markt kommen. Sie suggeriert, dass der Hersteller den Konsumenten ernst nimmt und versucht, alle eventuellen Bugs (Fehler) zu bearbeiten. Auch beugt es diversen Blogbeiträgen vor, bei denen sich eventuell User über Fehler austauschen.

Der Pizzahersteller Domino's hat alle negativen Beiträge gesammelt und diese durch eine sogenannte „Turnaround Campaign" genutzt, um zu zeigen, wie sehr ihnen das Anliegen der Kunden am Herzen liegt. Durch geschickte Videos und Vermarktungsstrategien haben sie so die Reklamationen für sich genutzt und es dadurch geschafft, 2017 Pizza Hut von der Nummer eins zu verdrängen. Am Ende hat Domino's 2017 knapp sechs Milliarden Jahresumsatz verbucht. Pizza Hut hatte nicht einmal die Hälfte dieses Umsatzes im gleichen Jahr erreicht.

Zurück zum Hotel. Der Hotelbesitzer könnte über die Rezeption oder das Housekeeping veranlassen, dass jeder Gast einen internen Feedbackbogen nach seiner Abreise bekommt. Dieser könnte verbunden sein mit einem Gutschein-Code oder einem Give-away. Wird dieser Bogen positiv bewertet, könnte man im Nachgang dem Gast eine Dankes-Mail oder Push-Nachricht senden. Neben der Bedankung sollte der ehemalige Gast darauf aufmerksam gemacht werden, dass sich das Hotel und das Personal sehr freuen würden, wenn die Gäste das Hotel z. B. bei Booking.com auch so positiv bewerten würden. Bei einem negativen Beitrag könnte man versuchen, nachzuforschen, von wem dieser ist, und versuchen, Kontakt aufzunehmen, um entsprechend zu handeln. Eventuell kann man auch einen verdrossenen Gast so wiedergewinnen oder zur Umstimmung der Bewertung ermutigen.

Nicht nur viele Fünf-Sterne-Bewertungen sind Fake, auch die negativen Bewertungen, die oft mit sogenannten Fake-Profilen erstellt werden, können erfunden sein. Die Gründe hierfür können mannigfaltig sein und am Ende nichts mit dem zu tun haben, was bewertet wurde. Eine Recherche lohnt sich somit allemal, da dies die Beantwortungsstrategie maßgeblich beeinflussen kann. ■

Bei Arbeitgeberportalen bewerten zum Großteil frustrierte ehemalige Mitarbeiter oder Bewerber, die nicht genommen wurden. Eine bekannte Plattform hierfür ist kununu. Zufriedene Mitarbeiter in Kleinunternehmen werben in der Regel seltener für einen guten Arbeitsplatz, allein schon aus der Angst heraus, dass ein potenzieller Nachfolger sich bewerben könnte. Viele Firmen reagieren bei negativen Bewertungen mit Kommentaren des Unverständnisses à la: „So etwas gab es noch nie bei uns." „Meine Tür stand immer offen." „Es wäre schön gewesen, dies direkt zu hören, um entsprechend zu reagieren." Im nächsten Schritt folgen drei Fünf-Sterne-maximal-Fake-Bewertungen, von der Firma selbst initiiert, damit der Sterne-Durchschnitt wieder ausgeglichen ist. Potenzielle Bewerber lesen zuerst oder oft sogar nur die negativsten Bewertungen. Wirken diese egozentrisch, werden sie von den Betrachtern als Einzelfall abgetan. Haben Sie jedoch viele ähnliche negative Bewertungen, müssen Sie eine Gegenstrategie entwickeln.

Laut der Studie des Instituts für Generationenforschung vom Januar 2020 nutzen hauptsächlich junge Akademiker bzw. Hochschulabgänger diese Plattformen. Bemerkenswert ist, dass sie diese zu 75 % nutzen, noch bevor sie sich überhaupt die Homepage angesehen haben. Dies entspricht einem ähnlichen Verhalten wie bei Hotelbewertungsportalen. Auch hier gilt, viele Bewertungen bedeuten für den Erstbetrachter viele Bewerber, Kunden oder User. Wenn ein Buch bei Amazon z. B. 900 Bewertungen hat, geht der Betrachter von fünf- bis sechsstelligen Verkaufszahlen aus. Hat das Buch nur zwei Bewertungen und sind diese ausführlich positiv geschrieben und mit fünf Sternen bewertet, geht der Betrachter davon aus, dass Bekannte des Autors diese verfasst haben. Somit keine Werbung. Mittlerweile kann man davon ausgehen, dass jede fünfte Amazon- oder Google-Bewertung ein Fake ist. Ähnlich verhält es sich bei Bewertungsportalen. 4,5 bis 4,8 Sterne sind wie fast überall dabei die beste Größe.

Tabelle 7.1 zeigt im Überblick, wie Sie am besten mit Internetbewertungen umgehen können.

Tabelle 7.1 Umgang mit Bewertungen im Internet

Dos	Don’ts
▪ Beschwerdemanagement einführen, Strategien überlegen, noch bevor negative Bewertungen eingehen ▪ Zeitnahes Reagieren auf Bewertungen ▪ Persönliche „menschliche“ Sprache bei der Beantwortung nutzen ▪ Bewertungen ernst nehmen ▪ Keine Fake-Bewertungen forcieren ▪ Auch negative Bewertungen für sich nutzen ▪ Kunden, Mitarbeiter etc. animieren, ehrliche Bewertungen abzugeben ▪ Berechtigte Negativ-Bewertungen wie eine Reklamation nutzen ▪ Sein Bewertungsportal im Auge behalten ▪ Aus den Bewertungen Erkenntnisse ziehen und daraus lernen	▪ Nichtbeachten der Bewertungen ▪ Nur ein Medium befeuern ▪ Mit Fake-Bewertungen dagegenarbeiten ▪ Bewertungen kaufen ▪ Beleidigt oder persönlich getroffen reagieren ▪ Unverständnis mimen ▪ Zu lange warten mit der Reaktion ▪ Auf niveaulose Kommentare reagieren ▪ Generell auf alles reagieren (besser partiell) ▪ Entschuldigen, obwohl nichts falsch gemacht wurde ▪ Standardantworten und keine individuellen Antworten geben

8 Produktivität und Zeitmanagement trotz Internet

„Zeit gewonnen, alles gewonnen.“

Niccolò Machiavelli

Was 1513, zu Zeiten Machiavellis, offline galt, gilt genauso heute online. E-Mails, soziale Netzwerke oder Apps haben Flexibilität und eine höhere Geschwindigkeit für den Informationsaustausch geschaffen. Laut einer Umfrage von Bitkom Research, bei der über 500 Unternehmen befragt wurden, nutzten 52 % dieser Unternehmen Online-Meetings (Schmoll-Trautmann 2017). Diese Studie ergab aber auch, dass 70 % dieser Unternehmen immer noch 2017 regelmäßig Faxgeräte nutzen (Bild 8.1). Dies war allerdings der Stand vor der Corona-Pandemie.

Das Meinungsforschungsinstitut Aris spricht von rund 70 % der deutschen Unternehmen, die interne Kommunikation in Form von Online-Medien nutzen. Auch interne soziale Netzwerke, in denen Mitarbeiter sich verlinken, Status-Updates schicken und Arbeitsgruppen bilden können, sind kaum mehr wegzudenken. Der allgemeine Trend geht also in die digitale Richtung, wird aber immer wieder durch alte Strukturen gebremst, wie man an der Faxnutzung sieht.

Diese Arbeitsformen verlangen von den Beschäftigten ein regelmäßiges Abrufen aller eingesetzten Medien, um immer aktuell informiert zu sein. Die Arbeit wird dadurch schneller und einfacher. Oft werden die Inhalte allerdings nur kurz wahrgenommen und nicht richtig verarbeitet. Durch die modernen Hilfsmittel ist dies aber auch nicht mehr nötig. Viele Informationen, für die man früher die Leistungen seines Gedächtnisses benötigte, werden heute auf Festplatten, auf Servern im Internet oder auf Smartphones abgelegt und können dort jederzeit abgerufen werden. Dieses Abladen von Informationen macht unser Gehirn frei für neue Informationen, z. B. für das Bearbeiten komplexer Sachverhalte oder für Kreativität.

Die Technik verändert das Wahrnehmen und Verarbeiten von Informationen.

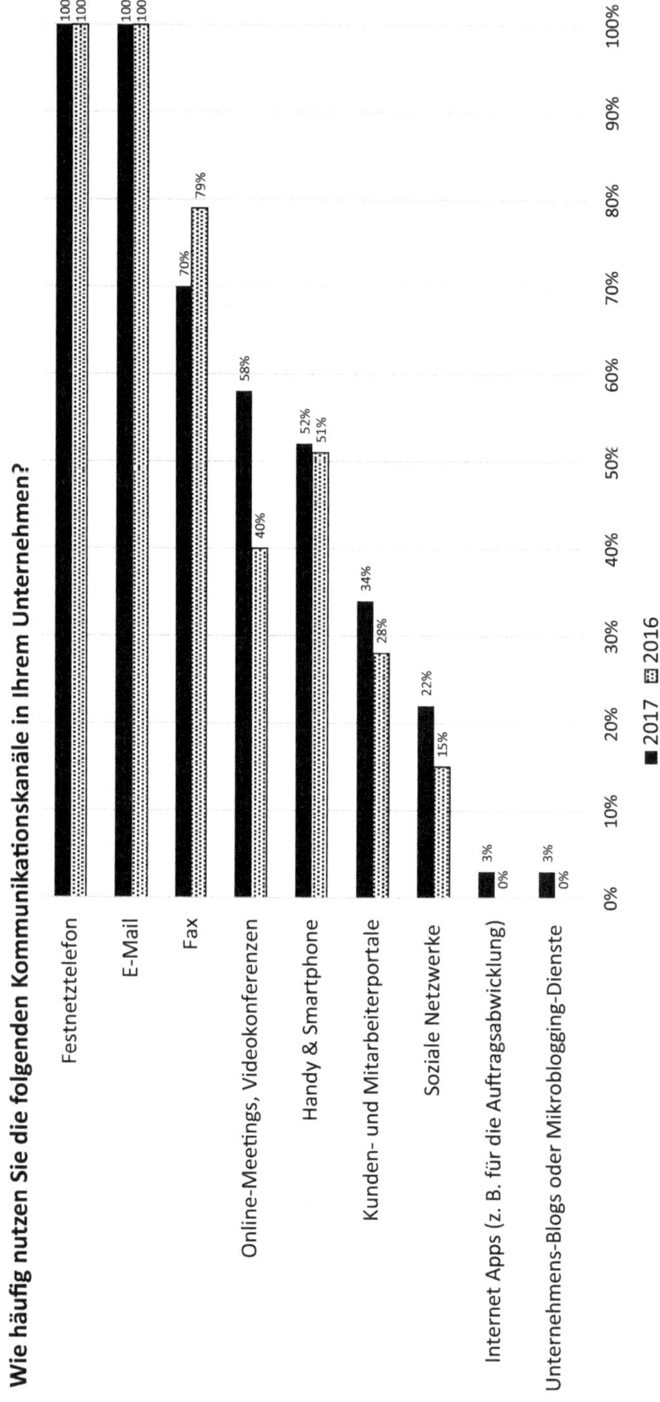

Bild 8.1 Unternehmen setzen auf digitale Kommunikation (in Anlehnung an Bitkom Research 2016 - 2017)

Achteten wir früher bewusst auf bestimmte Informationen und wiederholten diese aktiv, um sie im Gedächtnis zu verankern - z.B. Termine oder Kontaktdaten -, so nehmen wir diese Informationen heute zwar ebenfalls wahr. Wir gehen aber auch automatisch davon aus, dass diese nicht mehr gespeichert oder gemerkt werden müssen, da sie auch im Internet oder auf dem Smartphone jederzeit abrufbar sind. So schafft die Technik Zeit für andere Prozesse und nimmt damit direkt Einfluss auf unser Zeitmanagement.

Allerdings lenken die unterschiedlichen Medien ab, stören unsere Aufmerksamkeit und benötigen alleine schon durch das mehrmalige Abrufen Zeit.

8.1 Begrenzte Aufmerksamkeit bei „Dauerbefeuerung“

Moderne Kommunikationstechnologien beeinflussen unsere Aufmerksamkeit. Diese immer auf die Arbeit zu richten, fällt uns heute oft schwer. Unterschiedliche Medien signalisieren in Echtzeit, wenn sich etwas ereignet. Die Folge: Die Gefahr der Ablenkung ist hoch. Die Aufmerksamkeitsspanne kann gleichzeitig maximal sechs Reize verarbeiten (Miller 1956). Sobald mehr Reize zur Verfügung stehen, kann keines der Signale mehr richtig verarbeitet werden. Die Folge ist ein Sinken der Arbeitsleistung. Bei mehr als sechs Reizen kann das Gehirn nicht mehr präzise filtern, was gerade relevant ist und was nicht.

Vor allem Social-Media-Nutzer sind daran gewöhnt, dass alles zu jeder Zeit verfügbar ist, und die Fähigkeit zu fokussieren nimmt ab. Gleiches gilt für die Aufmerksamkeitsspanne. Sie soll heute bei gerade einmal fünf Sekunden liegen. Zum Vergleich: Noch vor zehn Jahren sprach man von zwölf Minuten.

Nachfolgend ein typisches Beispiel, wie es sich nicht nur an einem Dienstag um 9.30 Uhr in unseren Büros abspielen könnte:

> Es ist Dienstag 9.30 Uhr morgens. Eine typische Arbeitssequenz kann folgendermaßen aussehen: *Man hört gerade das Brummen des Smartphones, zeitgleich klingelt das Festnetztelefon des Arbeitsplatzes, die Meldung, dass eine neue E-Mail eintraf, der Hinweis des Kalenders, dass in 15 Minuten das Meeting stattfindet und dieses noch vorbereitet werden muss, sind ebenfalls Teil der 9.30-Uhr-Sequenz. Nun steht auch noch der Kollege vor dem Schreibtisch und fragt etwas, oder erzählt und fragt nach? Irgendwie ist es schwer zu deuten. Draußen fängt es an zu regnen, der Drucker läuft. Aus dem Nebenzimmer ruft der Chef etwas, das Telefon des Nachbarn klingelt, nun auch das Vibrieren einer WhatsApp-Nachricht. Das könnte die*

ältere Tochter sein, sie hatte heute Fahrprüfung, ob die Prüfung erfolgreich war? Sie hat viel dafür getan. Weiter klingelt das Festnetztelefon, der Kollege steht immer noch vor einem und berichtet vom Wochenende. Das Meeting muss jetzt vorbereitet werden. Schon wieder eine neue E-Mail. Was rief der Chef? Egal, das Meeting ist bald, und dafür gilt es noch einiges zu tun! Aber eigentlich interessiert einem immer noch die WhatsApp-Nachricht…

All das strömt nicht selten innerhalb einer Minute auf uns ein; bewusst oder unbewusst. Das Internet, das Smartphone, die Digitalisierung ist gnadenlos. Unsere Wahrnehmung wird ständig gefordert und auch überfordert, wie das Beispiel veranschaulicht.

Die Wahrnehmung ist ein konstruktiver Prozess, auf den verschiedene Bedingungen und Faktoren einwirken. Laut Daniel E. Berlyne (1974) sind dies neben Erfahrungen auch Wissen, vorgefertigte Schemata, Erwartungen, aber auch Abgleiche mit der Wirklichkeit. Weitere Faktoren sieht Berlyne noch in Neugierde und dem eigenen Anstrengungs- und Aktivierungspotenzial. ■

Ständige Unterbrechungen gehören zu unserem Arbeitsalltag dazu. Eine Unterbrechung bzw. eine starke Ablenkung dauert durchschnittlich sechs bis neun Minuten. Zusätzlich vergehen noch weitere etwa vier bis sechs Minuten, bis wir uns wieder vollständig in das Thema hineingedacht haben und die Aufgabe auf dem gleichen Niveau fortführen können. Eine neue Smartphone-Nachricht mit einem lustigen Meme. Schwups, sind Sie draußen. Sie verschicken das vermeintlich lustige Bild an zwei Kollegen in einer Gruppe und an ihre Freunde und wollen nun wieder zur Arbeit übergehen. Um nun auf dem gleichen Level wieder die Arbeitsgeschwindigkeit aufzunehmen, benötigen Sie mindestens 15 Minuten. Sie haben gerade 15 Arbeitsminuten verschenkt. Vier solche Unterbrechungen täglich bedeutet, dass Sie eine Stunde weniger effektiv gearbeitet haben, als Sie hätten können. Fünf Stunden in der Woche und 20 Stunden im Monat, und das bei nur vier Unterbrechungen täglich.

Christian Montag und Peter Walla (2016) gehen davon aus, dass der Zusammenhang zwischen Produktivität und Smartphone-Nutzung einer umgedrehten U-Funktion entspricht (Montag, Walla 2016). Also einem auf dem Kopf stehenden Hufeisen, bei dem die gesammelte Produktivität herausfällt. Das heißt:

Je höher die Smartphone-Nutzung, desto niedriger die Produktivität. ■

Vanessa Vega (2009) geht hingegen davon aus, dass wir durch die intensive Nutzung der unterschiedlichen Medien eine immer bessere Fähigkeit zum Multitasking entwickeln. Insbesondere der digital geprägten Generationen wird diesbezüglich eine höhere Kompetenz zugeschrieben (Grady et al. 2006). Doch Multitasking ist und bleibt ein Mythos.

Vermeintlich steigert Multitasking die Produktivität, tatsächlich führt die gleichzeitige Arbeit an mehreren Aufgaben jedoch zu einem erheblichen Konzentrations- und Leistungsverlust sowie einem erhöhten Stresslevel. ■

Neurowissenschaftler und Arbeitspsychologen haben das Phänomen des Multitaskings über Jahre erforscht. Das Fazit ist, dass allein aus neurobiologischer Perspektive Multitasking nicht möglich ist. Das Gehirn kann sich nur auf eine komplexe Tätigkeit konzentrieren. Bei der Bewältigung mehrerer Aufgaben wechselt es rasant zwischen den Tätigkeiten hin und her. Greift man das Beispiel der Instagram-Nutzung während des Skypens und Serien-Sehens auf, so wird die Aufmerksamkeit dreigeteilt.

Die Digitalisierung sowohl in Form von Hardware (Smartphone, Tablet) als auch Software (Instagram, WhatsApp, YouTube etc.) führt demnach zu einer sinkenden Aufmerksamkeitsspanne. Dies betrifft vor allem die jüngeren Personen, die mehrwellig durchs Internet surfen und oft auch gleichzeitig verschiedene Geräte benutzen.

Wir werden durch den Cyberraum quasi dauerbefeuert von der analogen wie auch der digitalen Welt. Hinzu kommen unsere inneren Wünsche, Hoffnungen, Ängste, Vorstellungen. Unsere Wahrnehmung wird bis zum Äußersten gefordert. Auf uns strömen neben der unmittelbaren Umwelt, die wir fassen können, die verschiedenen Ebenen des Cyberraums unabdingbar ein. Und die Fähigkeit zum Multitasking ist geschlechtsunabhängig ein Mythos, der keine Lösung bietet, sondern uns zusätzlich stresst. Demgegenüber steht eine immer geringer werdende Fähigkeit, sich dauerhaft auf eine Sache zu konzentrieren.

Wenn wir online gehen und unterschiedliche digitale Geräte, Portale und Oberflächen, sprich Cyberebenen bedienen, entsteht alleine durch die Menge auf den verschiedenen Ebenen schon eine Konzentrations- und Wahrnehmungsschwierigkeit. ■

Hinzu kommt, dass beim Betreten des Cyberraums unsere Eigenselektion zurückgedrängt wird durch das, was uns das Internet nun vorgibt. Unsere Wahlfreiheit wird ersetzt durch virtuelle Fremdbestimmtheit (Katzer 2016, S. 28). Es kämpfen nun zwei Direktoren in uns. Unser eigenes Ego gegen den Algorithmus des Internets, der uns permanent beeinflusst, im Netz zu bleiben, neue Fenster zu öffnen, uns auf Werbungen lenkt oder vermeintlich wichtigen Neuigkeiten hinterherjagen lässt.

Kaum sind wir also im Netz, ist unsere Aufmerksamkeit mit einer extremen Mehrfachbelastung konfrontiert. Hinzu kommt, dass der Mensch nicht gut ist, Dinge parallel zu machen. Multitasking ist ein Trugschluss, und das gilt für beide Geschlechter. Bewusst wird uns dieser Trugschluss, wenn wir abdriften und die Außenwelt ausschalten. Wir sitzen in der Bahn und surfen durchs Netz, chatten oder schauen gerade etwas Spannendes an. Oft vergessen wir für einige Momente, wo wir sind. Habe ich meine Haltestelle verpasst? „No sense of place" nannte schon Mitte der 1980er der Kommunikationswissenschaftler Joshua Meyrowitz den räumlichen Zustand im Internet. Wenn wir online sind, verlieren wir oft unsere Wahrnehmungsfähigkeit für den „Raum", in dem wir gerade agieren (Meyrowitz 1985).

8.2 Leistungsfähig trotz Digitalisierung

Wie können wir nun Arbeit und Internetkonsum vereinbaren? Die Aufmerksamkeit muss so gesteuert werden, dass generell nicht zu viele Reize in der Umgebung auf einen einwirken. Dazu gehört z. B. auch ein aufgeräumter Schreibtisch, ein geordneter Desktop, ein aufgeräumtes Postfach oder ein vernünftiges Ablagesystem. Erfordern bestimmte Aufgaben viel Aufmerksamkeit, sollten alle Geräte, die Ablenkung schaffen können, abgeschaltet werden: das Telefon auf lautlos stellen oder die akustische Benachrichtigungsfunktion beim Eintreffen einer neuen E-Mail deaktivieren. Sinnvoll ist es zudem, alle nicht erforderlichen Programme auf dem PC abzuschalten oder soziale Netzwerke nicht regelmäßig zu aktualisieren.

Schon allein die Anwesenheit eines ausgeschalteten Handys kann zu einer Ablenkung führen (Ward et al. 2017). Zu dem kann die Top-down-Kontrolle des Gehirns ausgesetzt werden, wodurch eine geminderte Leistung in den zu bearbeiteten Aufgaben zu erwarten ist (Montag 2018a, S. 40). Top-down bedeutet in diesem Kontext, dass das Gehirn bisherige (Vor-)Erfahrungen mit einordnet, um z. B. Vorhersagen zu treffen. Das Gegenteil wäre z. B., man macht die Augen auf und nimmt die Information einfach so wahr, dies wird bottom-up genannt.

Ist das Handy aktiv geschaltet und in greifbarer Nähe, ist dieser Negativ-Effekt noch viel stärker. Russel B. Clayton, Glenn Leshner und Anthony Almond haben 2015 in Studien festgestellt, dass Probanden, die ein Kreuzworträtsel lösen sollten, einen erhöhten Blutdruck und eine erhöhte Herzschlagrate bekamen, wenn sie nicht an ihr klingelndes Handy gehen konnten. Zudem klagten Sie in der beschriebenen Situation über Angstgefühle (Clayton, Leshner, Almond 2015).

Am besten sollte das Handy vor dem Arbeitsplatz abgegeben werden. Falls dies nicht möglich ist, sollten die jeweiligen Mitarbeiter jedoch auf die Beeinflussung des Smartphones hingewiesen werden, vor allem bei anspruchsvollen und konzentrationsfordernden Aufgaben. ■

Larry Rosen, Forschungspsychologe und Autor von *iDisorder* ist der Ansicht, dass sich die wenigsten auf eine Aufgabe länger als drei bis fünf Minuten konzentrieren können, bevor sie abgelenkt werden - in erster Linie durch E-Mails, SMS und Social Media (Rosen 2012).

Kostadin Kushlev, Elizabeth W. Dunn und Richard E. Lucas (2015) gaben ihren Probanden die Aufgabe, eine Woche lang ihre jeweiligen E-Mails zu checken, sooft es ging. Sie sollten quasi ihre E-Mails permanent checken. Also am besten mit Signalton, Vibration und allem, was diese Aufgabe maximal erfüllen lässt. In der Folgewoche sollten sie ihre E-Mails nur dreimal am Tag checken. Also alle Push-up-Nachrichten aus und nur dreimal, dafür komprimiert die E-Mails lesen und beantworten. Die Probanden berichteten aus der ersten Woche deutlich mehr Stress und auch weniger Wohlbefinden.

Eine feste Struktur mit strukturierten Regeln führt nicht nur zu effektiverem Arbeiten, es bedeutet auch weniger Stress und ein besseres Wohlbefinden. ■

Im Durchschnitt überprüft ein Sachbearbeiter pro Stunde 30- bis 40-mal seine E-Mails - also alle 1,5 Minuten! Dabei würden wir fest eingeplante Zeiten, in denen wir E-Mails bearbeiten, effektiver nutzen und damit sogar ein höheres Befriedigungsniveau erreichen als durch das Bearbeiten einzelner Nachrichten zwischendurch.

Bearbeiten Sie Ihre E-Mails am Stück, und bearbeiten Sie sie auch gleich richtig. Also nicht jede neu eintreffende E-Mail kurz lesen, dann auf später verschieben und sich dadurch von der eigentlichen Aufgabe ablenken lassen! ■

Dadurch reduzieren wir Ablenkungen und schieben die E-Mail-Bearbeitung nicht auf. Wählen wir z. B. die blockweise Bearbeitung, können wir E-Mails auch nach Prioritäten ordnen. Je mehr Signale auf uns einströmen, desto wichtiger wird eine bewusste Priorisierung. Oft erledigen wir vor den eigentlich wichtigen Aufgaben die dringlichen, weil uns dies die Forderung nach Aktualität suggeriert. Meist sind aber die vermeintlich dringlichen Aufgaben unwichtig und können auch delegiert oder kann deren Erledigung gar verschoben werden. Wir sollten uns in solchen Situationen folgende Frage stellen:

Welche Aufgabe würde ich erledigen, wenn ich nur noch Zeit für eine einzige Aufgabe hätte? ■

Durch diese einfache Methode gelingt es, wichtige von weniger wichtigen Aufgaben zu unterscheiden. Zu Beginn erfordert es viel Selbstdisziplin, die eigene Arbeitsweise zu ändern. Doch dafür reduzieren wir die Quellen für Ablenkungen und schaffen ein Mehr an Aufmerksamkeit für die eigentliche Aufgabe.

Neben Handy aus, nur ein Fenster öffnen, Mails priorisieren und gebündelt abarbeiten, sollten wir uns in den „Flow" bringen. Das Flow-Konzept des emeritierten Psychologieprofessors Mihály Csíkszentmihályi beschreibt einen sehr produktiven psychischen Zustand, in dem wir nicht nur extrem effektiv sind, sondern uns auch noch gut fühlen. Und wie beim Internetkonsum vergessen wir Raum und Zeit.

Die Grundlage des Flow-Effekts bildet die vertiefte Konzentration, sprich eine fokussierte Aufmerksamkeit, in Bild 8.2 als „Flow-Kanal" dargestellt. Trotz Internetarbeit muss es erreicht werden, die Ablenkungen auf ein Minimum zu reduzieren. Der Flow-Effekt (Bild 8.2) entsteht aus einer progressiven Steigerung der Übereinstimmung zwischen Aufgabenschwierigkeitsgrad und der eigenen Fähigkeit, diese Aufgabe zu lösen.

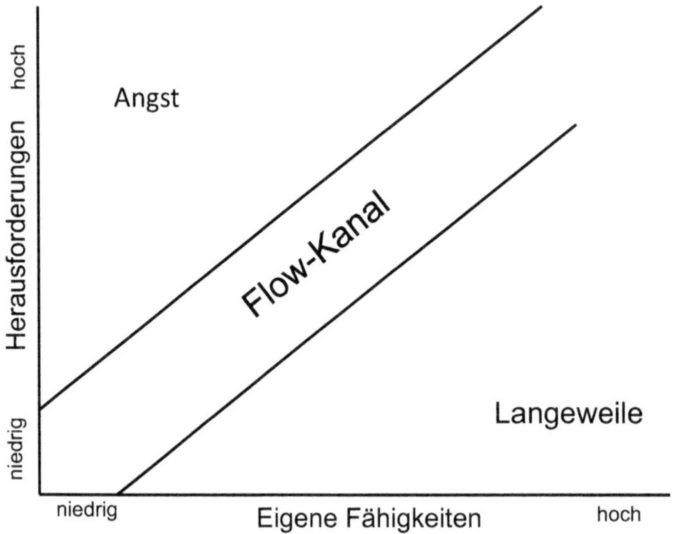

Bild 8.2 Flow-Kanal: Kombination aus Herausforderung und eigenen Fähigkeiten (in Anlehnung am Flow-Modell nach Csíkszentmihályi 2008, S. 74)

Je digitaler wir befeuert werden, desto schwieriger ist es, im Flow-Kanal zu bleiben. Deshalb minimieren Sie Ihre digitale Ablenkung und die Ihrer Mitarbeiter.

Bedenkt man nun noch die Arbeitsleistungskurve, die besagt, dass wir nur ein wirklich hohes Leistungspeak am Tag haben und dieses zudem am frühen Vormittag ist, sollte dieses Leistungshoch nicht mit Junkmails, Social Media oder irrelevanten Ablenkungen vergeudet werden (Bild 8.3).

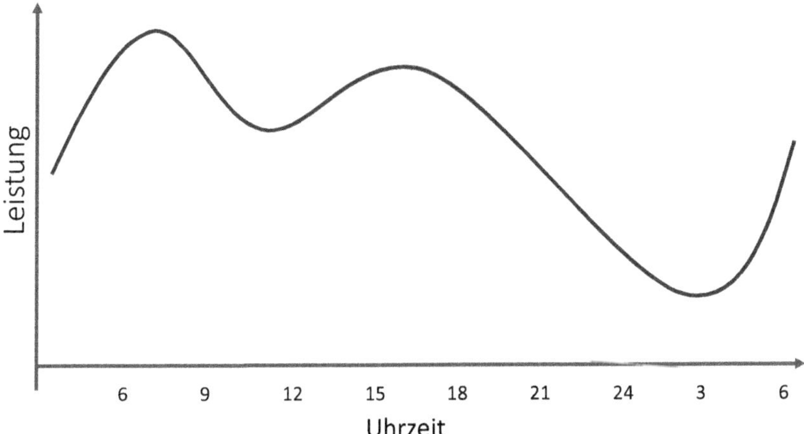

Bild 8.3 Arbeitsleistungskurve: unterschiedliche Leistungsfähigkeit über den Tag verteilt

Das zweite Hoch ist am späten Nachmittag, dies ist jedoch bei Weitem nicht so leistungsgeladen wie das Vormittagshoch. Die meisten Menschen empfinden es jedoch genau andersherum. „Je später, desto besser kann ich arbeiten“, sind oft die Aussagen vieler Mitarbeiter. Dies ist jedoch ein Trugschluss. Richtiger würde der Satz lauten: „Je später, desto weniger wird man in der Regel abgelenkt bzw. desto weniger lässt man sich auch ablenken!“ Beobachten Sie sich mal selbst. Um die Mittagszeit ist in der Regel das Leistungstief des Tages. Wunderbar geeignet für Social Media, digitale Kontaktpflege, WhatsApp oder auch mal Nichtstun. *Digital Detoxing!*

Legen Sie Ihre arbeitsintensiven Phasen in die Leistungshochs, schalten Sie in dieser Zeit Ihr Handy aus und legen es weit weg, versuchen Sie, nicht zu multitasken, dann werden Sie am Tag mindestens ein bis zwei Stunden an Effektivität und Produktivität zulegen und abends immer noch fit sein.

Die Möglichkeiten zahlreicher Kommunikationstechnologien bringen die Gefahr des Verzettelns bei der Erledigung von Aufgaben mit sich. Oft verlieren wir dabei den Überblick für das, was wirklich wichtig ist. Für den richtigen Umgang mit diesen Technologien ist daher ein angepasstes Zeitmanagement hilfreich.

Geben Sie Ihrem Handy niemals Vorrang!

■

Priorität sollten immer die Menschen haben, mit denen Sie gerade tatsächlich Zeit verbringen. Lassen Sie das Handy einfach mal in der Tasche und konzentrieren Sie sich auf die Besprechung. Es geht um Respekt und Wertschätzung den anderen gegenüber. Verfolgen Sie im Idealfall die **ASTA-Methode:**

A Bei einem Meeting liegt die Aufmerksamkeit beim jeweiligen Redner.

S Stummstellen des Klingeltons. Auch Tastentöne oder Vibrationsalarm lenken im Meeting oder Gespräch ab.

T Tragen des Handys in der Aktentasche. Während eines Gesprächs sollte das Handy nie auf dem Tisch liegen. Ihr Gegenüber könnte sich dadurch wenig wertgeschätzt fühlen.

A Ausnahmefall: Wenn man im Meeting unbedingt telefonisch erreichbar sein muss, erwähnen Sie dies vor Beginn des Meetings. Wenn der Anruf kommt, entschuldigen Sie sich, entfernen Sie sich von den Anwesenden und halten Sie das Telefonat kurz.

Um der geringen Aufmerksamkeitsspanne des *Homo interneticus* entgegenzuwirken, bietet es sich an, Information in kleinen Häppchen zu servieren. Und diese idealerweise auch noch durch Bilder zu veranschaulichen. ■

Aktuelles Zeitmanagement erfordert also vor allem einen bewussten und versierten Umgang mit den unterschiedlichen Medien. Tabelle 8.1 zeigt die entsprechenden Dos und Don'ts im Überblick.

Tabelle 8.1 Zeitmanagement und Internet

Dos	Don'ts
▪ Geräte, die ablenken können, abschalten ▪ Selbstreflexion: Welche Aufgabe würde ich erledigen, wenn ich nur noch Zeit für eine einzige hätte? Priorisieren Sie Ihre Tätigkeiten ▪ Feste Struktur mit Regeln für das Abrufen von Mails, Mails priorisieren und blockweise abarbeiten ▪ Zur Mittagszeit ist das Leistungstief ▪ Reduzieren Sie die mögliche Ablenkung am Arbeitsplatz auf ein Minimum ▪ ASTA-Methode befolgen	▪ Soziale Netzwerke regelmäßig am Arbeitsplatz aktualisieren ▪ Jede neu eintreffende E-Mail lesen ▪ Viele Cyberebenen gleichzeitig bedienen ▪ Handy mit an den Arbeitsplatz nehmen ▪ Smartwatch nutzen

9 Führung und digitale Hierarchie

Ist es wirklich noch zeitgemäß, 90 000 Kilometer im Jahr zu fahren, um als Regionalleiter seine Filialen zu prüfen? Muss ein Vorgesetzter wirklich noch physisch vor Ort sein, um ein Gruppen-Meeting zu führen, eine Produktbesprechung oder ein Mitarbeitergespräch? Gelten bei dieser Arbeit über die Distanz überhaupt noch hierarchische Strukturen, oder hat klassische Führung „ausgedient"? Was ist besonders an der sogenannten „virtuellen Führung"?

9.1 Produktivität und Belastungen im Homeoffice

Während des Corona-bedingten Lockdowns im Frühjahr 2020 waren viele Unternehmen der unterschiedlichsten Branchen gezwungen, Homeoffice, Telearbeit oder Remote-Arbeitsplätze anzubieten. Für viele Unternehmen war dies der einzige Weg, um weitermachen zu können. Zu Verwunderung vor allem digital-averser Menschen der Gruppe *Homo analogus* funktionierte es erstaunlich gut. Der Wechsel zum Homeoffice lief reibungsloser, als ihn Kritiker vorhergesehen haben. Viele Bedenken über gleichzeitige Kinderbetreuung, häusliche Ablenkung oder die Einhaltung der DSGVO konnten aus dem Weg geräumt werden. Denn die Produktivität sank in vielen Unternehmen durch Homeoffice überhaupt nicht. Die Ängste, dass die Nachbarin bei Kaffee und Kuchen die geheimen Akten lesen konnte, wurden auch nicht bestätigt. Es gab kaum nennenswerte Fälle, bei denen der Datenschutz vom Homeoffice nicht eingehalten wurde.

Das Institut für Generationenforschung sowie das Fraunhofer-Institut haben zeitgleich direkt nach dem Lockdown im Mai 2020 Firmen bundesweit nach Effizienz, Produktivität, Führungswahrnehmung, Informationsfluss und Teamwahrnehmung von den Homeoffice-Anwendern befragt (Bild 9.1). Die Ergebnisse verblüfften viele Digital- und Homeoffice-Kritiker.

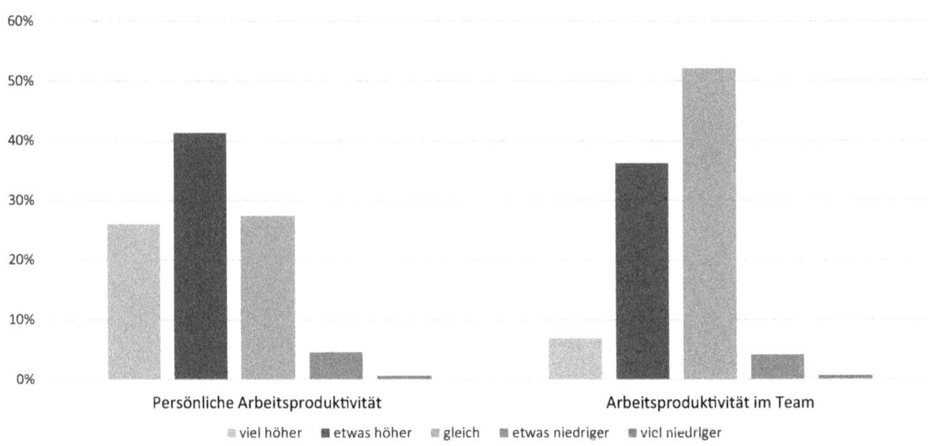

Bild 9.1 Vergleich: Einschätzung der Arbeitsproduktivität (Homeoffice vs. Vor-Ort-Arbeit; Institut für Generationenforschung 2020, n = 1203)

Die Ergebnisse waren durchwegs positiv bei beiden Instituten. Es gab nur vereinzelt Personen, die unter den Homeoffice-Bedingungen litten. Einige hatten sich zu Hause kaum digital eingerichtet, hatten keine gute Internetverbindung, teilten sich den Arbeitsplatz mit dem Partner, der Partnerin oder den Kindern, klagten über unbequeme Küchenstühle und hatten gegebenenfalls auch keinen Schreibtisch. Die kleineren alltäglichen Stressoren, man könnte sie auch Ärgernisse oder *daily hassles* nennen, sind Alltagsbelastungen, mit denen die Mitarbeitenden auch nach dem Corona-bedingten Lockdown, in ihrer Arbeitszeit zu Hause konfrontiert werden. Es entstehen neue *daily hassles,* die im Unternehmen selbst nicht existierten und dessen Auswirkungen Sie sich bewusst werden müssen. Wird beispielsweise ein Arbeitsplatz von mehreren Personen geteilt, könnten wichtige Unterlagen verloren gehen und zu einer weiteren Belastung führen. Die meisten Mitarbeiter konnten jedoch sehr gut mit der Situation umgehen, auch Eltern mit Kindern im Vor- und Grundschulalter (Bild 9.2).

Ein Großteil konnte also trotz Homeoffice oder wegen Homeoffice sehr produktiv arbeiten. Viele beschrieben einen regelrechten Produktionsschub, da der lange Anfahrtsweg wegfiel. Aber auch sonstige Belastungen, wie Vor- und Nachbereitungen, Rüstzeiten, Stau, Zugverspätung oder Ähnliches blieben dank 100 % Homeoffice aus. Diese neu gewonnene Zeit und Energie konnte ein Großteil der Mitarbeiter in eine Steigerung der Produktivität investieren.

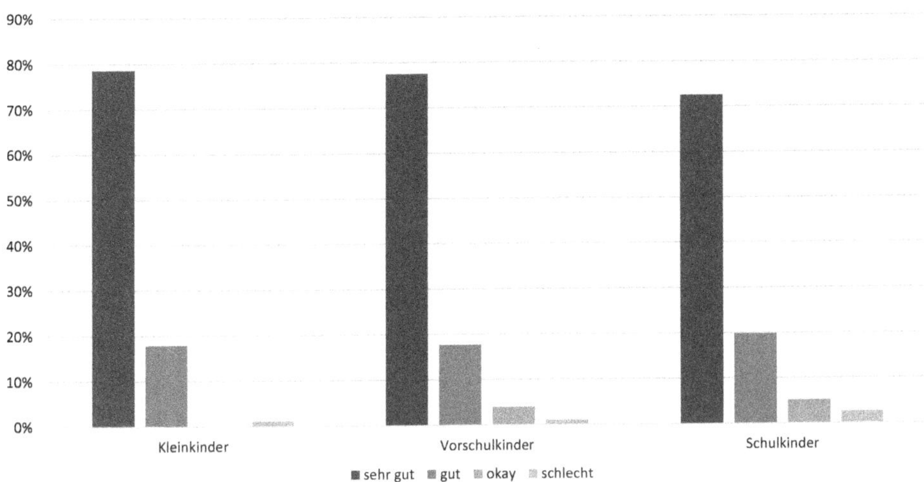

Bild 9.2 Empfundene Produktivität bei Befragten mit Kindern im Haushalt während des Corona-Lockdowns (Institut für Generationenforschung 2020, n = 1203)

Dennoch gab es einen kleinen Teil, der mit der Situation überfordert war. Diese Mitarbeiter gilt es in der Homeoffice-Zeit besonders zu betreuen. Vor dem Corona-bedingten Lockdown wurden viele Mitarbeitenden nicht mit derartigen Belastungen konfrontiert, und eine Vermischung der Alltags- und Berufsanforderungen hat in diesem Maße nicht stattgefunden. Diese Vermischung der Anforderungen kann je nach Mitarbeitenden zu massiven Überforderung führen (Kaluza 2018) und sich damit auf die Arbeitstätigkeit und das Wohlbefinden auswirken (Lu 1991). Es kommt also zu einer Art Verschiebung der *daily hassles*. Konnte man nach Verlassen des Unternehmensgebäudes nach einem langen Arbeitstag mit der Arbeit abschließen, ist es nun schwierig, die Arbeit und den Alltag zu trennen. Statistisch gesehen waren Personen, die unter den Bedingungen litten, die große Ausnahme. Medial und journalistisch wurde es jedoch umgekehrt dargestellt. Es wurde beschrieben, dass dies ein Großteil der Menschen betreffe, obwohl sich dies empirisch nicht nachweisen ließ (Bild 9.3).

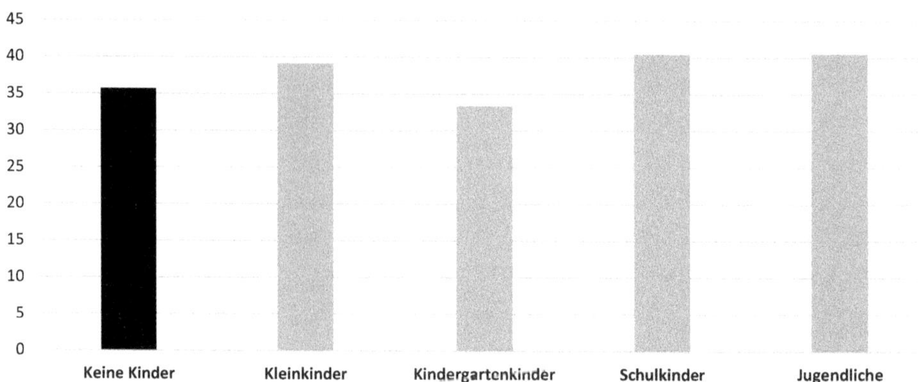

Bild 9.3 Durchschnittliche psychische, Homeoffice-bedingte Belastung von Eltern im Vergleich (Institut für Generationenforschung 2020, n = 1203)

Bei der Befragung der Wahrnehmung und Ausübung des Führungsverhaltens hatten die Führungsverantwortlichen oft einen etwas geringeren Euphemismus. Sie teilten nicht immer die positive Haltung ihrer Mitarbeiter (Bild 9.4). Denn viele Unternehmen haben es versäumt, ihre Führungskräfte auf Remote Leadership zu schulen. Wie führe ich jemanden, den ich nicht physisch vor mir habe? Am schwersten fiel es den Führungskräften, die Mitarbeitenden digital zu motivieren.

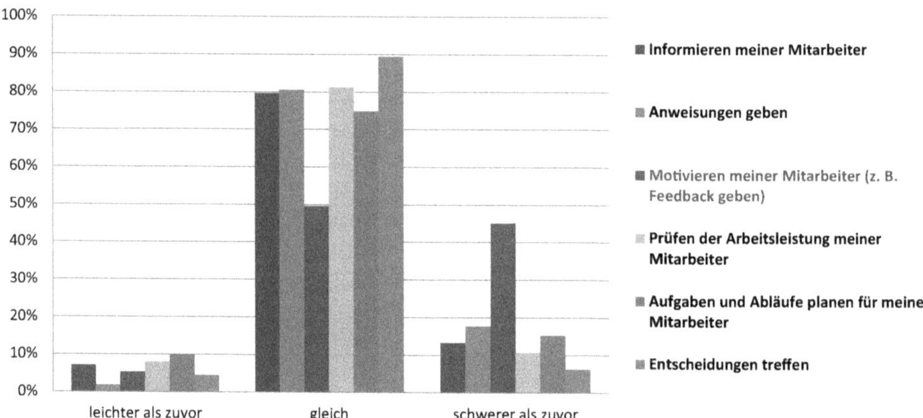

Bild 9.4 Frage: „Wie nehmen Sie als Führungskraft folgende Aufgaben wahr?“ (Institut für Generationenforschung 2020, n = 1203)

Längere Zeit ausschließlich im Homeoffice zu arbeiten, wie es zum Teil über die gesamten Lockdown-Zeiträume praktiziert wurde, scheint sich allerdings nicht zu bewähren. Kreativität und Innovationsfähigkeit leiden darunter, ebenso die emotionale Bindung ans Unternehmen. Reines Abarbeiten hingegen scheint allerdings gut zu funktionieren.

9.2 Zentral: Feedbackgespräche

Digital muss alles schneller gehen. Vor allem Mitarbeitende, die dem *Homo interneticus* angehören und seit Kindesbeinen an gewohnt sind, via Social Media sofort einen Response ihrer Peergroup, ihrer Follower oder der Community zu bekommen, können mit einem Lob, das eine Woche später per E-Mail kommt, nichts anfangen. Die einfache Rechnung:

Je jünger Ihre Mitarbeitenden sind, desto schneller muss die Rückmeldung kommen.

Insgesamt verschwindet nach ein bis zwei Wochen bei den meisten Menschen auch offline in der analogen Welt die emotionale Bindung an das Geschehen. Eine Sanktion zwei Wochen später führt somit bei den meisten Menschen im Arbeitskontext nicht zu einer Verhaltensänderung. Die emotionale Bindung an das Geschehen ist zu weit weg. Je näher die Sanktion auf das Geschehene folgt, desto besser. Egal ob positive oder negative Sanktion. Ein Bescheid über das zu schnelle Fahren, bei dem man erwischt wurde, handelt oft über einen Vorfall, der Monate zurückliegt. So kann keine Verhaltensänderung eintreten, egal wie hoch die Strafe sein wird. In der digitalen Welt läuft alles schneller, auch deshalb müssen Sie mit der Rückmeldung wesentlich zeitnaher agieren. Eine Woche später ist im Internetzeitalter nicht nur zu spät, es kann sogar sinnlos wirken. In der digitalen Welt ist eine Woche eine Ewigkeit. Das beurteilte Verhalten sollte deshalb beim Feedbackgespräch nie länger als eine Woche zurückliegen.

Digitale Mitarbeitergespräche sollten, damit sie wirkungsvoll sind, immer dann geführt werden, wenn es etwas zum Rückmelden gibt. Nichts kann mehr motivieren als eine ehrliche, direkte und zeitnahe positive Rückmeldung. Günstiger als Gehaltserhöhung, teure Teambuildingevents oder Berater. Von diesem Arbeitswochenrhythmus sollte man sich generell in der digitalen Cyberwelt verabschieden. Was heute neu ist, kann morgen veraltet sein, eine Woche später schon museumsreif.

Verhaltensänderungen können nur dann erwartet werden, wenn der Mitarbeiter eine emotionale Beziehung zum beurteilten Verhalten hat, und das bedeutet in der digitalen Welt sofort! ■

Jeder Mensch braucht Ziele, denn diese bestimmen die Richtung, in die man sich bewegt. Mitarbeiter erwarten sowohl, dass ihnen Ziele vorgegeben werden, als auch, dass sie Rückmeldung erhalten, wo sie konkret gerade stehen. In Social Media geschieht dies oft durch die simple Gegenrechnung der Follower mit den Likes, die man erhält. In der Arbeitswelt verhält sich dies ein bisschen komplexer, aber ähnlich effizient. Hier sollte eine Rückmeldung sich auf so wenige Merkmale wie möglich beziehen. Es gilt also: besser jede Woche ein Merkmal rückmelden als einmal im Monat vier Merkmale zusammen. Oder digital gesprochen: besser eine virtuelle Rückmeldung zeitnah als drei analoge zeitversetzt.

Die Beurteilung muss sich auf ein konkret beobachtbares, überprüfbares Verhalten beziehen. Pauschale Bewertungen wie „zufriedenstellend" wirken digital noch weiniger verhaltensregulierend, als sie es ohnehin schon tun. Ein konkreter und realistischer Vergleich zu anderen Personen, die der Mitarbeiter kennt, ist wirkungsvoller als eine allgemeine Aussage, bei der der Mitarbeiter die Bewertung nicht einzuordnen weiß.

Digitale Jahresgespräche passen nicht in jedes Unternehmen und nicht zu jeder Führungskultur. Gespräche auf der Grundlage von vorgegebenen, standardisierten Formularen z.B. führen bei manchen Führungskräften, die sonst einen regen Umgang mit ihren Mitarbeitern haben, zu einer Distanziertheit, die das Verhältnis negativ beeinflussen kann. Kontinuierliche und bedarfsorientierte Gespräche dagegen sind in jeder Unternehmens- und Führungskultur sinnvoll und realistisch. Hier gilt vor allem: „Ich habe dafür keine Zeit" ist kein Argument, denn für ein kurzes Gespräch, für eine kurze E-Mail oder ein Telefonat mit den Mitarbeitenden muss eine Führungskraft immer Zeit haben – das ist Pflicht als Leiter.

Ziel eines jeden Mitarbeitergesprächs sollte der gegenseitige Austausch sein, der die Perspektive beider Seiten erweitert. ■

Führungskräfte sollten ihre Mitarbeitenden deshalb auffordern, ihnen ebenfalls Feedback zu geben. Dadurch wird viel Optimierungspotenzial aufgedeckt. Ein positiver Nebeneffekt: Mitarbeiter sind motivierter und zeigen eine höhere Bindung an das Unternehmen, wenn sie etwas bewirken können.

Vertrauen beruht auf einem gewissen Maß an Kontrolle. Mitarbeiter haben ein Recht darauf, dass ihr Verhalten kontrolliert und ihnen rückgemeldet wird. Nur so können sie dieses überhaupt reflektieren und anpassen. Gespräche können zum besten Mittel der Mitarbeitermotivation werden, sogar und vor allem auch Kritikgespräche. Wichtig ist dabei, dass der direkte Vorgesetzte das Gespräch führt und keine Personalreferenten, die von der originären Tätigkeit des Betroffenen und damit auch vom zu beurteilten Verhalten zu weit entfernt sind. Nur direkte Vorgesetzte, die die nötige Sachkompetenz wie auch die disziplinarische Führungsverantwortung haben, können die Beurteilung so glaubwürdig und verbildlich vermitteln, dass die Mitarbeitenden diese annehmen und auch umsetzen.

Vielen Führungskräften fiel es beim „erzwungen" virtuellen Führen, bedingt durch den Corona-Lockdown, schwer, zu entscheiden, wann sie eine Rückmeldung geben und in welcher Form. Welches Medium ist dabei das sinnvollste? Einfach anrufen? Oder doch lieber eine E-Mail schreiben oder gar chatten?

Generell gilt, ein Anruf kann - je nach Führungskraft - persönlicher wirken. Ein Anruf ist dabei keine Einbahnstraße, der Mitarbeitende kann sich ebenfalls kundtun, diskutieren, Dinge klarstellen usw.

Jede Führungskraft muss jedes Mal individuell entscheiden, welches Medium bei welchem Mitarbeiter am sinnvollsten ist.

Diskutieren die Mitarbeitenden in der Regel lieber mündlich als schriftlich oder umgekehrt, kann man sich viele Endlosschleifen per E-Mail sparen. Während des Lockdowns waren viele Mitarbeiter froh, andere Stimmen zu hören, einen nicht digitalen Austausch zu pflegen oder auch mal über andere Themen als Arbeit zu reden.

9.3 Aufgaben virtueller Führung

In der digitalen Führungswelt gilt, Führung muss intensiver gelebt werden als in der analogen Welt. Ein virtuelles Meeting muss pünktlich beginnen, da die Teilnehmenden in der Regel Kaffee oder Kekse nicht vor sich stehen oder Kollegen neben sich sitzen haben, um diese Wartezeit zu vertreiben. Während des Corona-bedingten Lockdowns April 2020 waren Verzögerungen allerdings sehr hilfreich für die Psychohygiene. Kam die Meeting-Leitung etwas später in den virtuellen Raum, konnten sich die anderen Teilnehmenden über ihre momentane Lage austauschen. Nicht selten konnte man beobachten, dass beim Zuschalten der Meeting-Leitung diese Gespräche weitergeführt wurden und das Meeting insgesamt später begonnen wurde.

Auch beim virtuellen Führen, beim Remote Leadership, muss die analoge Peripherie immer mitberücksichtigt werden.

Auch nach der Corona-Krise werden Homeoffice, Telearbeit und Remote-Arbeitsplätze von den meisten Firmen weiter genutzt. In der Regel in Form einer Hybrid-Lösung: ein paar Tage Homeoffice mit festen Präsenzarbeitstagen. Viele Unternehmen sehen dies nun auch als Chance, ihr *Employer Branding* aufzupolieren, bzw. gehen davon aus, dass dies bald State of the Art ist.

Die Struktur vieler Unternehmen lässt in den kommenden Jahren eine ständige körperliche Anwesenheit des Leitenden nicht zu. Wer nun aufgibt, denkt zu kurz. Es gibt Wege zwischen einer permanenten körperlichen Präsenz in einer Filiale und einem kurzen Besuch alle paar Wochen. Bereits ein 30-minütiges, tägliches Telefonat, ein Zoom- oder Skype-Meeting ist mehr als nur „gefühlte Führung". Auch Skeptiker lernen schon nach wenigen Telefonaten oder virtuellen Meetings, dass die elektronische Meeting-Routine für alle Teilnehmenden verbindlich und nützlich ist. Dabei hilft es, sich an die organisatorischen Regeln zu halten. Wie bei einem gewöhnlichen Jour fixe ist auch bei virtuellem Kontakt entscheidend, dass die Konferenzroutine verlässlich und kalkulierbar eingehalten wird - ausnahmslos „in time" mit vollständiger Anwesenheit (ohne Vertretungen) und dem Kurzprotokoll binnen einer Stunde!

Virtuelle Besprechungen mit mehr als zehn Personen sind nicht nur mühsam, sondern auch wenig ertragreich.

Eine Leitung muss heute noch mehr als früher authentisch und souverän sein. Die Führungsperson muss

- für die nötigen Informationen und Anweisungen sorgen,
- die relevante Planung übernehmen,
- bei den Entscheidungen verfügbar sein,
- auch von Tag zu Tag die Ergebnisse einzelner Mitarbeitenden und die der Gruppe prüfen und kommentieren,
- Mut machen,
- Möglichkeiten und Ziele zeigen,
- antreiben und Mitarbeitende in Bewegung halten.

Dies ist jedoch schwer, wenn die Leitung nur eine nebulöse Figur im Hintergrund ist, denn diese Tätigkeiten müssen zeitnah und in Gegenwart der ganzen Gruppe praktiziert werden, um ihre Wirkung entfalten zu können. Dabei sind sechs Leitungsaufgaben besonders wichtig: Instruieren, Informieren, Planen, Entscheiden sowie Motivieren und Kontrollieren. Diese Aufgaben darf eine Leitung nicht aus der digitalen Hand geben; denn genau nur so wird die Leitung auch als Leitung von den Mitarbeitenden wahrgenommen.

Fred Edward Fiedler formulierte erstmals 1965 die Schlüssigkeitstheorie der Führung („Contingency Theory of Leadership"). Fiedler wies dementsprechend nach, dass angehende Führungskräfte am wirksamsten dadurch für ihre Aufgabe vorbereitet und geschult werden, dass sie möglichst viele unterschiedliche Gruppen leiten (Fiedler 1965). Er belegte durch Experimente und Felduntersuchungen, dass Mitarbeitende denjenigen als ihre Führungskraft anerkennen, von dem sie informiert und instruiert werden, der ihre Tätigkeit plant und bei Bedarf entscheidet, der die Arbeitsergebnisse „kontrolliert" (d.h. in regelmäßigen und kurzen Abständen prüft und bewertet) und schließlich Leistungen auch einfordert und dadurch den Mitarbeitenden aktiviert (Fiedler 1964).

Jemanden aktivieren nennt man englisch *to motivate someone*. Motivation wird jedoch im Deutschen nicht im Sinne von „in Bewegung setzen" verstanden, sondern im Sinne von „lobender, freundlicher Zuspruch", der das Gegenteil von Aktivation bewirkt. Instruieren und Informieren dienen dabei der allgemeinen Orientierung zwischen den Mitarbeitern und ihrer Leitung. „Wen darf ich überhaupt fragen, wessen Anweisungen sind für mich relevant?"

Oft versteckt sich in einer Leistungseinheit ein heimlicher Informant - der langjährige Mitarbeiter, der alles weiß. Dieser mystifiziert oft sein Wissen, um sich so unentbehrlich zu machen. Hier ist der Leiter gefragt, alle relevanten Informationen und Anweisungen zu geben. Den „langjährigen Mitarbeiter" zu bitten, den Neuen einzuarbeiten, ist somit ein Eigentor.

Planen und Entscheiden betreffen die Anforderungen an die Leistungseinheit selbst. „Wer plant für mich die wichtigen Dinge im Unternehmen?" - „An wen wende ich mich, wenn ich eine Entscheidung brauche?" Auch hier sollte der Leiter seine Chance nutzen und diese Aufgaben auf keinen Fall aus der Hand geben.

Kontrollieren und Motivieren sind jene Leitungsaufgaben, die eine Beziehung zwischen Leiter und Mitarbeiter prägen. Hier hat der Vorgesetzte die Chance, seine Mitarbeiter hinter sich zu bekommen, um auf dieser Basis wirklich effektive Erfolge zu erzielen.

Mitarbeiter wollen auch in der virtuellen Welt geführt werden. Wenn keine oder nur unzureichende Führung angeboten wird, sinkt die Leistung, nehmen Fehler und Versäumnisse zu, vor allem aber: Die Mitarbeiter schließen sich spontan Personen an, von denen sie die vermissten Führungsangebote erwarten. Das kann der ältere Kollege sein, das Mitglied eines anderen Teams, der Leiter eines anderen Teams oder sogar eine Person außerhalb des Betriebs. In diesem Fall spricht man von „informeller Leitung". Informelle Leiter sind stets problematisch, da sie den Zielen der Leistungseinheit nicht verpflichtet sind. Überdies schwächen sie die ohnehin unzureichende Leitung zusätzlich.

Alle Leitungsaufgaben sind für nahezu jeden erlern- und trainierbar, egal ob digital oder analog. Bevor sich Leiter aber die Mühe machen, die Leitungsaufgaben zu erfüllen, muss gewährleistet sein, dass diese auch anwendbar sind - sprich dass der organisatorische Rahmen dafür gegeben ist. Wenn zwei Leiter auf einen Mitarbeiter zugreifen, scheitert das ganze „Leiten“.

Man muss nicht als Leiter geboren sein, sondern lediglich lernen, die Leitungsaufgaben zu erfüllen, und auch die Chance dazu haben. Ansonsten „leitet“ man sich kaputt bei einer sinkenden Mitarbeitermotivation. In vielen Mitarbeiterführungsseminaren, Schulungen oder Coachings wird der organisatorische Rahmen des jeweiligen Teilnehmers nicht berücksichtigt. Der Effekt des Besuchs einer solchen Schulung kann dadurch sehr gering ausfallen, denn auch eine Leitung ist nur ein geleiteter Mitarbeiter.

Die faktische Wirkungsschwäche bloßer Appelle, allgemeiner Forderungen und Ermahnungen ist an keiner Stelle so intensiv erlebbar wie an einer virtuellen Gruppenkonferenz.

Solche Erlebnisse können entmutigen, sollten aber eher als Ansporn gewertet werden. Denn insbesondere noch wenig erfahrene Führungskräfte lernen aus der virtuellen Reaktion sehr bald, mit Vorgaben und Zielvereinbarungen sparsam umzugehen und stattdessen besser konkrete Fragen zu stellen. Alle Arten von konventionellen Führungsmängeln werden in der virtuellen bzw. digitalen Welt noch stärker sichtbar, wie z.B. eine schlechte Vorbildfunktion als Leitung.

Zusätzlich kann dies festgehalten oder weitergeleitet werden. Kommen Sie zu einem Skype-Meeting zu spät, ist es wesentlich störender für die pünktlich Teilnehmenden, als dies in der analogen Welt der Fall wäre. In einem analogen Meeting bekommt man Kaffee, kann mit dem Nachbarn oder der Nachbarin sprechen und generell smalltalken. Im digitalen Meeting warten in der Regel die Teilnehmenden, bis endlich die Führungskraft online ist. Aber auch Störungen wie plötzliches Handyklingeln, Lärm oder Unvorbereitetsein werden digital viel weniger akzeptiert als analog. Denn oft ist die Akustik oder das Videobild nicht sehr gut, umso anstrengender ist es, jemandem zuzuhören, als dies in einem vergleichbaren analogen Meeting der Fall wäre. Hintergrundgeräusche, die Bedienung der PC-Tastatur, ein wackliges Bild können digital extrem störend wirken. Diese zusätzlichen Mikrostressoren führen oft zu weniger Geduld oder zu einem größeren Abverlangen der Konzentration.

Kommunikation insgesamt muss digital viel mehr gewertet werden!

Eine schlecht geschriebene E-Mail kann nicht nur beim Empfänger unerwünschte Reaktionen hervorrufen, sie kann binnen Sekunden an einen großen Verteiler weitergeleitet werden. Bei all dem technischen Kontaktkomfort, den wir haben, gibt es ebenso viele Fallstricke.

Virtuelle Führung ist zudem sehr viel direkter als eine „normale" Leitung auf konkretes Sach- und Situationswissen angewiesen. Die Leitung muss nicht nur mit den Arbeitsabläufen, den Arbeitsmitteln und -verfahren ihrer Gruppe vertraut sein. Sie braucht auch ein klares Bild vom Umfeld, von den Fähigkeiten und Möglichkeiten jedes einzelnen Gruppenmitglieds.

Dabei macht es die körperliche Distanz nicht gerade einfach, Leistungen von Mitarbeitenden nachzuvollziehen. Führungskräfte, die räumlich distanziert führen müssen, sollten deshalb zu ihrem „Nicht-Wissen" stehen und sich durch die räumliche Entfernung nicht dazu hinreißen lassen, mit Täuschen und Tarnen über die Runden zu kommen. Diese Taktik wird den Mitarbeitenden bald bewusst, und dieses Wissen kann die mühsam aufgebaute Führung demontieren.

Digitale Führung wird so im Endeffekt zu Disziplin und Beharrlichkeit erziehen. Sie fördert Vorstellungsvermögen und Fantasie heraus und belohnt gesundes Misstrauen und Vorsicht. Schlichtweg weil ich die Personen nicht mehr physisch vor mir habe. Nonverbales und Peripheres muss nun oft erahnt werden. Eine Führungskraft muss die Mitarbeitenden nun viel mehr kennen, um sich den „fehlenden" Rest zu denken. Es ist das Paradoxon des virtuellen Managements: Je weiter die Mitarbeitenden entfernt sind, desto deutlicher treten die reale Leitung und die Leitungsfähigkeit in den Vordergrund.

9.4 Digitale Hierarchie im Internet

Der Begriff digital kommt vom lateinischen Wort *digitus*, der Finger. Die Römer haben auch mithilfe der Finger abgezählt. *Digit* ist lateinisch für Ziffer. Und Hierarchie stammt ursprünglich aus dem Altgriechischen, und zwar aus dem religiösen Kontext. Hierarchie beschrieb die Rangordnung der Priester im antiken Griechenland. Der Priester, der den Göttern am nächsten war, also der Hierarch, hatte die Macht über die anderen Priester. Dieses Prinzip der Anordnung existiert, seit es Lebewesen gibt. Die Bedeutung hat sich im Grunde bis heute nicht grundlegend geändert.

Hierarchie beschreibt lediglich, welche Position man im Vergleich zu anderen einnimmt. Dieser Vergleich mit anderen passiert automatisch und ist oft schon Teil des ersten Eindrucks. Wir brauchen auch diese Einordnung, um zu wissen, wie wir uns verhalten müssen und welche Reaktion wir vom Gegenüber erwarten können. Gerade in Unternehmen, in denen viele Menschen aufeinandertreffen, egal ob physisch oder digital, ist es wichtig, zu wissen, wo man steht. Dieses Phänomen ist sogar bei *Open-Source-Communitys* zu beobachten. Virtuelle Gruppen bilden ebenso sichtbare wie latente Hierarchien, wie dies auch analoge Gruppen machen. Selbst bei Wikipedia läuft dies nicht demokratisch ab, sondern nach einer hierarchischen Entscheidungsstruktur. Einzelne langjährige Schreiber haben mehr Gewicht als Neuzugänge, oft themenunabhängig.

Egal ob digital oder analog, durch unklare Hierarchien in einer Gruppe kann Unsicherheit entstehen.

Ein Beispiel:

Steffi ist Gründerin einer digitalen Werbeagentur. Zu Beginn hatte sie drei Mitarbeitende, die selbständig eigene Projekte von zu Hause aus bearbeiteten. Durch den Erfolg ihres Unternehmens ist die Anzahl der Mitarbeitenden auf 22 gewachsen. Über Strukturen und Hierarchieebenen hat sich Steffi nie Gedanken gemacht - der Erfolg war da und ihre Mitarbeitenden waren im Grunde zufrieden. Doch mit der Zeit kam es immer wieder zu Konflikten, und auch die Leistungen waren nicht mehr stetig. Was hat sich verändert? Zu Beginn, mit nur drei Homeoffice-Mitarbeitenden, war eine festgelegte Struktur noch nicht nötig. Alle drei Mitarbeitenden waren Steffi gleich unterstellt, wussten also auch, wo sie stehen. Als aber die Anzahl der Mitarbeitenden stieg, konnte Steffi nicht mehr alle 22 Mitarbeitenden gleich führen, und es entwickelte sich eine eigene, inoffizielle digitale Struktur. Da diese aber nie eindeutig festgelegt und kommuniziert wurde, bildete sich eine digitale Grauzone. Hier konnte man die jeweilige Position in dieser Struktur nur abschätzen, sich jedoch nicht sicher sein. Wenn es dann zu Konflikten oder Problemen kam, war innerhalb dieser Struktur keine Führung mehr möglich, da die inoffizielle Struktur keinerlei Verbindlichkeit und klare Regeln vorgab. Dies führte zu Unsicherheit und Rangeleien. So entstanden auch die Streitereien innerhalb der digitalen Werbeagentur, begleitet von einem Leistungsrückgang.

So wie Steffi machen sich Unternehmer und Führungskräfte oft wenig Gedanken um Hierarchie, vor allem, wenn diese noch digital ist. In der heutigen Zeit wird eher davon gesprochen, die Hierarchie so weit wie möglich zu verschlanken. In der digitalen Welt machen nur flache Hierarchien Sinn, so die Behauptung vieler, vor allem aus der Start-up-Szene. Um diese gewünschten flachen hierarchischen Strukturen zu erreichen, setzen viele Unternehmen sogar auf langwierige und teure Umstrukturierungsprozesse.

Je flacher die Hierarchien, desto stärker sind auch die Grauzonen, in denen sich die Mitarbeitenden ständig neu einordnen müssen. Durch die Entstehung von Grauzonen entsteht aber auch häufiger das Phänomen eines Laissez-faire-Führungsstils. Dies wird von vielen Mitarbeitern gerade im digitalen Kontext als „Nichtführung“ verstanden. Trifft dies zu, kann das dazu führen, dass bestimmte Bedürfnisse der Mitarbeitenden unbefriedigt bleiben wie beispielsweise Feedbackgespräche (Schuler et al. 2007). Finden diese nicht statt, wird möglicherweise das Bedürfnis nach Lob und Anerkennung vernachlässigt und die Motivation sinkt.

Flache Hierarchie und Laissez-faire-Führung via Internet führen zu einer endlos scheinenden digitalen Grauzone. Konflikte sind quasi vorprogrammiert.

Was also analog schon schlimme Auswirkungen haben kann, führt in diesem Bereich in der digitalen Welt zu fatalen Folgen. Stellen Sie sich vor, Sie sitzen zu Hause an Ihrem Telearbeitsplatz und eine neue Kollegin wird vorgestellt, ohne Titel oder hierarchische Verortung. Was am analogen Platz durch Zwischenmenschliches oder Small Talk ermittelt werden kann, ist nun am PC via Internet wesentlich schwerer. Darf man ihr etwas sagen, oder ist sie „hierarchisch" über einem verortet? Wie sieht sie es eigentlich selbst? All die Dinge, die analog schon nicht sehr einfach sind, erscheinen digital oft kaum lösbar.

Eine Diskussion über Hierarchie ist nicht populär, da vor allem digitale Unternehmen diesen Begriff oftmals mit einem veralteten, totalitären Machtgefüge in Verbindung bringen, in dem bei einem CEO alle Informationen und Entscheidungen zusammenlaufen und in dem sonst keiner etwas zu sagen hat. Was vor 150 Jahren nötig war, um Massen von Arbeitern und Maschinen zu koordinieren, funktioniert heute, wenn überhaupt, nur noch beim Militär. Dennoch sind Organisationen, in denen keinerlei Hierarchie besteht, heute wie damals undenkbar.

Ein unternehmensinternes Gefälle an Entscheidungsbefugnissen ist notwendig, um als Unternehmen handlungsfähig zu bleiben und um eine nötige Transparenz zu schaffen.

■

■ 9.5 Auswirkungen von Hierarchie

Die entscheidende Frage ist, wie wir Hierarchie in Zukunft gestalten können, um sie zu nutzen, und über welche Veränderungen wir dahin gehend nachdenken müssen. Denn eine Diskussion über Hierarchien, und vor allem über Strukturen, durch die eine Hierarchie entsteht, ist immer zeitgemäß. Der Begriff Hierarchie sollte deshalb neu ausgelegt und wieder in seiner ursprünglichen Form verstanden werden: als Rangordnung.

Wissenschaftler der Stanford University haben hierfür einen wichtigen Beitrag geleistet, indem sie die Forschung zu Hierarchien zusammengefasst haben (Halevy, Chou, Galinsky 2011). So können wir heute verstehen, wie sich Hierarchie positiv auf die Menschen im Unternehmen auswirkt. Menschen haben vor allem in der digitalen Welt psychologische Grundbedürfnisse, durch deren Erfüllung Zufriedenheit und Motivation entstehen können.

Im Unternehmen sind das das Bedürfnis nach Sicherheit und Struktur sowie das Bedürfnis, etwas zu erreichen, also nach Macht und Leistung. Hierarchien erfüllen diese Bedürfnisse, indem sie jedem Menschen im Unternehmen einen Platz zuweisen und damit eine zuverlässige Vorhersagbarkeit für Verhalten, aber gleichzeitig auch einen Anreiz schaffen. Durch die Unterschiede zwischen den einzelnen Hierarchieebenen bezüglich Macht, Status und Einflussnahme werden Anreize geschaffen, diese Vorzüge selbst zu erhalten. Sobald Menschen wissen, wo sie stehen und was sie dürfen, werden sie leistungsstärker und motivierter.

Das bedeutet auch, dass Mitarbeiter den nötigen Mehraufwand erbringen, wenn sie klare Aufstiegschancen sehen, die mit Vorteilen verbunden sind. Aber auch Menschen, die die Karriereleiter nicht hinaufklettern wollen, sind durch eine feste Struktur motivierter, da sie sich auf ihre Arbeit konzentrieren können (Baumann 2001).

Wer immer noch davon ausgeht, dass digitale Gruppen oder Teams, in denen alle gleichberechtigt sind, besser funktionieren als hierarchisch aufgestellte, ist auf dem Holzweg. Menschen zeigen, nur weil sie Macht haben, eine höhere Zielorientierung, nehmen mehr Kontrolle wahr und sind aktionsorientierter.

Menschen mit Macht sind darauf ausgelegt, das große Ganze zu sehen und fokussiert auf ein Ziel hinzuarbeiten. Menschen, die sich unterordnen, sind dafür detailorientierter, aufmerksamer und können schneller auf die sich ändernde Umwelt reagieren. In hierarchischen Teams ergänzen sich diese beiden Gruppen gegenseitig und sind so effektiver und leistungsstärker (Kanes, Steiner 2013).

■

Ebenso können durch Strukturierung und klare Rollenzuweisungen in Hierarchien soziale Interaktionen erleichtert werden. Durch das Festlegen der Rollen ist die Erreichung gemeinsamer Ziele besser kommunizierbar und koordinierbar. Durch den verbesserten Austausch entstehen weniger Konflikte, vor allem wenn die Teammitglieder sich in ihre Rollen einfügen und sie akzeptieren (Schuler et al. 2007).

Diese hier etwas vereinfacht dargestellten Prinzipien der Zusammenarbeit, und welchen Einfluss Hierarchie darauf hat, sind jedoch stark abhängig davon, ob die Struktur klar und stabil eingehalten wird, ob die Hierarchie-Level klar definiert sind und ob sich die Beteiligten grundsätzlich in die Hierarchie einfügen. Das bedeutet nicht, dass Strukturen und Prozesse nicht hinterfragt werden. Ganz im Gegenteil: Um ein gemeinsames Ziel zu erreichen, ist es essenziell, dass sich alle an der Optimierung und Weiterentwicklung der digitalen Organisation beteiligen. Aus diesem Grund ist eine Diskussion über Hierarchie im digitalen Zeitalter an sich überflüssig. Eine Überprüfung der Struktur ist dabei entscheidend, will man Mitarbeitende langfristig am digitalen Arbeitsplatz motivieren und halten.

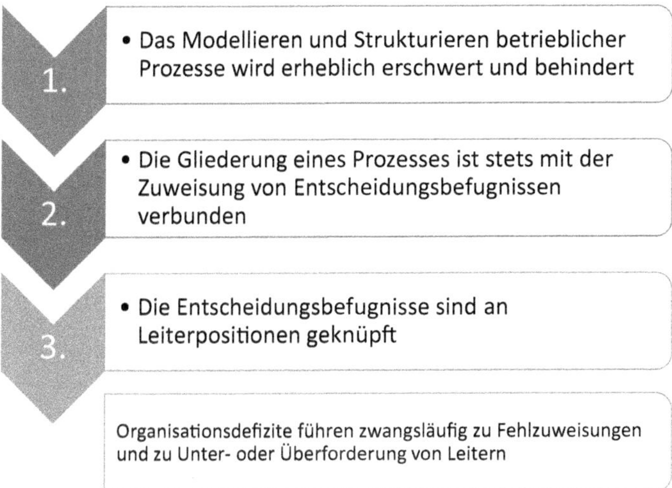

Bild 9.5 Defizite in der Organisation (Befugnis-Kommunikationswege) und Ablaufstrukturen (Prozesse)

Dafür sind der Aufbau und die Einhaltung der Strukturen wichtig. Wenn Strukturen unverständlich, unlogisch oder auch einfach veraltet aufgebaut wurden, kann ein Unternehmen nicht sein volles Potenzial ausschöpfen. Jeder im Unternehmen muss die Strukturen kennen und nachvollziehen können, jeder braucht einen klaren „Wegweiser". Dieser besteht aus dem Wissen über die Rolle, die Aufgaben, die Position und die Befugnisse. In den meisten Unternehmen existieren maximal ein bis zwei Punkte dieser Liste, und diese sind meist nicht mehr aktuell oder nicht jedem bekannt. Gerade Befugnisregelungen und klar aufgebaute Organigramme werden vernachlässigt (Bild 9.5).

In Steffis Beispiel hätten klare Zuständigkeiten und Verantwortungsspannen sowie eine klare Rollenverteilung dazu geführt, dass die Mitarbeiter sich nicht darauf konzentrieren müssen, sich zu organisieren und sich nicht gegenseitig auf die Füße zu treten, sondern die Qualität der Arbeit im Fokus zu haben. Der zweite Punkt, der in der Unternehmenspraxis oft abgekürzt wird, ist die Einhaltung der Strukturen. Das Überspringen von Hierarchiestufen und die Zuteilung von mehreren Leitern zu einem Mitarbeiter sind immer noch kein Einzelfall und in der digitalen Welt sehr leicht. Schnell ist bei einer Fehlerhinweis-E-Mail der Vorgesetzte des Vorgesetzten im cc. Dadurch kann man sehr einfach Druck auf seinen unmittelbaren Vorgesetzten aufbauen.

Unternehmen, die solche Hierarchie- und Ebenenüberspringung zulassen, unterminieren im Grunde ihre Vorgesetzten, die Hierarchie und die Unternehmensstruktur (Bild 9.6). Im Analogen sind manche Unternehmen beim Umgehen des Vorgesetzten strenger, als dies in der digitalen Arbeit der Fall ist, obwohl es hier viel leichter wäre, dies zu unterbinden. Hier tut sich bei vielen Unternehmen eine wahre Fundgrube an Optimierungspotenzialen auf.

Bild 9.6 Notwendiges Einhalten der Hierarchiestufen

Worauf muss nun eine Führungskraft bei der virtuellen Führung und in Bezug auf digitale Hierarchie achten? Tabelle 9.1 und Tabelle 9.2 geben einen entsprechenden Überblick.

Tabelle 9.1 Führungsverhalten durch das Internet

Dos	Don'ts
▪ Kurze, tägliche Telefon-, Zoom-, Skype-Meetings - organisatorische Regeln für digitale Meetings müssen strikt eingehalten werden (keine Vertretungen) ▪ Führungsaufgaben wie Instruieren, Informieren, Planen, Entscheiden, Motivieren, Kontrollieren - sind digital besonders akkurat wichtig ▪ Gehen Sie mit Vorgaben und Zielvereinbarungen sparsam um und stellen Sie konkrete Fragen ▪ Geben Sie Vorgaben und Zielvereinbarungen sparsam, aber bestimmt ▪ Der direkte Vorgesetzte ist für die Anweisung der Mitarbeiter zuständig ▪ Direkte, zeitnahe Rückmeldung der Tätigkeit ▪ Die Rückmeldung an die Mitarbeiter muss kontinuierlich und bedarfsorientiert erfolgen ▪ Gehen Sie immer direkt auf die Tätigkeit des Mitarbeiters ein	▪ Mehr als zehn Personen pro Meeting ▪ Schlechte Führung (wirkt im Digitalen noch schlimmer) ▪ Keine volle Konzentration auf das Meeting, angeschaltetes Handy, Hintergrundgeräusche, keine gute Vorbereitung ▪ Verwenden von Floskeln und leeren Worthülsen, allgemeine Ansprachen an den Mitarbeiter, nichts Konkretes ▪ Störungen des Meetings zulassen ▪ Verhalten erst nach einer Woche beurteilen ▪ Mehrfachnennungen bei Feedback, vieles ansprechen, sodass sich das Gegenüber nicht mehr alles merken kann und das Wesentliche verschwindet ▪ Die Rückmeldung darf schwammig sein ▪ Nur unkonkrete Ziele vorgeben ▪ Viele Informationen in ein einzelnes Feedback packen

Dos	Don'ts
▪ Lieber öfter und zeitnah rückmelden als zeitversetzt und zu viel ▪ Kontinuierliche und bedarfsorientierte Gespräche ▪ Der direkte Vorgesetzte muss das Gespräch mit dem Mitarbeiter führen ▪ Informieren Sie sich über die Tätigkeiten Ihrer Mitarbeitenden und fragen Sie bei Unwissen nach, versuchen Sie nicht, zu täuschen oder Ihr Unwissen zu tarnen	

Tabelle 9.2 Digitale Hierarchie im Internet

Dos	Don'ts
▪ Digitale Grauzonen verhindern ▪ Vor- und Nachteile von flachen Hierarchien abwägen ▪ Hierarchien auch digital sichtbar machen, steigert Leistungsfähigkeit und Motivation z. B. durch Organigramme ▪ Diskussionen über Hierarchien zulassen ▪ Klare Zuständigkeiten und Verantwortungsspannen ▪ Formulieren Sie klare Zuständigkeiten und Zielsetzungen	▪ Hierarchiestufen übergehen ▪ Digitale Organisationen unterschätzen ▪ Hierarchie im E-Mail-Verkehr nicht einhalten

10 Rekrutierung mithilfe des Internets

10.1 Digitale Bewerbungstrends

Recruitainment ist ein Neologismus bestehend aus den Wörtern Recruiting und Entertainment. Ein Bewerbungsgespräch soll dem Bewerber Spaß machen. Wo sind die Zeiten hin, dass ein Bewerber voller Ehrfurcht seinem potenziellen Arbeitgeber gegenüberstand? Nein, heute soll es Spaß machen, denn ansonsten bewerbe ich mich erst gar nicht. Recruitainment eben.

Die Idee des Recruitainment ist seit 2012 in den Medien präsent. Eine (Computer-) spielerische, oft auch simulative Personalbeschaffung (Diercks, Kupka 2013). Recruitainment ist jedoch kein Computerspiel, es ist vielmehr die digitale Antwort auf ein physisches Vorstellungsgesprächs.

Die Möglichkeiten von Recruitainment sind unerschöpflich. Ein Format, das bei vielen großen Firmen anfangs auf Interesse stieß. Mithilfe dieser Simulation können Personaler einen digitalen Avatar einsetzen, um virtuell ein Vorstellungsgespräch führen zu können. Die Vorteile liegen auf der Hand: Vorauswahl geeigneter Bewerber, Kosteneinsparungen, zeitliche und räumliche Flexibilität und effizient. Für die Bewerbung via Recruitainment bedarf es oft nicht einmal eines Medienbruches, denn der Bewerber bleibt einfach vor seinem Smartphone. Er wird via Social Media angesprochen und bleibt mit seinem Smartphone quasi im Online-Modus und tastet sich digital an die neue Stelle heran.

Die Recruitainment-Anwendungsfelder reichen von Berufs- und Studienorientierung, Self-Assessment, Karriereportalen, Web-TV, Imagefilmen und virtuellen Rundgängen bis hin zu realen Events. Dabei wird immer das Prinzip des *Person-Job-Fits* bzw. *Person-Organization-Fits* verfolgt. Also passt der Bewerber zum Unternehmen bzw. passt das Unternehmen zum Bewerber?

Ein weiteres Beispiel sind Online-Jobmessen, also sogenannte Jobunication-Messen. Seit Dezember 2017 sind diese Messen online und rund um die Uhr verfügbar. Diese fanden vor allem beim *Homo interneticus* großen Anklang. Der Bewerber erstellt einen persönlichen „Avatar“ und das Unternehmen gestaltet einen eigenen „Messestand“. Extra-Features sind Live-Chats, Unternehmens- und Bewerberprofile und Videobotschaften.

Dennoch, so richtig hat sich das Recruitainment bis heute nicht durchgesetzt. Es ist am Ende vielleicht doch zu digital für einen Bewerbungsprozess. Denn auch heute verlässt sich der Personalentscheidende immer noch gerne auf sein Bauchgefühl. Digitalisierung hin oder her.

10.2 Bewerben einer offenen Arbeitsstelle

Wie bekommen Sie in der digitalen Welt die notwendigen Bewerber? Wie machen Sie am besten auf sich aufmerksam?

Unsere Aufmerksamkeit wird durch eine Vielzahl an Technologien ständig gefordert. In der Regel umfasst die Aufmerksamkeitsspanne maximal sechs Reize (Henning 1925). Sobald mehr Reize zur Verfügung stehen, werden die weiteren Signale nicht mehr adäquat verarbeitet. Durch die Überforderung unserer Filterleistung sinkt die Qualitätsverarbeitung und gegebenenfalls auch die Arbeitsleistung. Deshalb muss die Aufmerksamkeit so gesteuert werden, dass generell nicht zu viele Reize in der Umgebung auf uns einwirken.

Ist auf jeder Homepage sofort ersichtlich, was Sie wollen? Ist in Ihrer Stellenanzeige sofort ersichtlich, wen Sie suchen? Was Sie bieten? Wer Sie sind? Überall im Internet wird ge- und beworben. Sie bekommen im Cyberraum täglich unzählige Werbung, oft sogar personalisiert. In der Regel geben Ihnen geübte Internet-User nicht mehr als fünf Sekunden (Maas 2019).

Digital läuft alles schneller, auch das Scannen von Relevantem oder Irrelevantem. Wird eine austauschbare Stellenanzeige gesehen, ist die Chance hoch, dass dieser Spur nicht weiter gefolgt wird. Gefühlt schreiben die meisten Unternehmen ihre Stellenanzeigen gleich. „Wir bieten eine abwechslungsreiche Tätigkeit in einem sympathischen Team, flexible Arbeitszeiten und eine leistungsgerechte Vergütung …“ Seien Sie deshalb aufrichtig und vor allem kreativ. Sprechen Sie von digitalem Menschen zu digitalem Menschen. Der *Homo interneticus* ist es gewohnt, dass die Welt in kürzester Zeit auf seinen Fingerspitzen liegt. Online muss es schnell und intuitiv funktionieren. Das bedeutet auch, dass die Stellenausschreibung in maximal zwei Klicks erreicht werden muss. Keine Unterpfade versteckt auf Ihrer Homepage.

Maximal zwei Klicks müssen reichen, um zu sehen, was Sie anbieten. Alles andere ist nicht digital kompetent bzw. digital ungeschickt. ■

Bevor aber der potenziell Bewerbende überhaupt auf Ihre Homepage geht, muss diese nicht nur Smartphone-tauglich sein, es muss sich insgesamt lohnen. Das bedeutet, der Bewerbende wird Bewertungsportale aufsuchen und sich ansehen, was über Sie geschrieben wird. Wie viele Sterne Sie bekommen. Eine internationale Studie des Instituts für Generationenforschung aus dem Jahr 2019 hat gezeigt, dass die Menschen fast aller Generationen mehr Bewertungsportalen vertrauen als den jeweiligen Firmen-Homepages. Wer sieht sich denn heute noch die Hotel-Homepage an, wenn das Hotel nur insgesamt zwei Sterne von fünf möglichen aufzeigt? Peergroups entscheiden, ob man sich Ihre Homepage ansieht. Diese gilt es zu überzeugen und positiv auf ihre Seite zu lenken. Das können Sie mit Transparenz schaffen.

Wenn Sie online Stellenausschreibungen auf Plattformen schalten, sollten Sie unbedingt auf das Verhalten der potenziellen Betrachtenden achten. Wie ist der Traffic, welches Ranking nimmt Ihre Stellenausschreibung ein und vieles mehr.

Achten Sie besonders auf drei Kennzahlen:

- die Anzahl derer, die Ihre Stellenausschreibung angesehen haben (auch Views genannt),
- die Anzahl der Klicks, die auf Ihre Stellenausschreibung führen, und
- die Qualität der Bewerbungen (passende Bewerbungen zu der ausgeschriebenen Stelle).

■

Hat eine Stellenausschreibung wenig Views und wenig Klicks und infolgedessen auch noch wenig Bewerbungen, kann dies ein Hinweis darauf sein, dass ein falsches Portal oder ein falsches Medium gewählt wurde. Junge Bewerbende wählen in der Regel die klassischen Wege, wie Messen, Jobportale oder Print, und sehen ihre zukünftigen Arbeitgeber nicht so gerne auf Instagram, TikTok oder Facebook (siehe Tabelle 10.1). Ältere Bewerber ab 40 Jahren erreicht man jedoch sehr gut mit Facebook, LinkedIn oder XING. Das liegt daran, dass die jüngeren Mitmenschen mit Social Media groß geworden sind. Sie nutzen Instagram als private Plattform für Freunde, Follower oder Familie. Bevor ein junger Mensch zu arbeiten beginnt, war er schon mindestens zehn Jahre auf Instagram aktiv. Ein potenzieller Arbeitgeber hat in dieser digitalen Privatsphäre nichts verloren. Es wäre so, als würde der Arbeitgeber mit einer Broschüre im Garten eines Mitte-40-Jährigen mit einer Stellenausschreibung werben. Es ist unpassend.

Tabelle 10.1 Umfrage mit jungen Erwachsenen im Jahr 2018 (Maas 2019)

„Wie finden Sie es, wenn sich Ihr möglicher Arbeitgeber auf folgenden Plattformen präsentiert?"

	finde ich sehr schlecht	finde ich schlecht	finde ich nicht gut	finde ich okay	finde ich gut	finde ich sehr gut
Messe	2,9%	2,3%	3,0%	23,6%	41,9%	26,2%
Jobportale	3,9%	2,1%	3,6%	21,3%	37,2%	31,8%
Firmenwebseite	1,6%	1,2%	1,0%	9,5%	27,7%	59,0%
Stellenanzeigen in der Zeitung	3,3%	4,6%	7,6%	35,1%	35,2%	14,1%
Snapchat	38,0%	22,6%	18,4%	6,7%	7,1%	7,1%
Instagram	21,6%	19,4%	21,0%	12,3%	14,4%	10,4%
Facebook	23,3%	9,3%	13,1%	18,7%	23,9%	11,7%

Eine weitere Möglichkeit wäre, dass es zwar sehr viele Views auf eine Anzeige gibt, aber im Verhältnis zu den Views nur wenige Klicks. In vielen Fällen sollten solche Dissonanzen genau analysiert werden. Diese Diskrepanz kann ein Hinweis darauf sein, dass der Inhalt der Stellenbeschreibung, der Betreff oder der Titel nicht ansprechend ist. Ist die Stellenausschreibung tatsächlich für potenzielle Bewerber interessant? Oder steht das übliche Blabla darin? „Wir suchen motivierenden Nachwuchs, der mit Engagement und Elan mit uns wachsen will" führt nicht zu engagierten oder motivierten Bewerbern. Es ist zu allgemein. Hierbei spricht man jeden und doch keinen an. Sollte dies bei Ihnen der Fall sein, personalisieren Sie in diesem Fall Ihre Stellenausschreibung. Was ist der USP Ihrer Firma, der Stelle oder der Abteilung? Wo heben Sie sich ab, wo ist die Stelle besonders?

Gerade jüngere Bewerber der Generation Z stehen mit einer sehr kleinen Kohorte, der kleinsten seit dem Zweiten Weltkrieg, einer großen Anzahl an freien Stellen gegenüber (Maas 2019). Suchen Sie junge Menschen, fragen Sie junge Menschen, ob Ihre Stellenausschreibungen sie anspricht. Aber bitte nicht aus Ihrem Unternehmen. Die Gefahr ist hoch, dass Ihre Mitarbeitenden sozial erwünscht antworten. Fragen Sie junge Menschen, die Ihnen ehrlich sagen, wenn die Ausschreibung so gar nicht den Zeitgeist trifft.

Eine weitere Variante ist, dass es trotz optimierter Stellenausschreibung, vieler Views und Klicks nur wenige Bewerbungen gibt. Das kann ein Hinweis sein, dass die Stellenausschreibung nicht mit dem Titel zusammenpasst. Sind Titel und Stellenausschreibungsinhalt nicht kongruent, kommt es zu einem Misston. Ähnlich einem Orchester, bei dem die erste Geige verstimmt ist, aber alle anderen Instrumente gut gestimmt sind. Trotz gleicher Noten, gleichem Dirigenten und gleichem Publikum klingt es nicht sauber. Jeder kleine Fehler, und sei er auch noch so unbedeutend, zerstört das Gesamtbild. Deswegen, Titel und Inhalt aufeinander abstimmen.

Die Zielgruppe wird erreicht, es gibt weiterhin wenig Views und infolge auch wenig Klicks, aber vielleicht sogar verhältnismäßig viele Bewerbungen. Das ist ein eindeutiger Hinweis, dass es generell wenig Bewerber gibt. Was für Sie wiederum bedeutet, dass der Wettkampf um diese wenigen für Sie begonnen hat. Sie müssen nun weitaus mehr bieten als Ihre Konkurrenten. Der Arbeitsmarkt gibt für Bewerber mehr her als umgekehrt. Sie befinden sich in einer Arbeitnehmermarktsituation. Schauen Sie sich nochmals genau Ihre Zielgruppe an: Wann, wo und wie bewerben Sie diese? In manchen Fällen müssen Sie schon in der Hochschule beginnen, sich die Bewerber zu sichern. Oder doch zum Recruitainment greifen? Der Fantasie sind keine Grenzen gesetzt, aber denken Sie immer daran, es muss den potenziellen Bewerbenden gefallen, sonst niemandem.

Wie gehen Sie nun bei Ihrer Entscheidungsfindung, bei der Personalauswahl vor? Im Zentrum steht zumeist nach wie vor das Bewerbungsgespräch. Im Jahre 2021 ist dies völlig normal, dass so ein Gespräch über das Internet stattfindet. Es muss niemand Hunderte von Kilometern anreisen. Der Corona-bedingte Lockdown 2020 und 2021 hat es auch nochmals gezeigt: Man kann mithilfe von Videokonferenzen über Skype, Teams, Zoom und weiteren mehr genauso gut ein Gespräch führen wie analog. Auch das berühmte Bauchgefühl kommt hierbei in der Regel nicht zu kurz.

Ein Vertreter des *Homo interneticus* wird auch gerne schon bei der Terminfindung des Bewerbungsgesprächs mitdiskutieren oder sogar vorgeben, wann es zu sein hat und wie es durchzuführen ist.

10.3 Das digitale Bewerbungsgespräch

Im Nachhinein wird eine Fehlbesetzung einer Stelle mit den äußeren Umständen entschuldigt. „Am Anfang hat er sich doch so bemüht." Das Bauchgefühl und die Einschätzungsgabe mancher Personalentscheider sind vermeintlich größer, als so manche Unternehmensstatistik über Fehleinstellungen zeigt. Schon die einfachen Wahrnehmungsgrundsätze der Sozial- und Internetpsychologie zeigen, dass man vielen „Wahrnehmungsfehlern" unterliegen kann:

- Zu beachten ist hierbei z.B. die Dominanz des ersten Eindrucks. Dieser sogenannte *Primacy-Effekt* ist ein psychologisches Gedächtnisphänomen, welches dazu führt, dass früher erfasste Information gegenüber anderer eingehender Information vorgezogen wird. Zum Beispiel bei einem Personaleinstellungsgespräch, bei dem der erste Eindruck oft das gesamte Gespräch beeinflussen kann. Dieser Beurteilungsfehler tritt bei der Befragung der Bewerber auch dahin gehend auf, wenn die ersten Fragen einen Einfluss auf die späteren Fragen und Antworten ausüben. Dieser Effekt ist zuweilen besonders einstellungsresistent. Diesem Effekt würde ein Personal-Avatar nicht unterliegen, da dieser logischen Algorithmen folgt. Ein objektives Messverfahren ebenfalls nicht.

- Zu schnelles Urteilen zu Beginn führt zu weiteren Wahrnehmungsverzerrungen. „Dieser Mensch dort ist egoistisch!" Selbst wenn dieser sich anschließend freundlich, offen und hilfsbereit zeigt, wird ein solches Verhalten sehr wahrscheinlich nicht zur Anpassung der ursprünglichen Einstellung herangezogen, sondern eher als „Schleimen" interpretiert. Dieser Verzerrungseffekt wird Halo-Effekt genannt. Hierunter wird die Tendenz verstanden, faktisch unabhängige oder nur mäßig korrelierte Eigenschaften von Personen oder Sachen fälschlicherweise als zusammenhängend wahrzunehmen. Der Effekt tritt häufig auch dann auf, wenn sich der zu Beurteilende durch besonders hervorstechende, ausgeprägte Eigenschaften oder Verhaltensweisen auszeichnet. Einzelne Eigenschaften einer Person (z. B. Attraktivität, Behinderung, sozialer Status) erzeugen einen positiven oder negativen Eindruck, der die weitere Wahrnehmung der Person „überstrahlt" und so den Gesamteindruck unverhältnismäßig beeinflusst. Der Einfluss des Halo-Effekts ist besonders stark, wenn der Beurteiler speziell auf eine Verhaltensweise oder ein Merkmal Wert legt und dieses entsprechend überbewertet. Ebenfalls kann der Halo-Effekt auch in einem Fragenkatalog auftreten. Einzelne Fragen können andere „überstrahlen". Wenn beispielsweise die vorhergehende Frage bestimmte Gedanken oder Gefühle auslöst, kann dies Auswirkungen auf die Antwort der nächsten Frage haben. Daher sollte der Halo-Effekt auch bei der Konstruktion eines Fragebogens für Bewerber eine Beachtung finden, denn sonst unterliegt auch der programmierte Avatar oder eine KI (künstliche Intelligenz) diesem Verzerrungsfehler.
- Die Reihenfolge der Bewerbungsfragen bzw. der Informationsverarbeitung oder die Reihenfolge der Bewerber spielt ebenfalls eine wichtige Rolle. Hier sprechen Sozialpsychologen vom sogenannten *Fragenkontexteffekt.* Alle Bewerber an einem Vormittag zu interviewen birgt mehr Risiken als Nutzen. Erscheint der erste Bewerber unpünktlich, wird die Pünktlichkeit des zweiten Bewerbers besonders fokussiert, sogar als besonderes Merkmal deklariert und zu seinen Gunsten bei der Personalentscheidung ausgelegt. Bewerben sich zwei Kandidaten mit schlechtem Zeugnis und ein dritter nun mit einem guten Zeugnis, wird durch den Reihenfolgeeffekt bzw. Positionseffekt dieses nicht als „gut", sondern als „sehr gut" wahrgenommen.

  Sind Bewerber vermeintlich ähnlich, vergleichen wir und stellen dadurch Vermutungen an, wie diese in bestimmten Situationen reagieren bzw. entscheiden werden, was immer zu falschen Schlussfolgerungen führen wird.
- Der letzte Eindruck eines Bewerbungsgespräches kann vorgelagerte Eindrücke ausblenden. Der sogenannte *Recencey-Effekt* ist zwar nicht so stark wie sein Pendant der *Primacy-Effekt,* dennoch nicht zu unterschätzen.

Die Liste der Fehlentscheidungen und subjektiven Entscheidungen unserer Umwelt ist lang. Diese funktionieren digital genauso wie analog. Übertragungsstörungen und andere Technikprobleme können einige Verzerrungen sogar noch forcieren.

Die „Fehlbesetzung" wird in den meisten Fällen erst sechs Monate später deutlich, meistens, wenn die Probezeit vorbei ist. Je nach Anforderungsprofil sollte deshalb auf ein objektives „Messverfahren" zurückgegriffen werden, um der eigenen Wahrnehmungstäuschung nicht allzu sehr zu unterliegen und einen faireren Wettbewerb zu gewährleisten, aber auch um Kosten zu sparen. Einen Mitarbeiter einzulernen ist teuer. Es kostet Zeit und Mitarbeiterlohn, und vor allem leidet die Produktivität darunter, da der Mitarbeiter erst nach einer vernünftigen Einarbeitung die Chance hat, produktiv arbeiten zu können. Ebenso kann sich ein ständiger Mitarbeiterwechsel auf die Motivation der Gruppe auswirken.

Gründlich vorbereiten

Bei der Auswahl des richtigen Bewerbers sind deshalb die analogen, unstrukturierten Interviews sowie das Vertrauen auf das eigene Bauchgefühl kaum zielführend. Aus diesem Grund muss ein Personalentscheider versuchen, so gut es geht, objektive Messkriterien zu entwickeln und diese konsequent bei jedem Bewerber einzuhalten, damit eine effektive Bewertung der Kandidaten gewährleistet werden kann. Auch ein digitales Einstellungsverfahren muss immer strukturiert verlaufen, denn Studien haben herausgefunden, dass die Vorhersagbarkeit von konventionellen Interviews kaum über der der Zufallswahrscheinlichkeit liegt (Schuler, Funke 1993).

Ein halbstrukturiertes analoges Interview oder nun ein Online-Interview z. B. via Skype oder Zoom weist dabei mehrere Vorteile auf. Die Bewerbungsgespräche können verglichen werden. Der Bewerber kann während des Interviews seine Kompetenz demonstrieren. Um dies jedoch zu gewährleisten, sollte der Bewerber auch den größten Redeanteil haben. Überlegen Sie sich deshalb schon im Vorfeld, welche Fragen für Sie wichtig sind. Lassen Sie sich nicht mit Worthülsen abspeisen und fordern Sie immer wieder Beispiele und Veranschaulichungen. Am besten stellen Sie situative Fragen: „Wie würden Sie in folgender Situation handeln? Was würden Sie konkret tun?" Nun kann der Bewerber beweisen, was er kann oder auch nicht.

Bei einem Einstellungsgespräch muss dem Personalentscheider immer bewusst sein, dass diese Situation für den Bewerber Anspannung und Stress bedeutet. Daher sollte man versuchen, durch etwas Small Talk eine angenehme Atmosphäre zu schaffen, das Gespräch positiv zu beginnen und einen persönlichen Kontakt herzustellen. Dies gelingt beispielsweise mit Fragen über das Wohlbefinden des Bewerbers und ob die Internetverbindung stabil ist.

Achten Sie auf die genannten Wahrnehmungsverzerrungen. Das Gesagte und die Körpersprache sollten zudem einigermaßen im Einklang sein. Oft ist dies nicht leicht am Bildschirm erkennbar. Hier bedarf es Übung. Hinzu kommen die Verzerrungen bei schlechter Internetverbindung, wenn z. B. das Bild des Bewerbers verzögert mit dem Ton erscheint. Ist diese Verbindung schlecht, kommen Gesagtes und Körpersprache oft verzerrt oder gar zeitlich verschoben. Das erschwert das Gespräch für beide Seiten. Deshalb sollten Sie im Vorfeld die Internetverbindung und deren Qualität prüfen und zumindest mit einberechnen.

Im internetgeführten Bewerbungsgespräch gibt es einiges zu beachten. Auch hierbei sollten Sie nicht einfach loslegen, sondern sich gründlich vorbereiten. Das bedeutet:

Wenn Sie sich für ein Bewerbungsgespräch nicht vorbereiten, keinen Leitfaden haben oder keine situativen Fragen einbauen, liefert das Werfen einer Münze aussagekräftigere Ergebnisse. ■

Das Bewerbungsgespräch sollte im Idealfall modular aufgebaut sein. Definieren Sie also zuerst einmal für sich die Aufgaben des Bewerbers. Was sollte er wirklich können, wo wird er eingesetzt? Gibt es Möglichkeiten einer Karriere? Führungsverantwortung? Gehalt, Entwicklung und vieles mehr sollten Sie im Vorfeld für sich klären. Sie sollten nun auch eine Art Anforderungsprofil erarbeiten. Definieren Sie die Soll-Kriterien. Welche Fähigkeiten und Kenntnisse braucht der Bewerber, um die Aufgaben zu erfüllen? Welche Unterschiede wird es in einem digitalen Interview zu einem analogen geben? Welches Medium werden Sie benutzen? Ist es noch zeitgemäß, einen Bewerber von Hamburg nach München für eine Stunde Bewerbungsgespräch anreisen zu lassen? Oder macht es via Internet nicht mehr Sinn? Alles sollte weit im Vorfeld geklärt sein.

Bereiten Sie nun die entsprechenden Materialien vor, die Sie einem Bewerber zeigen können: digitale Firmenbroschüre, Videos, Produktportfolio oder digitale Give-aways wie Zugangscodes oder Videos. Der Bewerbermarkt ist dünn, es sollte in beiden Richtungen passen. Ein Give-away mit der Zusammenfassung, was den Bewerber alles erwartet, wenn er bei Ihnen anfängt, wäre eine von vielen Möglichkeiten, sich von Mitbewerbern zu unterscheiden. Bereiten Sie auch das Gespräch an sich vor, indem Sie alle Informationen bereitlegen und einen Gesprächsleitfaden entwerfen. Bereiten Sie auch Situativfragen vor.

Das Gespräch durchführen

Ein Vorstellungsgespräch bedeutet für den Bewerber zunächst Anspannung und Stress. Nehmen Sie beim Gespräch die Spannung aus der Situation, indem Sie etwas Small Talk halten. Stellen Sie alle anwesenden Gesprächspartner mit Namen und Funktion vor und leiten Sie dann über zum ungefähren Gesprächsverlauf.

Beim Online-Bewerbungsgespräch sollten alle Teilnehmer auf Video- und Tonfunktion geschaltet sein. Jeder sollte jederzeit gesehen und gehört werden. Das schafft Vertrauen. Weisen Sie den Kandidaten darauf hin, dass alle Informationen vertraulich behandelt werden.

Nach dieser kurzen Vorstellungsrunde bitten Sie nun den Bewerber darum, sich vorzustellen! Er, oder sie sollte den größten Redeanteil haben. Je mehr Sie sprechen oder von sich preisgeben, desto weniger werden Sie vom Bewerber erfahren. Anstatt sich und die Firma vorzustellen, kann dies der Bewerber machen. So sehen Sie, wie sehr er, oder sie sich auf das Gespräch vorbereitet hat, wie er, oder sie Ihre Firma sieht, Sie sieht und vieles mehr.

Nachdem Sie so die üblichen Themenblöcke abgehandelt haben, stellen Sie Fragen zur Ausbildung bzw. zum beruflichen Werdegang, Studium und Wahl der Fächer: „Bitte schildern Sie uns Ihren bisherigen Lebens- und Ausbildungs-/Berufsweg." Mehr nicht. Jetzt ist der Bewerber wieder an der Reihe. Nun könnten Fragen folgen wie: „Was hatte den größten Einfluss auf Ihre Berufswahl?" „Welche beruflichen Tätigkeiten haben Sie bis jetzt ausgeübt?"

Achten Sie darauf, dass der Bewerber keine Worthülsen verwendet wie: „Ich war sehr motiviert." Fragen Sie gleich nach einem Beispiel: „Was meinen Sie mit motiviert? Können Sie mir ein Beispiel schildern?" Hat der Teilnehmer seine erzählte Geschichte selbst erlebt, wird er nun etwas ausführlicher und persönlicher beschreiben. Tischt er, oder sie gerade eine sozial erwünschte Geschichte aus, flüchtet er, oder sie sich schnell in weitere Worthülsen oder versucht, die Geschichte verhältnismäßig kurz oder übertrieben lang (Pseudoerleben) zu schildern. Fragen Sie bewusst mal genauer nach, z. B. nach den jeweiligen Aufgaben und Aufgabenschwerpunkten, Verantwortlichkeiten oder die Länge der Tätigkeit. Nun fragen Sie: „Was würden Sie heute anders machen?" „Was haben Sie bei den einzelnen Stationen gelernt?" So bekommen Sie ein umfangreiches Bild von dem Kandidaten, auch wenn dieser Hunderte von Kilometern weit weg vor seinem Laptop sitzt.

Im weiteren Verlauf stellen Sie dem Bewerber zunächst offene Fragen über die Stelle, die Abteilung oder Firma an sich, um weiter herauszufinden, was er schon über das Unternehmen weiß und wie er sich vorbereitet hat. „Was wissen Sie über XY?" „Wie denken Sie, wird Ihre Stelle aussehen?" „Wie sehr trifft das auf Ihr Ideal zu?" Fragen Sie den Bewerber, wie er sich einen Arbeitstag im Bereich Z bei XY vorstellt und was der Mehrwert sein wird.

Anschließend informieren Sie den Bewerber über XY und die zu besetzende Position, gegebenenfalls mithilfe einer Präsentation oder digitaler Unterlagen. Ziel ist dabei, dass der Bewerber nach dem Gespräch einschätzen kann, ob XY als Arbeitgeber und die freie Position den Vorstellungen entsprechen. Es sollte für beide Seiten dienlich sein. Deswegen auch dem Bewerber die Realität so gut wie möglich beschreiben, kein Euphemismus, kein Schönreden, keine Übertreibungen oder falschen Hoffnungen von einer Karriere, die nie kommen wird. Bewerber haben diesbezüglich ein erstaunliches Gedächtnis.

Ihre Informationen sollten umfangreich genug sein, um dem Bewerber ein möglichst genaues Bild zu vermitteln. Keine Versprechungen, die nur teilweise der Realität entsprechen oder nicht eingehalten werden können. Ihre Aufgabe ist es, die Vorstellungen des Bewerbers mit der Realität abzugleichen. Gehen Sie beispielsweise auf folgende Punkte ein:

- XY, die Mitarbeiterzahl und die Mitarbeiterstruktur,
- hierarchische Ebenen und Einordnung der Position,
- Portfolio, Entwicklung des Marktes,
- Position und Aufgaben,
- vertragliche Fragen.

Um spezifische Anforderungen an die Position näher zu beleuchten und die Eignung eines Bewerbers festzustellen, sollten Sie die relevanten Themen ansprechen. Besonders hilfreich sind hier die sogenannten situativen Fragen (Darstellung auch in Rollenspielen): Beschreiben Sie eine spezielle Situation im Arbeitsalltag oder lassen Sie den Bewerber eine Situation aus seiner Erfahrung schildern. Bitten Sie den Bewerber, sein Verhalten oder seinen Lösungsansatz zu erklären. „Wie würden Sie folgendes Problem lösen?" „Wie sind Sie das Problem angegangen?"

Fordern Sie den Bewerber auf, dies so ausführlich wie möglich zu beschreiben:

- fachlich (Problem im Ablauf, Schwierigkeiten etc.),
- sozial (Problem mit Kollegen, Vorgesetzten, Überstunden etc.),
- Motivation (Was motiviert Sie, am Wochenende zu arbeiten?).

Achten Sie dabei auf das Verhaltensdreieck: Situation - Verhalten - Ergebnis:

- Fragen Sie zunächst nach der Situation und den Umständen: „Wer war beteiligt? Wie genau sah die Situation aus?"
- Lassen Sie sich dann das Vorgehen des Bewerbers beschreiben: „Was haben Sie gemacht? Wie haben Sie entschieden? Was passierte dann?"
- Zum Schluss soll der Bewerber erklären, wie das Ergebnis seines Handelns war: „Was war das Ergebnis? Was würden Sie heute genauso oder anders machen?"

Achten Sie immer wieder darauf, dass der Bewerber keine „Worthülsen" benutzt, und fragen Sie immer wieder nach: „Wie meinen Sie das genau?" oder: „Könnten Sie mir dazu ein Beispiel nennen?" Bewerten Sie dabei die Antwortmöglichkeiten und die Lösungsvorschläge.

Weitere Fragen könnten folgende sein:

- „Was ist Ihnen hinsichtlich Ihres Arbeitsumfeldes wichtig?"

- „Mussten Sie Entscheidungen treffen, die mit einer großen Tragweite für Sie persönlich verbunden waren?"
- „Welche Situationen empfinden Sie als Stress?"
- „Gibt es etwas, was Sie zur Entspannung tun?"
- „Was motiviert Sie? Was bewegt Sie eigentlich?"
- „Welche beruflichen Pläne haben Sie kurz-, mittel- und langfristig?"
- „Was tun Sie, um diese Ziele zu erreichen?"

Fragen Sie nun noch Allgemeines, um so sicherzugehen, dass Sie nicht aneinander vorbeireden:

- „Welche Erwartungen haben Sie an Ihre Arbeitszeit?"
- „Welche Gehaltsvorstellungen haben Sie? Wie hoch ist Ihr jetziges Gehalt?"
- „Welche Erwartungen haben Sie an Ihre weitere berufliche Entwicklung?"

Zum Schluss fassen Sie noch einmal die wesentlichen Punkte zusammen. Sind alle Fragen wirklich geklärt? Informieren Sie den Kandidaten über das weitere Prozedere und vereinbaren gegebenenfalls einen weiteren Termin und das Zeitfenster für eine eventuelle Probearbeit oder einen zweiten Gesprächstermin.

Fassen Sie das Gespräch stets positiv zusammen (mindestens drei Punkte). Bedanken und verabschieden Sie sich ebenfalls immer positiv. Denn denken Sie auch hierbei an die Bewertungsportale. Schnell ist aus Wut heraus etwas Negatives dort geschrieben. Für Ihr Unternehmen kann das für lange Zeit eine Belastung sein. Denn was dort steht, ist für jeden zu jederzeit einsehbar und wird dort für lange Zeit stehen bleiben.

Nun haben Sie sich beide geeinigt. Dem Bewerber gefällt die potenzielle Stelle und Ihnen der Bewerber. Um auf ganz sicher zu gehen, kann auch ein digitales Assessment-Center in Erwägung gezogen werden. Dies kann viele Varianten haben.

10.4 Online-Assessment-Center

Wäre es nicht schön, wenn aufgrund der Handschrift oder des Sternzeichens feststünde, ob ein Bewerber einmal ein hervorragender Mitarbeiter wird? Das geht, sagen selbst ernannte „Experten" und überzeugen mit dieser Aussage nach wie vor viele Geschäftsführer und Personaler, wie Befragungen immer wieder zeigen. Das Internet ist voll mit derartigen Prophezeiungen. Doch ganz so einfach ist die Suche und Auswahl von kompetentem, verlässlichem Personal trotz Digitalisierung und Internet nicht.

Der einzige Weg zur sinnvollen Personalauswahl geht über verlässliche Methoden. Solche aus der Vielzahl an Verfahren herauszufiltern, ist schwer. Aber nur für den, der die Kriterien verlässlicher Methoden nicht kennt. In den letzten Jahren hat das Thema Personalauswahl immer mehr an Bedeutung gewonnen. Denn der Kampf um die besten Fachexperten und die Nachwuchssicherung hat sich verschärft und die Auswahl wird aufgrund der Globalisierung und Urbanisierung immer größer. Auch wenn nach wie vor die klassischen Bewerbungsgespräche am weitesten verbreitet und als Standard flächendeckend eingeführt sind, ist langsam, aber sicher das Bewusstsein gewachsen, dass diese allein oft nicht aussagekräftig genug sind. Denn Bewerbungsgespräche sagen kaum mehr als etwas über die Sympathie zum Bewerber aus. Auch ein augenscheinlich netter Kandidat kann sich im Nachhinein als Fehlentscheidung entpuppen.

Die Entwicklung hin zu strukturierten Interviews, bei denen ein Mindestmaß an objektiver Vergleichbarkeit zwischen den Bewerbern hergestellt ist, ist da ein sinnvoller erster Schritt. Dennoch bleibt die Vorhersage der Leistung, die der neue Mitarbeiter zeigen wird, gering. Aus diesem Grund ziehen heute viele Unternehmen weitere Verfahren heran, die eine Aussage aus dem persönlichen Gespräch ergänzen sollen. Doch hier ist Vorsicht die Mutter der Porzellankiste. Denn es gibt unter den zahlreichen Anbietern solcher Verfahren viele, die keinen wirklichen Mehrwert bieten können.

Konzentrieren Sie sich nur auf Verfahren, die wissenschaftlich abgesichert werden. Erkennen kann man diese an den Angaben zu den Gütekriterien: Validität, Reliabilität und Objektivität. Diese sollten explizit beschrieben sein und vor allem auch überprüft werden können.

Aber auch Verfahren, die wissenschaftliche Kriterien erfüllen, sind oft nicht praktikabel. Denn eine Methode, die zwar verlässliche Aussagen trifft, bei der die Bewerber aber stundenlang an über 300 Fragen sitzen, um diese zu beantworten, erfüllt kaum einen sinnvollen Anspruch an das Kosten-Nutzen-Verhältnis. Fraglich ist dann auch, ob das Verfahren arbeitsrechtlich zulässig ist. Psychologische Tests, die die Gesamtpersönlichkeit oder die allgemeine Intelligenz erfassen, klingen zwar nach guten Quellen für aussagekräftige Informationen über Bewerber, sind aber nicht zulässig, da sie einen Eingriff in die Persönlichkeitssphäre darstellen. Zulässig sind nur solche Verfahren, die ausschließlich beruflich relevante Fähigkeiten und Eigenschaften messen, die zudem in Bezug zu den Anforderungen der Arbeitsstelle stehen.

Wirklich hilfreich bei der Personalauswahl sind Verfahren, die wissenschaftlich geprüft und arbeitsrechtlich abgesichert sind und bei vernünftigem Aufwand diejenigen Merkmale, die für die Arbeitsleistung und ein angemessenes Verhalten im Unternehmen relevant sind, erfassen.

■

Solche Instrumente zu finden, stellt für viele Personalverantwortliche eine große Herausforderung dar, da der Markt oft unübersichtlich ist. Dazu kommt, dass die Güte des Marketings oft nicht mit den Ergebnissen des Produkts gleichzusetzen ist. Eine Strategie kann es sein, Experten zu befragen, die mit der Materie psychologischer Leistungsdiagnostik vertraut sind. In jedem Fall aber gilt: Hände weg von zweifelhaften Methoden. Diese sind ineffektiv und kosten nur viel Geld.

Viele Unternehmen verwenden hausinterne Messverfahren oder Assessment-Center. In den seltensten Fällen wird allerdings auf die Gütekriterien geachtet. Hierbei haben wir den gleichen Erfolg wie bei einem konventionellen Interview: wir interpretieren.

Die Zuverlässigkeit, Messgenauigkeit und Objektivität eines Tests sind immer Grundlage für eine gewisse objektive Betrachtungsweise. Ist dies wirklich gewährleistet (was bei nahezu 85 % der verwendeten Verfahren nicht der Fall ist), sollte der objektiv gewonnene Eindruck nicht mehr subjektiviert werden. „Herr Müller machte doch einen irgendwo guten Eindruck, ich glaube, wir versuchen es dennoch …" hilft weder Unternehmen noch Bewerbern weiter.

Bei der Auswahl eines Online-Tests müssen einige Punkte beachtet werden. Die arbeitsrechtliche Absicherung des verwendeten Verfahrens sollte im Vorhinein stattgefunden haben. Es sollten allgemein nur Merkmale erhoben werden, die unmittelbar mit der Arbeitstätigkeit zu tun haben. Eine zu umfangreiche Erhebung der Persönlichkeit ist weder online noch offline zulässig und kann juristisch angefochten werden. Bedachtsamkeit ist deshalb auch bei fremdstaatlichen Tests geboten. Sind diese für den deutschen Raum rechtlich geprüft? Ist die korrekte Übersetzung sichergestellt?

Als Vorzüge dieser Variante werden oft weniger Belastung für das Personalwesen und die günstige Durchführbarkeit für den Bewerber angegeben. Doch wenn der Bewerber den Test daheim durchführen kann, existiert keine Garantie, dass er den Fragebogen tatsächlich selbst ausfüllt. Es ist außerdem nicht ausgeschlossen, dass sich der Befragte nebenher über den Test informiert und ihn somit nach Belieben verfälschen kann. Die größte Sicherheit besteht, wenn der Bewerber vor Ort befragt wird.

Wer vor einem Bewerbungsgespräch intensive Vorbereitung leistet, sich die möglichen Wahrnehmungsfehler ins Gedächtnis ruft und seriöse Tests verwendet, der bewahrt sein Unternehmen vor folgenschweren Konsequenzen und gibt potenziellen Mitarbeitern eine faire und vor allem objektive Chance. ■

Durch ein **Assessment-Center (AC)** werden mehrere Bewerber von mehreren Beobachtern in verschiedenen Übungen mit unterschiedlichen Methoden hinsichtlich mehrerer Dimensionen beobachtet und beurteilt. Wichtig beim AC-Verfahren sind die explizite Trennung von Beobachtung und Beurteilung sowie das diagnostische „Mehrfach"-Prinzip. ACs erhöhen so die Objektivität der erhobenen Daten (Jeserich 1989).

Online-Assessments können Teile eines solchen ACs beinhalten, beispielsweise Fragebögen oder simulierte Fallstudien ebenso wie Fähigkeitstest und hypothetische Fachfragen.

Ein Vorteil von Online-Assessments ist, dass die berufliche Praxis der Bewerber simuliert werden kann und insbesondere Soft Skills wie Teamfähigkeit oder Konfliktmanagement auch online beobachtbar sind – durch typische Übungen wie

- digitale Gruppendiskussionen,
- Verhandlungssituationen vor dem eigenen Laptop,
- Postkorbübungen,
- Präsentationsübungen und
- Simulation von berufsrelevanten Situationen, Rollenspiele, Test oder Fragebogen.

In der finalen Beobachterkonferenz erstellen die Beobachter hinsichtlich der für die Position erforderlichen Merkmale ein Ranking der beobachteten Online-Kandidaten.

Ein Online-AC ist somit nicht mit höheren Kosten und höherem Aufwand verbunden. Die Schulung der Beobachter, die Vorbereitung der Übungen, die Organisation rund um die Bewerber sowie der Einsatz gegebenenfalls kostenpflichtiger Testverfahren lohnt sich in der Regel aber nur dann, wenn entweder eine größere Anzahl von Bewerbern umfassend beurteilt werden muss oder wenn es um für das Unternehmen erfolgskritische Positionen geht.

Häufig untersuchte Kompetenzen in Online-ACs sind

- Kommunikationsfähigkeiten,
- Führungskompetenzen und
- Führungspotenziale der Bewerber, Teamfähigkeit, logisches Denken, verkäuferische Kompetenzen, Argumentations- oder Durchsetzungsfähigkeiten.

Online-ACs können die Genauigkeit prognostischer Aussagen zu Potenzialen von Bewerbern erhöhen, was dafür spricht, bei wichtigen offenen Stellen eines anzuwenden (vgl. Holtbrügge 2018; Steinmann, Schreyögg, Koch 2013). Das Instrument besitzt eine hohe Validität, d.h., es misst (wenn es professionell durchgeführt wird), was es messen soll. Durch das Prinzip der mehrfachen Erfassung jedes Merkmals durch verschiedene Beobachter wird die Objektivität der Datenerhebung und -auswertung erhöht. Allerdings muss sich das Online-AC-Verfahren auch dem Vorwurf stellen, Bewerber hauptsächlich einer Prüfung zu unterziehen, ob sie gut in das vorhandene digitale Team, die binäre „Chemie" und die Unternehmenskultur passen. Dadurch wird der Zufluss von Innovation oder konfliktbereiter Kreativität verhindert.

Eine wichtige Voraussetzung für den Erfolg eines Assessment-Centers ist die vorherige, sorgfältige Schulung der Beobachter über die zu beobachtenden Merkmale sowie weiterhin die Trennung von Beobachtung und Beurteilung und die klare Definition von Indikatoren für das Auftreten der zu beobachtenden Merkmale. Typische Wahrnehmungs- und Beurteilungsfehler sind der Sympathieeffekt (wenn ein Teilnehmer einem Beobachter besonders sympathisch ist) oder der Halo-Effekt (wenn ein besonders auffälliges Merkmal auf die Wahrnehmung der „ganzen" Person abstrahlt).

Achten Sie darauf, dass Ihr verwendetes Tool die Anforderungen der DIN 33430 erfüllt.

Diese Norm wurde eingeführt, um Nicht-Psychologen die Validität eines Verfahrens zu gewährleisten. Erfüllt ein psychometrisches Testverfahren und/oder Assessment-Center die DIN 33430, dann erfüllt dieses Verfahren den psychologischen Mindeststandard und ist in der Regel auf dem neusten Stand der Wissenschaft (Ackerschott, Gantner, Schmitt 2016). 2002 wurde die erste Version dieser Norm in Deutschland öffentlich. Psychologische Messverfahren sollten in der Regel wissenschaftliche, standardisierte und routinemäßig anwendbare Verfahren sein, die diese Norm erfüllen. Sie messen individuelle Verhaltensmerkmale, aus denen Schlussfolgerungen auf die Eigenschaften der Person oder ihr Verhalten gezogen werden können. Durch den Einsatz sollen subjektive Fehleinschätzungen der Beurteiler reduziert und die Qualität der Auswahlentscheidung erhöht werden. Diese Messverfahren sollen Hinweise darauf liefern, ob ein Kandidat für die zukünftige Aufgabe geeignet ist. Je nach Verfahren werden die Dimensionen Intelligenz (Kognition), Wissen, Verhalten (soziale Interaktion), Kompetenzen, Motivation oder auch Persönlichkeitsmerkmale gemessen.

Gemeinsam ist den Verfahren, dass sie nur von Fachpersonal durchgeführt werden sollten, entweder Psychologen oder durch den Hersteller zertifizierte Anwender (häufig Berater oder auch Personalentwickler). Alle Verfahren gehen davon aus, dass es einen deutlichen Zusammenhang gibt zwischen den gemessenen Ausprägungen in der jeweiligen Dimension und dem Erfolg in einer beruflichen Position. Das ist jedoch nicht unumstritten, da der berufliche Erfolg auch vom Umfeld (z.B. Kultur im Unternehmen, Ausstattung des Arbeitsplatzes) abhängig ist. Wie bei den Auswahlverfahren ist es auch bei den Testverfahren unabdingbar, durch die Erhebung eines Anforderungsprofils eine Messlatte zum Vergleich mit dem Testergebnis gelegt zu haben. Um eine Übersicht über die zahlreichen Verfahren zu erhalten, bietet sich eine grobe Einteilung an in:

- Leistungstests,
- Intelligenztests,
- Persönlichkeitstests und
- Inventare zur motivationalen Disposition (Motivationsanalyse).

Diese Einteilung ist insofern „grob“, als es Überschneidungen gibt in der Zuordnung der einzelnen betrachteten Merkmale. Doch zur Übersicht über die Ziele der einzelnen Verfahren im Bereich der Online-Eignungsdiagnostik ist es hier ausreichend, die vier wichtigsten zu nennen:

- **Online-Leistungstests** messen in der Regel das Können, die Fähigkeiten oder auch Fertigkeiten. Solche Online-Tests können Auskunft darüber geben, wie belastungsfähig jemand im Hinblick auf eine spezielle Anforderung ist. Beispiel: Sprachtest, Tests zur Prüfung sensomotorischer Funktionen oder auch Lerntests.
- **Online-Intelligenztests** zielen auf die Fähigkeit des Denkens, der „kognitiven Leistungsfähigkeit“ oder auch Allgemeinintelligenz. Dazu gehören auch die Lernfähigkeit, die Gedächtnisleistung und die Schnelligkeit der Informationsverarbeitung. Diese Tests stehen meist in enger Verbindung mit der sprachlichen Ausdrucksfähigkeit, weshalb die sprachfreien Verfahren meist genauere Ergebnisse liefern.
- **Online-Persönlichkeitstests** messen die stabilen Persönlichkeitseigenschaften von Menschen. Je nach Verfahren können diese Tests Auskunft über Eigenschaften wie Leistungsstreben, Geselligkeit, Aggressivität, Dominanzstreben, Ausdauer, Bedürfnis nach Beachtung, Risikomeidung, Impulsivität, Hilfsbereitschaft, Ordnungsstreben, spielerische Grundhaltung, soziales Anerkennungsbedürfnis und weitere Eigenschaften geben.
- **Inventare zur motivationalen Disposition** (Motivationsanalyse) prüfen die Motive, die eine Person stärker oder weniger stark bewegen. Motive können z. B. fachliche Expertise, Selbständigkeit, Status und Anerkennung, Sicherheit, Spaß am Verkaufen, Macht und Einfluss, hohes Einkommen, Kreativität, Zeit für Privatleben, Verantwortung oder Mitarbeiterführung sein.

Der Einsatz von Online-Messverfahren im Rahmen der berufsbezogenen Eignungsdiagnostik ist nicht unumstritten. Zum einem, weil es wissenschaftlich nicht eindeutig belegbar ist, welche Eigenschaften, Verhaltensweisen oder Motive von Menschen zum Erfolg in einer Position führen. Zum anderen, weil eine Skepsis besteht, dass ein Mensch tatsächlich mit einer begrenzten Auswahl an betrachteten Eigenschaften oder Verhaltensweisen beschrieben werden kann. Hinzu kommt, dass bei daheim durchführbaren Online-Verfahren schwer zu prüfen ist, ob die Person diesen Test wirklich alleine und ohne Hilfsmittel durchgeführt hat. Einige Testleiter verwenden die interne Laptopkamera, um den Prüfling zu beobachten, aber auch hierbei kann der tote Winkel der Kamera genutzt werden.

Damit Messverfahren auch tatsächlich zum gewünschten Ergebnis führen, sollten sie den strengen Gütekriterien genügen, die auch von einer festgelegten Norm gefordert werden.

10.5 Beurteilung von Messverfahren

Aufgrund der Vielzahl der möglichen Eignungsbeurteilungsverfahren ist eine Qualitätskontrolle schwierig. In den Niederlanden und Großbritannien fördern Fachgesellschaften hingegen schon seit Jahren die Qualität der Personalauswahl.

Um auch in Deutschland eine hohe Qualität und festgelegte Standards zu gewährleisten und dennoch keinen zusätzlichen bürokratischen Aufwand zu verursachen, hat der Berufsverband Deutscher Psychologinnen und Psychologen zusammen mit der Deutschen Gesellschaft für Psychologie nach langer Entwicklungszeit 2002 die DIN 33430 „Anforderungen an Verfahren und deren Einsatz bei berufsbezogenen Eignungsbeurteilungen" veröffentlicht.

Die DIN 33430 beschreibt das Vorgehen bei der Planung und Durchführung von Eignungsbeurteilungen und dient durch ihre klaren Anweisungen der Qualitätssicherung und -verbesserung bei Personalentscheidungen. Vor der Entwicklung der DIN 33430 war eine Qualitätskontrolle schwierig. Und bis heute sind Auftragnehmer nicht verpflichtet, sich an diese Norm zu halten.

Grundsätzlich sollte bei einem Einsatz von Messverfahren darauf geachtet werden, dass sie der DIN 33430 entsprechen und damit auf dem aktuellen wissenschaftlichen Stand sind. Nur damit kann eine hohe Qualität gewährleistet werden. Ein Beispiel für ein Verfahren, das die Kriterien erfüllt, ist das psychometrische Messverfahren Jobfidence®, das es seit Juli 2020 auch als Online-Version gibt.

Um die gewünschten hohen Qualitätsstandards zu gewährleisten, müssen die wissenschaftlichen Messmethoden bestimmte Qualitäts- bzw. Gütekriterien erfüllen, welche von der DIN 33430 maßgeblich gefordert werden. Die Forderungen für nahezu alle Messmethoden sind die folgenden drei Hauptgütekriterien:

- **Objektivität** bezeichnet die Unabhängigkeit der Untersuchung von den Rahmenbedingungen. Die Durchführung muss bei einer Wiederholung mit einem anderen Testleiter zum selben Ergebnis führen. Minimale Abweichungen sind hierbei nicht vermeidbar, die Übereinstimmung sollte bei einem Wechsel des Testleiters aber dennoch sehr hoch sein. Es gilt, je objektiver der Test, desto unanfälliger ist er gegenüber äußeren Einflüssen. Man unterscheidet drei Arten der Objektivität:
  - **Durchführungsobjektivität:** Die äußeren Voraussetzungen für den Test, wie z. B. die Raumtemperatur, dasselbe Zimmer etc., müssen vorab genau

festgelegt werden und bei einer Testwiederholung identisch sein; die Interaktion zwischen dem Probanden und dem Testleiter sollte so gering wie möglich sein.

- **Auswertungsobjektivität:** Bei einer Testwiederholung mit einem neuen Testleiter sollte dieser zu denselben Testergebnissen kommen; dies ist z. B. mittels Multiple-Choice-Aufgaben möglich.
- **Interpretationsobjektivität:** Liegt nur vor, wenn die Bewertung der Testergebnisse unabhängig vom Testleiter ist; der Bewertungsmaßstab sollte vorher genau festgelegt werden.

- Diese Objektivitätsarten sind immer Voraussetzung für das Gütekriterium „Reliabilität". **Reliabilität** ist die Zuverlässigkeit einer Messung. Die Messung ist nur dann zuverlässig, wenn bei einer Wiederholung unter gleichen Rahmenbedingungen, z. B. zu einem späteren Zeitpunkt, dasselbe Ergebnis gezeigt wird. Zufallsfehler sollten in diesem Fall nicht auftreten. Eine möglichst hohe Reliabilität ist durch standardisierte Untersuchungsbedingungen möglich.
- **Validität** (Gültigkeit) klärt, ob das Verfahren das tatsächlich gewünschte Merkmal misst und der Test somit für den Arbeitgeber interessant ist. Man unterscheidet verschiedene Arten der Validität:
  - **Inhaltsvalidität:** Misst, inwieweit der Inhalt des Tests zum Merkmal passt; eine Bestimmung erfolgt nur aufgrund logischer Überlegungen.
  - **Kriterienvalidität:** Wird durch das Vergleichen mit einem äußeren testbaren Kriterium überprüft.
  - **Konstruktvalidität:** Wenn die Ergebnisse mehrerer Messungen mittels verschiedener Methoden korrelieren.
  - **Interne Validität:** Misst, inwieweit das neue Ergebnis tatsächlich durch die Änderung einer Variablen beeinflusst wurde.
  - **Externe Validität:** Je höher die externe Validität, desto eher kann der Test generalisiert werden.
  - **Anschauungsvalidität:** Vergleicht die Messergebnisse mit subjektiven Einschätzungen von Experten.

Neben den drei Hauptgütekriterien Objektivität, Reliabilität und Validität gibt es auch eine Vielzahl an Nebengütekriterien zur Beurteilung psychologischer Testverfahren. Die wichtigsten sind folgende:

- **Normierung:** Ziel einer Messung ist es, das Testergebnis mit dem anderer Personen zu vergleichen. Erst wenn man wirklich eine Aussage darüber treffen kann, ob ein Bewerber die Kriterien für eine Stelle besser erfüllt als ein anderer, ist eine Personalauswahl möglich.

Hierfür muss vorab eine Eichstichprobe durchgeführt werden. Wichtig ist in diesem Fall, dass die Eichstichprobe aus einer repräsentativen Stichprobe besteht, welche aktuell und möglichst groß ist.

- **Nützlichkeit:** Dieses Nebengütekriterium wird als wichtigste Grundlage für das Anwenden eines psychometrischen Messverfahrens angesehen. Hierbei wird nach der praktischen Relevanz für ein Messverfahren gefragt. Hat z.B. das Messergebnis überhaupt einen Nutzen für eine Personalentscheidung oder bringt es stattdessen mehr Schaden?
- **Testfairness:** Ein Test ist dann als fair zu beurteilen, wenn er für die Testperson nicht zu einer systematischen Benachteiligung führt. Das bedeutet, dass der Test weder in seiner Durchführung noch mit den daraus resultierenden Schlussfolgerungen diskriminierend (z.B. hinsichtlich Geschlecht, Alter, Herkunft) sein darf. Tests, die in diesem Zusammenhang als besonders fair angesehen werden, sind beispielsweise „Culture-Fair-Tests". Das Besondere an ihnen ist, dass sie nicht an hohe sprachliche Kompetenzen gebunden sind (d.h., weder um die Instruktionen zu verstehen noch um die Aufgaben zu lösen). Dies ist vor allem für Bewerber aus dem Ausland oder im Vergleich mit Nicht-Muttersprachlern wichtig.
- **Testökonomie:** Die Frage, ob der zeitliche und finanzielle Aufwand der Verfahrensanwendung im Verhältnis zum Nutzen durch das Verfahren steht, klärt dieses Kriterium. Hier wird z.B. die Durchführungszeit, der Materialverbrauch, die Anschaffungskosten, die Handhabung, Auswertungszeit und die Möglichkeit zur Gruppentestung betrachtet.
- **Transparenz:** Der Testleiter muss den Probanden möglichst genau über den Ablauf und die Ergebnisse informieren.
- **Unverfälschbarkeit:** Das Testverfahren muss so konstruiert sein, dass der Proband die Testwerte nicht steuern oder verzerren kann. Andernfalls ist eine Unverfälschbarkeit nicht gegeben.
- **Zumutbarkeit:** Ein Test ist dann zumutbar, wenn er die Testperson bezüglich des Zeitaufwands zwar schont, aber dennoch lang genug ist, um ein möglichst aussagekräftiges Ergebnis zu bekommen. Ebenso muss der physische sowie psychische Aufwand derart gestaltet sein, dass er die zu testende Person nicht übermäßig belastet.

Zusätzlich zur DIN 33430 und den Gütekriterien sollte bei Durchführung einer Eignungsprüfung auch auf das Persönlichkeitsrecht des Bewerbers geachtet werden. Die Anwendung eines psychologischen Messverfahrens in Unternehmen darf nur zur Prüfung von arbeitsplatzrelevanten Merkmalen, nicht aber zur Prüfung privater Merkmale erfolgen. Die Prüfung von privaten Merkmalen würde in jedem Fall eine Verletzung des Persönlichkeitsrechts bedeuten.

Damit die Eignungsbeurteilung zulässig ist, muss der Bewerber zuvor zudem seine Einwilligung gesondert erteilen. Dies kann entweder mündlich oder schriftlich erfolgen. Der Bewerber muss in diesem Fall zumindest in den Grundzügen über die Art des Tests, die Bedeutung der Ergebnisse und die Einhaltung der wissenschaftlichen Gütekriterien aufgeklärt werden. Wenn die Einwilligung nicht freiwillig erteilt wird, der Bewerber getäuscht oder ihm vorher rechtswidrig gedroht wurde, erlischt die rechtliche Wirksamkeit. Wenn der zukünftige Arbeitgeber jedoch den Hinweis gibt, dass die Testteilnahme Voraussetzung für das weitere Bewerbungsverfahren ist, so ist dies zulässig und stellt keine rechtswidrige Drohung dar.

In einigen Berufsfeldern (z. B. bei Piloten) ist der Arbeitgeber explizit verpflichtet, den Bewerber einer psychologischen Eignungsbeurteilung zu unterziehen, da eine mögliche Gefährdung Dritter ausgeschlossen werden muss (Hoyningen-Huene 1997).

Tabelle 10.2 liefert einen Überblick über mögliche Online-Personalauswahlverfahren.

Tabelle 10.2 Übersicht über mögliche Online-Anwendungen (Anlehnung an Kramer 2010)

Personalauswahlverfahren	Anwendungshäufigkeit	Zeit- & Kostenintensität	Erfolgsquote/ Validität	Kritik
Virtuelles unstrukturiertes Interview	sehr häufig	gering	mittel	Nasenfaktorgefahr
Virtuelles teilstrukturiertes Interview mit biografischen und situativen Fragen und klaren Beurteilungsmaßstäben	häufig	gering (hoher Einmalaufwand für die Entwicklung)	gut	
Online-Eignungstest (Intelligenz und Persönlichkeit)	selten	mittel	gut	sozial gewünschtes Verhalten
Online-Fachwissen- und Fähigkeitstest, Analyse der Ausbildungsnoten nach Fachgebieten	selten	mittel	gut	
Online-Assessment-Center-Verfahren	selten	hoch	solide	Schauspielergefahr, AC-Knacker-Wissen
Präsentationen (z. B. via PowerPoint; bei Mitarbeiterführungs-, Verkaufs-, Konfliktgesprächen, Strategiepräsentationen)	selten	hoch	solide	Schauspielergefahr, AC-Knacker-Wissen

Personalauswahl-verfahren	Anwendungs-häufigkeit	Zeit- & Kosten-intensität	Erfolgsquote/ Validität	Kritik
Homeoffice-Probe-arbeitstage	selten	hoch	gut	
Zeugnisanalysen und Referenzen einholen, Arbeitsproben	häufig	gering	gering	Gefälligkeits-gefahr

Beim Thema virtuelles Assessment gibt es vor allem in Deutschland an der Basis einen großen Nachholbedarf. Es scheint, je invalider ein Verfahren ist, desto weiter verbreitet ist es. Die DIN 33430 ist momentan noch wenig bekannt und eher im Psychologenkreis von Interesse.

Tabelle 10.3 zeigt im Überblick, was Sie bei der Personalrekrutierung mithilfe des Internets beachten sollten.

Tabelle 10.3 Rekrutierung mithilfe des Internets

Dos	Don'ts
▪ Seien Sie kreativ bei Ihrer Stellen-ausschreibung ▪ Die Online-Webseite muss übersichtlich und intuitiv strukturiert sein (maximal zwei Klicks) ▪ Setzen Sie beim Bewerbungsprozess auf Recruitainment und digitale, objektive Assessment-Center ▪ Halbstrukturiertes Online-Interview zielführend für Bewerbungsgespräche ▪ Fordern Sie in Bewerbungsgesprächen Beispiele und Veranschaulichungen ▪ Lernen Sie Ihre potenziellen Mitarbeiter kennen ▪ Fordern Sie Beispiele und Veranschau-lichungen in Bewerbungsgesprächen ▪ Nehmen Sie sich bei den Bewerbungs-gesprächen Zeit ▪ Seien Sie sehr schnell im Bewerbungs-prozess selbst! ▪ Geben Sie sich und Ihren neuen Mit-arbeitern Zeit bei der Einarbeitung	▪ Mit leeren Worthülsen und Floskeln werben ▪ Vom ersten Eindruck des Bewerbers täuschen lassen ▪ Das Bauchgefühl und die Einschätzungs-gabe zu stark gewichten

11 Kreativität fördern

Es braucht nicht viel Fantasie, um davon auszugehen, dass das Internet die Kreativität, die Ideenfindung oder die Prozesse und Arbeitsabläufe erheblich beschleunigen kann. Aber um diese „Masse“ zu nutzen, sollten im Vorfeld erst mal die „analogen“ Hausaufgaben gemacht werden. Denn wie bei allem kann auch hierbei das Internet ein Beschleuniger sein.

Digitale Prozesse, vor allem Workflows, sind immer arbeitsteilig aufgebaut. Dabei können viele Fehler entstehen. Denn Menschen machen Fehler. Täglich stehen wir vor dem Risiko, Fehler zu machen: kleine und große, reversible und irreversible, produktive und destruktive. Nur wer nichts macht, macht auch keine Fehler! Eine vernünftige Fehlerkultur ist in einem digitalen und modernen Unternehmen somit unabdingbar und hat eine direkte positive Auswirkung auf die Innovationsentscheidung (Ebner, Heimerl, Schüttelkopf 2008).

11.1 Fehlerkultur und Innovationsfähigkeit

Tagtäglich müssen wir in unserem Berufsleben Entscheidungen treffen – und Entscheidungen können auch mal falsch getroffen werden. In Deutschland fallen die Fehlertoleranzen sehr unterschiedlich aus. Das fängt schon bei den einzelnen Bundesländern, deren Sitten und Gebräuchen oder dem Unterschied zwischen urbanen und ländlichen Gebieten an. In Unternehmen herrschen je nach Firmenleitung und -philosophie ebenfalls unterschiedliche Bedingungen und Fehlertoleranzen. Die Kluft zwischen Fehlertoleranz und Abmahnung oder gar Kündigung ist sehr groß.

Wie mit Fehlern umgegangen wird, beeinflusst die Kreativität, die Innovationsfähigkeit, das Finden von neuen Lösungswegen.

Ein eher positiver Umgang mit Fehlern wirkt sich positiv auf die Innovationsfähigkeit aus. Positiver Umgang heißt, es steht nicht die Suche nach einem Schuldigen im Vordergrund, sondern ein Fehler wird als Ausgangspunkt einer Verbesserung interpretiert und genutzt.

Im digitalen Zeitalter ist eine hohe Innovationsfähigkeit wettbewerbsentscheidend, vor allem für viele Unternehmen im kreativen Bereich wie Marketing, PR oder Design. Aber auch für produzierende Unternehmen ist eine innovative Idee die entscheidende Komponente, die dank Internet weltweit binnen Sekunden „viral gehen“ kann. Als Beispiele können hier das Smartphone von Apple oder die Social-Media-Plattformen genannt werden. Diese Erfindungen haben die jeweiligen Firmen bzw. Gründer weltberühmt gemacht und waren durchwegs innovativ. Diese Errungenschaften wären ohne Internet, aber auch ohne eine vernünftige Fehlerkultur undenkbar, denn niemand kann auf Anhieb eine solche Leistung vollbringen. Schon der kreative Erfinder Thomas Alva Edison sagte: „Erfahrung nennt man die Summe aller Irrtümer.“ Das heißt, Fehler und das Zulassen von Fehlern führen zu einer Innovation. Daher noch mal: Eine positive Fehlerkultur hat eine positive Auswirkung auf die Innovationsfähigkeit.

Als *Diffusion of Innovations* wird der Teil der Innovationsforschung beschrieben, der sich mit den Bedingungen und Einflussfaktoren der Generierung einer Innovation beschäftigt. Der Soziologe Everett M. Rogers (1983) beschreibt Innovationen als eine Idee, eine Handlung oder ein Produkt, das von einem Individuum als neuartig erlebt wird. Die objektive Neuartigkeit spielt bei der Definition eine untergeordnete Rolle, sondern einzig die wahrgenommene Neuartigkeit bestimmt die Reaktion auf die Innovation. Dabei wird zwischen Wissen, Überzeugung und Entscheidung zur Anpassung unterschieden (Gouws, Rheede van Oudtshoorn 2011). Dieses Phänomen wird im Zeitalter von Social Media besonders deutlich. Schnell können Neuartigkeiten oder Aussagen viral durch Liken und Sharen bzw. Weiterleiten verbreitet werden. Unabhängig von Ländergrenzen, Kulturen und Sprachen.

Dieser Prozess besteht aus den Komponenten Innovation, Informationsgeber, Informationsempfänger und Kommunikationskanal. Die Informationsaustauschbeziehung der Individuen bestimmt dabei, ob eine Information erfolgreich übermittelt wird und welchen Effekt der Transfer auslöst. Das Internet ermöglicht somit eine unbestimmte Anzahl von Gruppenmitgliedern, die in einer gegenseitigen Beziehung stehen und ein gemeinsames Ziel verfolgen, beispielsweise eine Open-Source-Community. Viele Unternehmen, die z. B. den Programmieraufwand für eine anwenderbasierte Software aus der eigenen Manpower heraus nicht stemmen können, greifen auf diese bewährte Methode zurück, die komplette Cyberwelt mit einzubeziehen. Wikipedia wäre ohne dieses Prinzip nicht denkbar.

Wie entstehen Innovationen?

Eine Erklärung bietet das Modell des Innovationsentscheidungsprozesses (englisch *Innovation Decision Process*). Der Innovationsentscheidungsprozess besteht aus progressiven, also aus aufeinanderfolgenden Stufen, welche im Folgenden anhand eines Beispiels erläutert werden:

- Die erste Stufe nennt Rogers (1983) *knowledge*. Sie tritt ein, wenn ein Individuum erstmals mit der Innovation konfrontiert wird und erste Erfahrungen mit ihr macht. Zum Beispiel in einem YouTube-Video oder beim „Google-Surfen". Das Internet bietet für diese Art von *knowledge* unfassbare Möglichkeiten: Mittels sozialer Medien oder Suchmaschinen werden Inspirationen wach, welche auch für das eigene Unternehmen genutzt werden können. Eine Innovation wäre beispielsweise eine gedankenlesende Kaffeemaschine, die dem Mitarbeiter schon ansieht, wenn er einen Kaffee trinken möchte, und ohne direkten Auftrag für den Kaffeedurstigen einen Kaffee brüht.
- Nun folgt die nächste Stufe, die Rogers *persuasion* nennt. Die Idee wird als unsinnig interpretiert. Bei vielen Kaffeemaschinen muss eh nur ein Knopf gedrückt werden. Wo soll die Zeitersparnis sein? Holen muss ich den Kaffee ja dennoch. *Persuasion* beschreibt die Ablehnung, die ein Individuum gegenüber der „neuen" Innovation hat.
- Gefolgt von der nun nächsten Stufe, die Rogers *decision* nennt. Sie wird erreicht, wenn das Individuum Verhalten zeigt, das zu einer handlungsfähigen Entscheidung führt. Vielleicht könnte die Kaffeemaschine den Kaffee exakt so machen, wie ich ihn mag, also stark am Morgen und später etwas schwächer? Das wäre schon mehr, als nur ein Knöpfchen zu drücken.
- Die nun vierte Stufe wird in diesem Konzept *implementation* genannt. Sie ist erreicht, wenn von der Innovation bzw. von der gedankenlesenden Kaffeemaschine auch Gebrauch gemacht wird. Man lässt sich den Kaffee also schmecken!
- Dann folgt die Optimierung, denn irgendwie fehlen der Zucker und die Milch im Kaffee, die soll die Maschine auch gleich mit einfüllen. Diese letzte und entscheidende Stufe des Modells wird *confirmation* genannt und beschreibt das Nachbessern bzw. Verbessern oder ein Überdenken der Innovationsentscheidung (Rogers 1983).

Das Beispiel zeigt, dass das Ganze nur funktioniert, wenn man sich auch grundsätzlich auf die Innovation einlässt, was eine individuelle Entscheidung ist. Digitalisierung und Internet können auch daran nichts ändern. Aber nicht der Erfolg, in unserem Fall der perfekte Kaffee, sondern auch die vielen Niederschläge sind Teil des kreativen Prozesses. Hier findet sich die Schnittstelle zwischen der Relevanz von Fehlern und der Fähigkeit zu Innovationen.

Fehlerkultur als Basis für Innovation

Um das auf die Digitalität der heutigen Zeit zu beziehen, kann man das Beispiel der digitalen „Communitys“ verwenden. Viele digitale „Communitys“ leben gerade dafür, dass die Prozesse von den Teilnehmenden selbst immer und immer wieder verbessert werden. Um das aber erst möglich zu machen, bedarf es einer Kultur im Unternehmen, die tolerant mit Fehlern umgeht. Um die Innovationsfreudigkeit, aber auch allgemein den Erfolg eines Unternehmens einschätzen zu können, lohnt es sich deshalb, dessen Fehlerkultur (Error Orientation) näher zu betrachten.

Ein Fehler ist eine Handlung, die nicht die beabsichtigte Wirkung erzielt (Norman 1981). Es können Versäumnisse (das Vergessen einer Handlung oder die bewusste Nichtausführung) und falsche Tätigkeiten (mit falscher oder mit richtiger Intention) unterschieden werden. Neben diesen gibt es weitere Definitionen, Taxonomien und Modelle zu Einordnung von Fehlern, mit welchen man sich unter dem Begriff Fehleranalyse näher beschäftigen kann. Neben der Analyse von Fehlern bezeichnet der Umgang mit Fehlern die sogenannte Fehlerkultur.

Im Netz geschehen ständig Fehler. Denn nur weil die Algorithmen logisch aufgebaut sind, heißt es nicht, dass die Nutzer logisch sind. Zu einer vernünftigen Fehlerkultur zählen also sowohl eine ursprünglich negative als auch eine neu errungene positive Grundhaltung gegenüber Fehlern. Fehler können nie ausgeschlossen werden, weder durch Routine noch durch Qualifizierung oder durch das Internet (Prümper et al. 1992). Wir sollten uns deshalb merken, dass bei einer negativen Grundhaltung gegenüber Fehlern die Wahrscheinlichkeit, aus ihnen zu lernen, wesentlich geringer ist. Wenn mehr Aufwand in die Fehlervermeidung investiert wird, können unerwartete Fehler sogar größere negative Folgen haben (Reason 1990; zit. nach Rybowiak et al. 1999). Eine positive Grundhaltung gegenüber Fehlern steigert dagegen die Aktionsorientierung, Innovations- und Experimentierfreudigkeit (Rybowiak et al. 1999).

Dazu kommen eine angemessene Prävention von Fehlern, beispielsweise durch klare Regeln, und eine ebenso angemessene Reaktion auf eingetretene Fehler. Denn jeder Fehler kann eine Weiterentwicklung und somit auch eine Innovation sein. Ein Unternehmen im digitalen Zeitalter kann gerade durch Fehler in jeglicher Variation wachsen, wenn diese Fehler als zusätzliche Lernmöglichkeit angesehen werden (Dormann, Frese 1994). Der Marvel-Superheld Hulk sollte ursprünglich grau sein. Als das Comic jedoch herauskommen sollte, hatte die Druckerei große Probleme mit ihrer Farbgebung, und durch diesen Mangel bzw. diesen Fehler wurde Hulk grün. Heute sind sich alle einig, hätte sich Dr. Bruce Banner in einen grauen Hulk verwandelt, wäre der weltweite Erfolg nie in dieser Art eingetroffen. Ein Fehler verhalf zum Erfolg …, infolgedessen kann die gesamte Effektivität gesteigert werden (Argyris 1990; zit. nach Rybowiak et al. 1999).

Fehlerkultur kann auf individueller, organisationaler oder kultureller Ebene analysiert werden (Rybowiak et al. 1999).

Eine gesteigerte Fehlervermeidung führt zu einer geringeren Risikobereitschaft und Aktivität und gleichzeitig zu einer erhöhten Planung (Peters 1987; zit. nach Rybowiak et al. 1999). Marvel hätte die Hulk-Produktion stoppen und die Veröffentlichung verschieben können. Es gehörte auch Mut dazu, diesen Mangel für sich zu nutzen.

11.2 Prozessanalyse als Basis für eine digitale Kreativität

Oft gehen Fehleranalysen einher mit Prozess- und Arbeitsschrittanalysen. Die einzelnen Arbeitsschritte und ihre Schnittstellen können z. B. durch ein *Prozessmapping* visualisiert werden. Durch diese Methode können Redundanzen ermittelt, aber auch potenzielle Fehlerquellen minimiert werden. Im Folgeschritt können einzelne Prozesse und Arbeitsschritte in einem Unternehmen durch kreative digitale Hilfsmittel verbessert werden.

Durch eine Optimierung der Arbeitsabläufe lässt sich die Effizienz erhöhen, lassen sich Kosten einsparen und Ressourcen freischaufeln. Diese Optimierung entsteht durch Prozessstraffung, Schnittstellenoptimierung und das Aufstellen von Befugnissen. All dies bedarf zunächst einer gründlichen Prozessanalyse. Hierbei geht es um die Visualisierung der Prozesse und um die Mitarbeiter, die diese ausführen. Die meisten Prozesse in einem Unternehmen sind digital und auch arbeitsteilig angelegt. Das bedeutet, dass nahezu jeder Arbeitsschritt in ein Schnittstellengeflecht eingebettet ist. Dabei kann es oft zu Reibungsverlusten, zu Unter- oder Überdeckung und zu Redundanzen kommen. So kann der vorgelagerte Arbeitsschritt bei Herrn Mayer enden und nahtlos bei Herrn Müller weitergehen, bei Huber und Schmid läuft der gleiche Arbeitsprozess jedoch weniger reibungslos ab. So hört Huber immer zwei Arbeitsschritte zu früh auf. Schmid muss dem dann mühevoll nachgehen. In vielen Fällen ist dieses Problem den Mitarbeitern nicht einmal bekannt.

Die Wichtigkeit der Prozessschnittstellen

Bei einer guten Prozessanalyse kommen solche Problemfälle zum Vorschein. Hier werden alle Prozesse bis ins kleinste Detail aufgeschrieben und visualisiert. Da die digitale Kompetenz der meisten Mitarbeiter einer Einheit oft inhomogen ist, werden die Online-Prozesse auch unterschiedlich lange dauern. Dies kann Kosten und

Verlangsamung verursachen. Vor allem wenn man parallel ablaufende digitale Prozesse vergleicht, ihre Schnittstellen und deren „Übergabe", wird man dieses Phänomen häufig antreffen. Oft wundern sich Vorgesetzte über das komplizierte Arbeiten mancher Mitarbeiter. Bei Nachfrage bekommen sie meist zu hören, dass ihnen diese Arbeitsschritte genau so vom Vorgänger erklärt wurden … Ein schwieriges Thema, vor allem wenn sich die Software weiterentwickelt hat, die Weiterentwicklung jedoch nicht genutzt oder wahrgenommen wird. „Veraltete" Arbeitsschritte bleiben so bestehen, und die Software wird durch teure Programmierer unnötig optimiert. Denn auch die beste Software kann nur so viel leisten, wie sie der jeweilige User nutzt.

Kompetenz- und Befugnisregeln

Ein weiteres Problem der Schnittstellen sind Befugnisse, welche oft nur marginal definiert werden. Eine Befugnis ist eine Erlaubnis, wie der User in einer bestimmten Situation handeln darf. Diese Erlaubnisse sind entscheidend für den reibungslosen Ablauf eines Unternehmens, vor allem wenn die Abläufe online sind. Wann ist eine Information eine Hol-, wann eine Bringschuld? Wann muss ich eine Entscheidung einfordern, wann darf ich selbst entscheiden? Oft wird nämlich entschieden, gar nicht zu entscheiden. Dadurch endet der Arbeitsprozess unvollständig. Dies ist keine Willkür, sondern vielmehr natürliches Handeln. Da diverse Entscheidungen sich auf das Unternehmen stark auswirken können, möchte niemand in der „Grauzone" entscheiden. Das schlechte Gefühl, bei einer Fehlentscheidung negative Folgen tragen zu müssen, verhindert die Entscheidung an sich.

Das Abwarten führt allerdings zum Prozessstau, die Arbeit bleibt liegen. Befugnisse oder derartige Regeln einzuführen, ist keine weitere überflüssige Bürokratie, sondern ein wichtiger Motivationsaspekt vor allem bei Prozessen, die eine Online-offline-Schnittstelle haben. Möchte man dem Abwarten vorbeugen, sollten vor allem die Haupttätigkeiten eines jeden Mitarbeiters visualisiert werden. Haupttätigkeiten sind Arbeitsabläufe, die risikobehaftet sind. Denn werden diese (Haupt-) Tätigkeiten nicht ausgeführt, hat dies erhebliche negative Auswirkungen für das gesamte Unternehmen. Des Weiteren müssen sich Haupttätigkeiten wiederholen. Es bringt wenig, eine einmalige Tätigkeit zu visualisieren, selbst wenn diese unabdingbar ist. Außerdem sollte eine Haupttätigkeit immer „typisch" für das jeweilige Unternehmen sein. Auch das tägliche Kaffeekochen kann eine wiederholende Tätigkeit sein.

Analyse der Haupttätigkeiten

Sind alle Haupttätigkeiten mittels digitaler Hilfsmittel visualisiert und verglichen, können diese nun optimiert werden. Die höchste Akzeptanz seitens der Mitarbeiter wird erzielt, wenn diese Optimierung von ihnen selbst erarbeitet wird. Von oben angeordnete Optimierungen stoßen meistens auf Ablehnung. Ist dies der Fall, braucht der jeweiligen Leiter, der diese Optimierung dem jeweiligen Auszuführenden nahelegen muss, psychologisches Geschick. Denn ein optimierter Arbeitsschritt muss begriffen und auch wie vorgegeben umgesetzt werden. Hierbei sollte der Mitarbeiter nicht vor vollendete Tatsachen gestellt, sondern abgeholt werden. Hintergründe, Fakten und Vorteile der Optimierung müssen erläutert werden. Sieht der Mitarbeiter erst einmal seine Vorteile, wird er nicht lange zögern, diese auch zu nutzen.

Bei allen Optimierungen und Digitalisierungen darf der Faktor Mensch nie außer Acht gelassen werden, vor allem bei automatisierten Abläufen. Dies gilt sowohl für die Online- als auch die Offline-Welt. ■

■ 11.3 Das digitale Entwerfen

Ausdenken und Entwerfen von neuen Systemen wird meist Konstruieren genannt, ein Konstrukteur ist im allgemeinen Sprachgebrauch ein Erfinder. Ursprünglich bedeutete konstruieren etwas „zusammenbauen“. Ein Online-Konstrukteur ist infolgedessen weniger ein „Denker“ als ein „Macher“. Genau hier wird es interessant, denn die Verschmelzung zwischen der Idee als geistige und des Realisierens als greifbare Komponente ist das wesentliche Aufgabenfeld des Konstrukteurs. Ein Konstrukteur ist also jeder, der etwas „zusammenbaut“, also etwas erschafft. Diese Aussage mag nun zunächst einen eher handwerklichen Eindruck machen, vielmehr ist es aber so, dass auch ein geistiges „Zusammenbauen“ der Wortherkunft nicht widerspricht. Ein Schreiner ist also ebenso ein Konstrukteur wie ein Mechatroniker, ein Informatiker oder ein Webdesigner. Das planende Zusammenbauen bezeichnen wir zumeist als „Entwerfen“. Wir können also davon ausgehen, dass dieses Entwerfen sowohl eine geistige als auch eine handwerkliche Komponente hat.

Das Entwerfen an sich ist ein komplexes Vorgehen, bei dem die einzelnen Prozesse nicht immer klar abgrenzbar und erfassbar sind. Die Entwurfstätigkeit ist ein Vorausdenken von etwas, das in solcher Form bisher noch nicht existiert hat. Darüber hinaus ist sie aber auch das Vorausdenken aller benötigten Unterlagen, Materialien oder Zwischenschritte, derer es bedarf, um zum gewünschten optimalen Endergebnis zu gelangen. Nun bildet sich im Geiste des Konstrukteurs also zu Beginn seiner Arbeit eine Art Vorstellung, was zu tun ist. Dieses Bild ist jedoch für den Denkenden meist nicht genau greifbar. Die einzelnen Definitionskriterien einer Entwurfstätigkeit, wie sie meist aufgeführt werden, können in diesem Stadium nicht alle erfüllt werden. Hier entsteht demnach bereits ganz zu Beginn des Schaffensprozesses das Problem, dass der Konstrukteur sich nicht sicher sein kann, wie er seine Idee am besten in die Tat umsetzt. An dieser Stelle muss dem Entwerfenden unter die Arme gegriffen werden.

Diese frühe Phase der Ideenentwicklung legt den Grundstein für das Endergebnis. Hier wird bereits bestimmt, ob und wie gut das gewünschte Ziel erreicht wird. Vor allem entscheidet sich hier aber auch, wie kostenintensiv sich das weitere Vorgehen gestaltet. Wird hier zu einer effizienten Vorgehensweise verholfen, so können enorme, unnötige Kosten vermieden werden.

Das Hauptproblem dieser frühen Phasen ist die enorme gedankliche Belastung. Es kreisen unzählige Gedanken im Kopf des Entwerfenden, und es ist unmöglich, alle davon miteinander zu verknüpfen und zu ordnen, um sich hieraus die beste Lösung auszusuchen. Konkrete Unterstützung kann hier in mehrfacher Weise das Internet liefern. Sehr hilfreich können webbasierte Instant-Messaging-Dienste wie MS Teams, Slack oder Skype for Business sein. So können neben der Chat-Funktion auch Daten direkt ausgetauscht werden. Mit MS Teams können z. B. mehrere Mitarbeiter auf ein Word-Dokument zugreifen und direkt Änderungen für alle sichtbar vornehmen.

Diese Methode kann nicht nur sehr effektiv sein, sie kann auch die Kreativität fördern. Vor allem müssen aber die Anwesenden nicht im gleichen Raum sein. Sie können Hunderte Kilometer entfernt am gleichen Dokument arbeiten oder Daten, Ideen und Konzepte direkt austauschen. Das Internet bringt Nähe in die Distanz. Aber auch sogenannte Open-Source-Communitys, virtuelle Ideengruppen oder firmeninterne intranetbasierte Kommunikationsplattformen können helfen, Ideen zu teilen, zu reflektiert und diese zu optimieren. Dank schneller Rückmeldung kann eine erhöhte Motivation forciert werden.

Das digitale Notieren und *Sharen* dieser Gedanken im Internet oder Intranet und die Visualisierung der entsprechenden Zusammenhänge führen zu einer Denkentlastung, schützen somit vor Vergessen und schaffen Raum für neue Ideen. Außerdem können Denkfehler leichter erkannt werden, und es fällt leichter, eine effiziente Vorgehensweise zu wählen.

Zur Sortierung der Ideen kann es außerdem helfen, Checklisten und Fragesysteme zu bearbeiten oder die Cybercommunity zu fragen. Das laute Sprechen mit sich selbst hat einen ähnlichen Effekt. Die eigene Aussprache führt zu einer genaueren Begutachtung des Inhalts, wodurch Fehler schneller entdeckt werden. Deshalb ist der „Cybertalk" auf diversen Online-Plattformen so erfolgreich. Die Diskussion mit anderen bietet die Möglichkeit, neue Ideen zu sammeln und seine eigenen Gedanken einer Prüfung zu unterziehen. Hierbei müssen drei Varianten unterschieden werden: Erstens kann ein Austausch mit Personen der eigenen Berufsgruppe und des eigenen Spezialgebiets stattfinden, was vor allem eine genaue Begutachtung ermöglicht. Zweitens besteht die Möglichkeit, sich mit Leuten der eigenen Berufsgruppe, aber eines anderen Spezialgebiets zu unterhalten. Hierdurch wird oft ein Blick über den Tellerrand erworben. Drittens ermöglicht ein Gespräch mit einer völlig fachfremden Person komplett neue Einblicke. Das Erklären einfachster Sachverhalte kann hier zu so manchem Geistesblitz führen (Bild 11.1). Das Internet macht alles in Sekunden möglich.

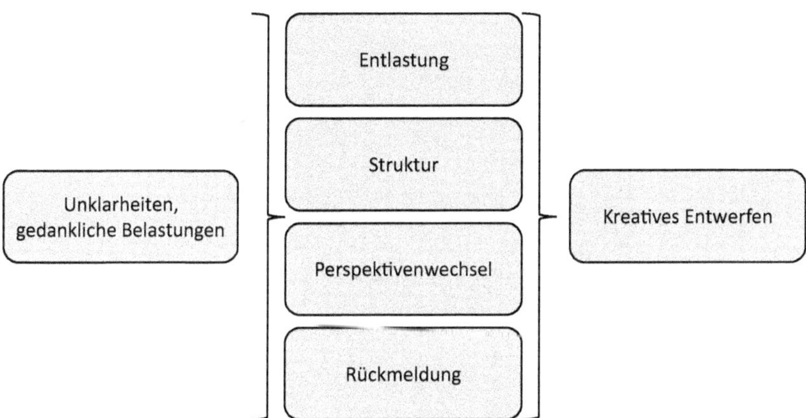

Bild 11.1 Kreatives Entwerfen mithilfe des Cybertalks (Maas Beratungsgesellschaft 2017)

Auch das Darstellen des Ziels ist eine mächtige Unterstützungsmöglichkeit. Skizzen oder Grafiken können digital mit entsprechenden Personen geteilt werden. Einfache Modelle führen neben der Fehlererkennung oft dazu, dass mehrere Sinne wie das Sehen und Fühlen eingebunden werden und ein Umdenken angestoßen wird.

Um sich von anderen aber zu unterscheiden und auch kreativer zu wirken, bietet das Internet unzählige Möglichkeiten zur Erstellung von Präsentationen an. Vor allem aber auch plattformunabhängige, Cloud-basierte Präsentationsprogramme. Mit der Software Sway, Sozi oder Prezi können z. B. virtuelle, dynamische Präsentationen erstellt werden. Bei Prezi kann durch Haussteuerung ein Hinein- oder Herauszoomen dargestellt werden. Wie auf einem großen Flipchartpapier können Sie sich immer weiter in die Präsentation hineinzoomen. Prezi basiert dabei auf einem Freemium-Geschäftsmodell. Das heißt, es ist frei via Internet zugänglich, oft jedoch nur für ein begrenztes Datenvolumen.

Wir Menschen nehmen mit mehreren Sinnen wahr, und abhängig davon, welche Sinne eingebunden sind, hat dies unterschiedliche Auswirkungen. Ob wir lediglich an unser Lieblingsauto denken oder es spüren, während es sich geschmeidig in die Kurve legt, ist ein gewaltiger Unterschied. Auch in Zeiten des computergestützten Konstruierens greifen viele Konstrukteure noch immer intuitiv zu Stift und Papier, und das hat seinen Grund. Durch die Arm- und Handbewegung werden andere Areale im Gehirn durchblutet und befeuert.

Wissenschaftler der Universität Ulm haben herausgefunden, dass allein das Bewegen im Raum, also das Herumlaufen im Büro, schon die Kreativität steigern kann (Spitzer 2014; Bild 11.2 und Bild 11.3). Das heißt, um auch in der digitalen Welt kreativ zu sein, müssen wir uns von PC, Laptop oder Smartphone lösen. Aufstehen und herumlaufen kann einen wahren Kreativschub forcieren. Trotz Digitalisierung sollten wir solche „analoge" Methoden immer wieder nutzen.

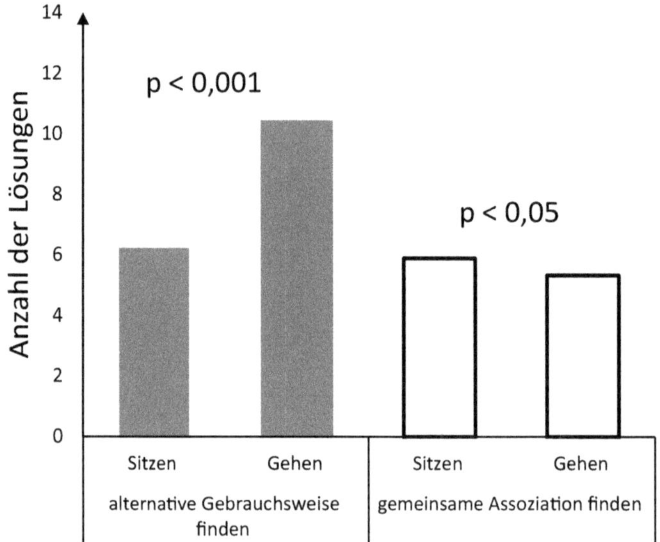

Bild 11.2 Effekt von Sitzen oder Gehen auf die Leistung in zwei Tests zur Kreativität, dem Alternate-Uses-Test (alternative Gebrauchsweisen finden; graue Säulen) und dem Compound-Remote-Association-Test (gemeinsame Assoziationen finden; weiße Säulen) (nach Spitzer 2014)

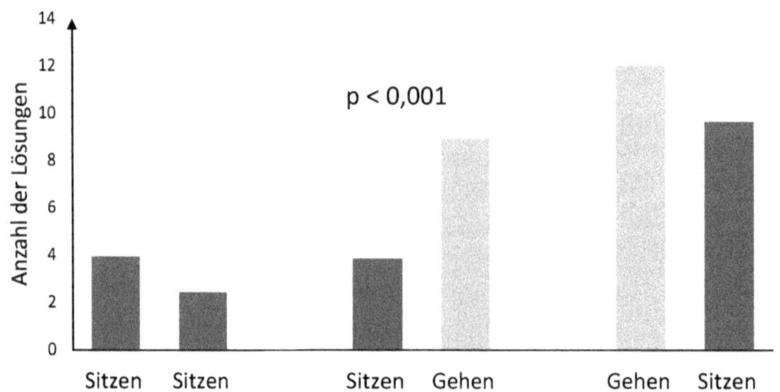

Bild 11.3 Anzahl neuer angemessener Antworten auf die Frage nach neuen Gebrauchsweisen eines gewöhnlichen Objekts im Sitzen oder beim Gehen zu zwei direkt aufeinanderfolgenden Zeitpunkten (nach Spitzer 2014)

Es sollte stets darauf geachtet werden, dass es sich um wirkliche Unterstützungen handelt. Das Herumlaufen macht nur Sinn, wenn es Ihrer Kreativität und dem Output förderlich ist. Gegebenenfalls reichen auch nur das Blatt Papier und der Bleistift. Zum einen, weil Automationen, die dem Entwerfenden wichtige Arbeitsschritte lediglich abnehmen, langfristig zu einer Verschlechterung der Arbeitsqualität führen können, und zum anderen, weil in manchen Fällen unnötige kognitive Belastung durch die Gestaltung des digitalen Hilfsmittels erzeugt werden kann.

Diese zusätzliche Belastung, beispielsweise durch ständig aufblendende Werbung, nennt man *extraneous cognitive load* und ist einer der drei kognitiven Belastungstypen, die bei der Bearbeitung von Aufgaben auftreten. Die beiden anderen Typen gehen auf Verstehensprozesse des Lernenden *(germane cognitive load)* und auf die Komplexität des Aufgabeninhalts zurück *(intrinsic cognitive load)*. Das Schema dieser sogenannten *cognitive load theory* ist in Bild 11.4 vereinfacht dargestellt (Sweller 1999).

Wer kein guter Autofahrer ist und sich deshalb einen Chauffeur anstellt, wird sich kaum verbessern. Wer sich die genannten Vorschläge zu Herzen nimmt, bietet den Entwicklern seines Unternehmens ein optimales Umfeld, um kreativ schaffend und erfolgreich tätig zu werden. Doch nicht nur diese Mitarbeiter werden es Ihnen danken, Sie bilden damit vor allem das Fundament erfolgreicher Entwicklung Ihres Unternehmens und unserer Gesellschaft.

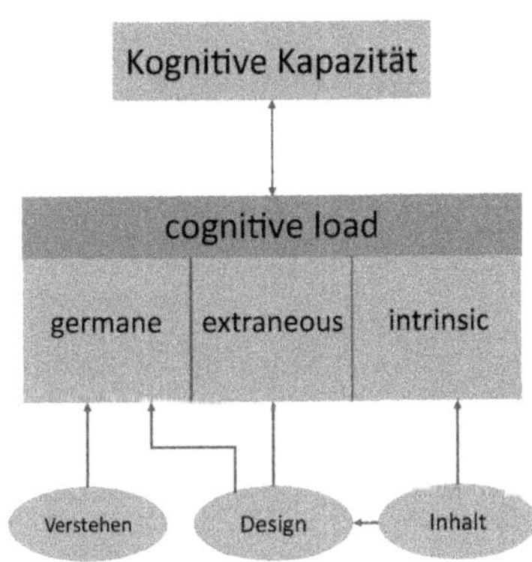

Bild 11.4
Kognitive Kapazität; vereinfachte Darstellung (nach Sweller 1999)

11.4 Das Entstehen der Kreativität

Ein Problem der Kreativität ist, dass sie fast ausschließlich an ihrem Endprodukt gemessen wird. Steve Jobs wird als hoch kreativer und unerreichter Vordenker angesehen, da seine Produkte, wie ein innovatives Mobiltelefon mit den Eigenschaften eines Computers, das über einen Touchscreen gesteuert wird, eine absolute Neuheit waren. Doch was an dieser Idee war wirklich neu? Alle Elemente gab es bereits, und Steve Jobs hat diese lediglich kombiniert und zu einem neuen Produkt geformt, was er auch in seiner Biografie so selbst beschreibt:

> *„Creativity is just connecting things. When you ask creative people how they did something, they feel a little guilty because they didn't really do it, they just saw something."*
>
> *(Isaacson 2011)*

Dieses Beispiel zeigt, dass Kreativität nicht nur an seinem Endprodukt zu messen ist, sondern an einem kleinschrittigen Prozess, der durch viele Komponenten zu einer kreativen Idee führt. Ein kreatives Produkt entsteht nicht aus dem Nichts. Probleme müssen entdeckt, Lösungen dafür gefunden und diese Lösungen und Ideen dann weiter ausgearbeitet und schließlich umgesetzt werden. Die kreativen Leistungen von Steve Jobs (die beachtlich bleiben) werden dadurch nahbarer und nachvollziehbar. Der bekannte Kreativitätsforscher Edward de Bono erkannte schon sehr früh, dass man Produkte bestaunen kann, aber Prozesse kann man sich auch aneignen.

Die digitale arbeitsbezogene Kreativität sollte deshalb mehr als Prozess zu verstehen sein. Ein weitverbreitetes Modell sind die Phasen des kreativen Prozesses nach Heinz Schuler und Yvonne Görlich (2007). Dieses Modell geht davon aus, dass arbeitsbezogene Kreativität aus acht aufeinanderfolgenden Phasen besteht (Bild 11.5).

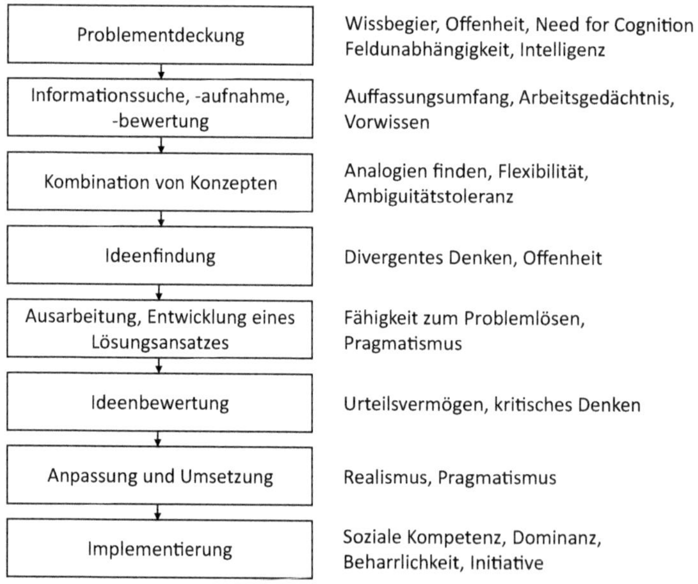

Bild 11.5 Acht Phasen der Problementdeckung (in Anlehnung an Schuler und Görlich 2007)

Kommt es bei einer Stufe des Prozesses zu einer Störung, kann der Prozess nicht weitergeführt, die kreative Idee nicht in der Praxis implementiert werden. Es lässt sich aber erkennen, dass mit allen Phasen des kreativen Prozesses kognitive und persönliche Fähigkeiten verbunden sind, die lern- und vermittelbar sind. So braucht man z. B. für die zweite Stufe „Informationssuche“ Fähigkeiten wie Konzentration und Organisationsfähigkeit oder für die letzte Phase der „Implementierung“ soziale Kompetenzen, Beharrlichkeit und Dominanz, alles psychologische Fähigkeiten, die erlernbar sind. Das zeigt auch, dass Kreativität nicht als isoliertes Konstrukt gesehen werden kann. Viele psychologische Prozesse wie Wahrnehmung, Aufmerksamkeit, Intelligenz und Selbststeuerung sind ein wichtiger Teil des kreativen Prozesses und somit auch durch Trainings und Coachings erlernbar.

Eine 2016 durchgeführte internationale Studie von Adobe, die 5000 Firmeninhaber und Arbeiter befragte, bestätigte, dass kreativere Mitarbeiter als bessere Arbeiter und Führungspersonen, aber z. B. auch als bessere Eltern gesehen werden. Das Gefühl, kreativ in der Arbeit sein zu dürfen, wirkt sich positiv auf die Mitarbeiterzufriedenheit und das Engagement der Mitarbeiter aus. Produktivität und Innovation wird unterstützt, und Unternehmen, die kreativer arbeiten, waren finanziell erfolgreicher. Firmen, die kreativer arbeiteten, konnten auch mehr bei ihren Kunden punkten. Diese waren zufriedener und berichteten von besseren Erfahrungen. 76 % der Befragten sehen in Kreativität einen Schlüssel für wirtschaftliches Wachstum.

Diese Zahlen machen deutlich, wie wichtig es ist, Kreativität in Unternehmen zu fördern und zu unterstützen. In der Studie von Adobe (2016) gaben nur 24 % der Befragten in Deutschland an, dass sie ihr volles kreatives Potenzial ausschöpfen könnten. Gerade junge Menschen berichteten in der Studie, es sei ihnen wichtig, kreativ zu arbeiten und selbst als kreativ angesehen zu werden. Das Thema Kreativität ist für alle Unternehmen und Mitarbeiter relevant, und es ist an der Zeit, dass Sie Ihr Potenzial nutzen.

Tabelle 11.1 zeigt im Überblick, wie sich die Kreativität mittels der digitalen Möglichkeiten fördern lässt.

Tabelle 11.1 Prozessoptimierung und Fördern der Kreativität mithilfe digitaler Möglichkeiten

Dos	Don'ts
▪ Prüfen Sie die Arbeitsabläufe der einzelnen Mitarbeiter ▪ Gegebenenfalls Arbeitsabläufe weiter digital optimieren ▪ Nehmen Sie bei der Prozessanalyse Rücksicht auf die unterschiedlichen digitalen Kompetenzen Ihrer Mitarbeiter ▪ Prüfen, ob Software effektiv genutzt wird ▪ Befugnisse der Mitarbeitenden klären ▪ Kommunikationswege einhalten ▪ Haupttätigkeiten der Mitarbeiter visualisieren und Prioritäten setzen ▪ Diskussion mit Kollegen fördern ▪ Digitale Denkentlastung anbieten durch Open-Source-Communitys, Chats oder virtuelle Ideengruppen sowie firmeninterne intranetbasierte Kommunikationsplattformen	▪ Entscheidungsfreie Grauzonen forcieren ▪ Unterstützen von unklaren Befugnisverteilungen ▪ Nur einen Weg zum Ziel zulassen. Drängen der Mitarbeiter in ein (digitales) Korsett ▪ Nur digital zu arbeiten ▪ Nur vor dem PC zu sein

12 Literaturverzeichnis

Achilles, P.: *Meme: Definition und Herkunft des Begriffs.* Von *https://praxistipps.chip.de/meme-defini tion-und-herkunft-des-begriffs_115648*, 2019

Ackerschott, H.; Gantner, N.; Schmitt, G. (2016): *Eignungsdiagnostik. Qualifizierte Personalentscheidungen nach DIN 33430.* Beuth, Berlin

Adobe (2016): *State of Create: 2016. Deutsche möchten kreativer arbeiten als sie dürfen.* Von *https://www.adobe-newsroom.de/2016/11/03/deutsche-moechten-kreativer-arbeiten-als-sie-duerfen/*

Allport, G. W.; Clark, K.; Pettigrew, T. (1954): *The nature of prejudice.* Perseus Books Publishers, New York

Altmann, T.; Roth, M. (2013): „The evolution of empathy: from single components to process models". In: *Handbook of Psychology of Emotions.* Nova Science Publishers, New York

American Psychological Association (2018): *Stress in America – Generation Z.* Von *www.apa.org/news/press/releases/stress/2018/stress-gen-z.pdf*, abgerufen am 25.05.2020

American Psychological Association (2020): *Stress in America 2020: A National Mental Health Crisis. https://www.apa.org/news/press/releases/stress/index*

Agarwal, R.; Venkatesh, V. (2002): Assessing a Firm's Web Presence: A Heuristic Evaluation Procedure for the Measurement of Usability. In: *Information Systems research.* Seite 168-186. Von https://pubs online.informs.org/doi/abs/10.1287/isre, 2002

Argyris, C. (1990): *Overcoming Organizational Defences. Facilitating Organizational Learning.* Prentice Hall, Upper Saddle River

Baumann, M. (2001): *Gestaltung von betrieblichen Anreizsystemen zur Förderung der Innovationsfähigkeit.* Diplomica, Hamburg

Beland, L.; Murphy, R. (2015): *3. Communication: Technology, Distraction & Student Performance, CEP Dicussion Paper No 1350.* Centre for Economic Performance. Von *http://cep.lse.ac.uk/pubs/down load/dp1350.pdf*, abgerufen am 25.05.2020

Bentin, S. et al. (1996): „Electrophysiological studies of face perception in humans". In: *Journal of Cognitive Neuroscience* 8(6), S. 551–565. Von *https://doi.org/10.1162/jocn.1996.8.6.551*

Berkemeyer, K. (2020): „Kuriose WhatsApp-Geschichte: So ist der bekannteste Messenger der Welt entstanden". In: *Chip* vom 25.10.2020. Von *https://www.chip.de/news/Kuriose-WhatsApp-Geschich te-So-ist-der-bekannteste-Messenger-der-Welt-entstanden_89919185.html*

Berlyne, D. E. (1974): *Konflikt, Erregung, Neugier. Zur Psychologie der kognitiven Motivation.* Klett, Stuttgart

Bitkom (2017): *Zukunft der Consumer Technology – 2017. Marktenwicklung, trends, Mediennutzung, Technologien, Geschäftsmodelle.* Von *https://www.bitkom.org/sites/default/files/file/import/170901-CT-Studie-online.pdf*, abgerufen am 14.12.202

Bitkom (2018): *Social-Media-Trends 2018.* Von *www.bitkom.org/sites/default/files/pdf/Presse/Anhaenge-an-PIs/2018/180227-Bitkom-PK-Charts-Social-Media-Trends-2.pdf*, abgerufen am 27.05.2020

Böckler-Raettig, A. (2019): *Theory of Mind.* utb, München

Bostrom, N.; Yudkowsky, E. (2014): „The ethics of artificial intelligence". In: *The Cambridge Handbook of Artificial Intelligence.* Cambridge: Cambridge University Press, S. 316 – 334. *DOI: 10.1017/cbo9781139046855.020*

Brand eins (2019): *Digitalisierung. Digitalisierung in Zahlen.* Ausgabe 03/2019. Seite 38 – 39. Zusammengestellt von Eggert, I.. Von *https://www.brandeins.de/magazine/brand-eins-wirtschaftsmagazin/2019/digitalisierung*

Brand, M.; Potenza, M. N. (2019): "In memory of Dr. Kimberly S. Young: The story of a pioneer". In: *Journal of behavioral addictions* 8(1), S. 1 – 2

Brinkmann, S. (2019): *The Joy of Missing Out. The Art of Self-Restraint in an Age of Excess.* John Wiley & Sons, New Jersey

Brodbeck, F. C. et al. (1993): „Error handling in office work with computers: A field study". In: *Journal of Occupational and Organizational Psychology* 66, S. 303 – 317

Brooke, J. (1986): *System usability scale (SUS): a quick-and-dirty method of system evaluation user information.* Reading: Digital Equipment, S. 43

Buckels, E. et al. (2014): „Trolls just want to have fun". In: *Personality and Individual Differences.* Volume 67, Sept. 2014, Pages 97 – 102

Bundesministerium der Verteidigung (n. d.): *Cybersicherheit.* Von *https://www.bmvg.de/de/themen/cybersicherheit*

CGTN (2019): *South Korean Go master Lee Sedol announces retirement after 24 years.* Von *https://news.cgtn.com/news/2019-11-20/Go-master-Lee-Sedol-announces-retirement-after-24-year-career-LLKPajVx3q/index.html*

Cialdini, R. B. (2011): *Die Psychologie des Überzeugens. Ein Lehrbuch für alle, die ihren Mitmenschen und sich selbst auf die Schliche kommen wollen.* 6. Auflage. Hogrefe, Bern

Clanner-Engelshofen, B. (2017): „Dopamin". In: *NetDoktor.* Von *https://www.netdoktor.de/medikamente/dopamin/.* 2017

Clayton, R. B.; Leshner, G.; Almond, A. (2015): „The extended iSelf: The impact of iPhone separation on cognition, emotion, and physiology". In: *Journal of Computer-Media-ted Communication* 20 (2), S. 119 – 135

Clifton, J. (2016): „Top 5 Influencer Marketing Trends and Implications". In: *Edelman Digital: 2017 Digital Trends.* Von *http://edelmandigital.com/wp-content/uploads/2016/12/2017-Edelman-Digital-Trends-Report.pdf*, abgerufen am 25. 05. 2020

Corliss, R. (2020): LinkedIn 277 % More Effective for Lead Generation Than Facebook & Twitter. In: *HubSpot.* Von *https://blog.hubspot.com/blog/tabid/6307/bid/30030/linkedin-277-more-effective-for-lead-generation-than-facebook-twitter-new-data.aspx*, abgerufen 01. 09. 2020

Csíkszentmihályi, M. (2008): *Flow: The psychology of optimal performance.* Harper Collins, New York

Damiani, J. (2019): „A Voice Deepfake was used to scam a CEO out of $243.000". In: *Forbes*, vom 03. 09. 2019. Von *https://www.forbes.com/sites/jessedamiani/2019/09/03/a-voice-deepfake-was-used-to-scam-a-ceo-out-of-243000/#6ff57b942241*, abgerufen am 28. 09. 2020

Degens, F. (2018): *Quick Guide Influencer Marketing. Wie Sie durch Multiplikatoren mehr Reichweite und Umsatz erzielen.* Spinger Gabler, Wiesbaden

Deloitte (2019): *The Deloitte Global Millennial Survey.* Von *https://www2.deloitte.com/content/dam/Deloitte/global/Documents/About-Deloitte/deloitte-2019-millennial-survey.pdf*, abgerufen am 25. 05. 2020

Diercks, J.; Kupka, K. (2013): *Recruitainment: Spielerische Ansätze in Personalmarketing und -auswahl.* Springer Gabler, Wiesbaden

DocCheck Flexikon (n. d.): *Oxytocin.* Von *https://flexikon.doccheck.com/de/Oxytocin*

Dormann, T.; Frese, M. (1994): „Error training: Replication and the function of exploratory behavior". In: *International Journal of Human±Computer Interaction* 6, S. 365 – 372

Dpa (2017): „Erfolgsgeschichte Netflix". In: 20 Jahren vom Videoverleih zum TV-Revolutionär". Von *https://www.wn.de/Welt/Kultur/Fernsehen/2960657-Erfolgsgeschichte-Netflix-In-20-Jahren-vom-Videoverleih-zum-TV-Revolutionaer*

Duden online (n. d.): *User.* Von *https://www.duden.de/rechtschreibung/User,* abgerufen am 30.09.2020

Dunbar, R. (1992): „Neocortex size as a constraint on group size in primates". In: *Journal of Human Evolution* 20, S. 469 – 493

Dunbar, R. (1993): „Coevolution of neocortical size, group size and language in humans". In: *Behavioral and Brain Sciences* 16 (4), S. 681 – 694. DOI: 10.1017/S0140525X00032325

Dunbar, R. (1995): „Neocortex size and group size in primates: a test of the hypothesis". In: *Journal of Human Evolution* 28 (3), S. 287 – 296

Ebner, G.; Heimerl, P.; Schüttelkopf, E. M. (2008): *Fehler – Lernen – Unternehmen. Wie Sie die Fehlerkultur und Lernreife Ihrer Organisation wahrnehmen und gestalten.* Peter Lang, Frankfurt am Main u. a.

Fiedler, F. E. (1964): *A Contingency Model of Leadership Effectiveness. Advances in Experimental Social Psychology.* S. 149 – 190. Academic Press, New York

Fiedler, F. E. (1965): *A Theory of Leadership Effectiveness.* McGraw-Hill Series in Management, New York

Fielding, N.; Cobain, I. (2011): „Revealed: US spy operation that manipulates social media". In: *Guardian* vom 17.03.2011

Firsching, J. (2020): „Instagram Statistiken für 2020: Nutzerzahlen, Instagram Stories, Instagram Videos & tägliche Verweildauer". Von *https://www.futurebiz.de/artikel/instagram-statistiken-nutzerzahlen/*

Flade, F. (2020): *Haftbefehl gegen russischen Hacker.* Von *https://www.tagesschau.de/investigativ/ndr-wdr/hacker-177.html*

Friedman, T. L. (2005): *The world is flat: A brief history of the twenty-first century.* DOI: 10.2307/40204208. Macmillan, New York

Fries, P. J. (2019): *Influencer-Marketing. Informationspflichten bei Werbung durch Meinungsführer in Social Media.* Springer Fachmedien, Wiesbaden

Fromm, E. (1976): *Haben und Sein – Die seelischen Grundlagen einer neuen Gesellschaft.* Deutsche Verlags-Anstalt, Stuttgart

Gassmann, M. (2015): *Die ‚Kampfmaschine' pflügt deutschen Markt um.* Von *https://www.welt.de/wirtschaft/article144068894/Die-Kampfmaschine-pfluegt-deutschen-Markt-um.html*

Goleman, D. (1996): *Emotionale Intelligenz.* Hanser, München

Gonçalves, B.; Perra, N.; Vespignani, A. (2011): „Modeling users' activity on Twitter networks: Validation of Dunbar's Number". In: *PLOS ONE* 6(8). Von *https://doi.org/10.1371/journal.pone.0022656*

Google/Ipsos OTX MediaCT (2011): *The Mobile Movement Study.* Von *https://www.thinkwithgoogle.com/marketing-strategies/app-and-mobile/the-mobile-movement/*

Gouws, T.; Rheede van Oudtshoorn, G. P. v. (2011): „Correlation between brand longevity and the diffusion of innovations theory". In: *Journal of Public Affairs* 11 (4), S. 236 – 242

Grady, C. L. et al. (2006): "Age-related Changes in Brain Activity across the Adult Lifespan". In: *Journal of Cognitive Neuroscience* 18 (2), S. 227 – 241

Gray, P.; Chanoff, D. (1986): „Democratic Schooling: What Happens to Young People Who Have Charge of Their Own Education?". In: *American Journal of Education.* Volume 94, Number 2, Feb. 1986. Von *https://doi.org/10.1086/443842*

Guess, A.; Nyhan, B.; Reifler, J. (2018): *Selective Exposure to Misinformation: Evidence from the consumption of fake news during the 2016 U.S. presidential campaign.* European Research Council (09.01.2018). Von *www.ask-force.org/web/Fundamentalists/Guess-Selective-Exposure-to-Misinformation-Evidence-Presidential-Campaign-2018.pdf,* abgerufen am 25.05.2020

Haase, J. (2019*): Rätsel um Rekord-Ei auf Instagram gelüftet.* Von *https://www.welt.de/kmpkt/article188282527/Instagram-Raetsel-um-Rekord-Ei-ist-gelueftet.html*

Hadar, A. et al. (2017): „Answering the missed call: Initial exploration of cognitive and electrophysiological changes associated with smartphone and abuse". In: *PLOS ONE* 12(7). *DOI: 10.1371/journal.pone.0180094*

Halevy, N.; Chou, E.; Galinsky, A. (2011): „A functional model of hierarchy: Why, how, and when vertical differentiation enhances group performance". In: *Organizational Psychology Review* vom 01.02.2011, S. 32 – 52

Heise online (n. d.): *DSGVO – Das sollten Sie über die Datenschutz-Grundverordnung wissen.* Von *https://www.heise.de/thema/DSGVO*

Henke, W. (1988): „Die Menschen der letzten Eiszeit. Zur Frage der Differenzierung der endpleistozänen Hominiden Europas". In: *Anthropologischer Anzeiger* 46 (4), S. 289 – 316

Henke, W.; Rothe, H. (1994): *Paläoanthropologie. DOI: 10.1007/978-3-642-78650-1.* Springer, Berlin

Henning, H. (1925): *Die Aufmerksamkeit.* Urban & Schwarzenberg, Berlin

Holtbrügge, D. (2018): *Personalmanagement. Instrumente des Personalmanagement.* 7. Auflage, S. 75 – 105. *DOIhttps://doi.org/10.1007/978-3-662-55642-9.* Springer Gabler, Berlin/Heidelberg

Hotchkiss, G. (2006): Eye Tracking Report: *Google, MSN and Yahoo! Compared – An in Depth Look in Interactions with Google, MSN, & Yahoo! Using Eye Tracking Methodology.* Enquiro Report 2006

Hoyningen-Huene, G. v. (1997): *Der psychologische Test im Betrieb. Rechtsfragen für die Praxis.* 1. Auflage. Sauer, Heidelberg

Hu, N.; Liu, L.; Zhang, J. J. (2008): „Do online reviews affect product sales? The role of reviewer characteristics and temporal effects". In: *Information Technology and Management* 9, S. 201 – 214. Von *https://doi.org/10.1007/s10799-008-0041-2*

HubSpot (2020): *Instagram Marketing. How to create capativating visuals, grow your following, and drive engagement on instagram.* Von *https://www.hubspot.com/instagram-marketing*

Hussendörfer, E. (2019): *Reproduktionsmediziner erklärt: ‚Social Freezing ist eine aktive Lebensentscheidung'.* Von *https://www.focus.de/gesundheit/familiengesundheit/eizellen-einfrieren-mediziner-klaert-wichtige-fragen-zu-social-freezing_id_9883993.html#:~:text=Apple%20und%20Google%20bieten%20Mitarbeiterinnen%20kostenlos%20an%2C%20ihre,entstehen%20Kinder%20nur%20noch%20in%20Reagenzgläsern%2C%20fürchteten%20viele*

Institut für Generationenforschung (2019): *Einfluss auf Marken. Studie über Einkauf- und Konsumverhalten.* Von *www.generation-thinking.de*

Institut für Generationenforschung (2019): *Influencer-Studie.* Von *www.generation-thinking.de*

Institut für Generationenforschung (2019): *Studie über den Umgang mit Bewertungsportalen.* Von *www.generation-thinking.de*

Institut für Generationenforschung (2020): *Corona-Studien.* Von *www.generation-thinking.de/generation-corona*

Institut für Generationenforschung (2020): *Home Office Studie.* Von *www.generation-thinking.de*

Isaacson, W. (2011): *Steve Jobs. Die autorisierte Biografie des Apple-Gründers.* C. Bertelsmann, München

Jahncke, H. et al. (2020): „Die Rolle der Social-Media-Anwendung Instagram bei der Berufswahlentscheidung von Jugendlichen". In: *Zeitschrift für Berufs-und Wirtschaftspädagogik* 116 (1), S. 57 – 90. Von *https://doi.org/10.25162/zbw-2020-0003*

Jeong, M.; Jeon, M. M. (2008): „Customer reviews of hotel experiences through consumer generated media". In: *Journal of Hospitality Marketing & Management* 17 (1/2), S. 1213 – 138

Jeserich, W. (1989): *Das Assessment-Center-Verfahren der Eignungsbeurteilung. Sein Aufbau, seine Anwendung und sie Aussagegehalt. DOI: https://doi.org/10.1007/978-3-642-95883-0.* Physica-Verlag, Heidelberg

JIM-Studie (2019): *Jugend, Informationen, Meiden. Basisuntersuchung zum Medienumgang 12 bis 19-Jähriger.* Seite 22. Von *https://www.mpfs.de/fileadmin/files/Studien/JIM/2019/JIM_2019.pdf.* Medienpädagogischer Forschungsverbund Südwest, Stuttgart

Kaluza, G. (2018): *Stressbewältigung: Trainingsmanual zur psychologischen Gesundheitsförderung.* 4. Auflage. Springer, Berlin

Kanes, M.; Steiner, E. (Hrsg.) (2013): *Psychologie der Wirtschaft.* S. 435 – 436. *DOI: 10.1007/978-3-531-18957-4.* Springer Fachmedien, Wiesbaden

Kang, S.; Day, J. D.; Meara, N. M. (2006): „Soziale und emotionale Intelligenz: Gemeinsamkeiten und Unterschiede“. In: Schulze, R.; Freund, P. A.; Roberts, R. D.: *Emotionale Intelligenz: Ein internationales Handbuch.* S. 101 – 115. Hogrefe, Göttingen

Kanning, U. (2009): *Diagnostik sozialer Kompetenzen.* Hogrefe, Göttingen

Karcher, N. R.; Presser, N. R. (2018): „Ethical and legal issues addressing the use of mobile health (mHealth) as an adjunct to psychotherapy“. In: *Ethics & Behavior* 28(1), S. 1 – 22

Karriereblog (2011): *Fünf Gründe, warum Google als Arbeitgeber beliebt ist.* Von *https://www.karriere.at/blog/arbeitgeber-google.html*

Katzer, C. (2016): *Cyberpsychologie, Leben im Netz: Wie das Internet uns verändert.* dtv, München

Kaufmanns, R.; Siegenheim, V. (2009): *Die Google Ökonomie – Wie der Gigant das Internet beherrschen will.* Books on Demand, Düsseldorf

Koenigsdorff, S. (2019): *Google: Internes Tool soll Mitarbeiter-Treffen kontrollieren.* Von *https://www.heise.de/newsticker/meldung/Google-Internes-Tool-soll-Mitarbeiter-Treffen-kontrollieren-4567775.html*

Kramer, W. (2010): *Qualitätsmanagement in der Personalauswahl und -entwicklung.* TeamThink, Kiel

Kraus, J. (Hrsg.) (2013): *Helikopter-Eltern – Schluss mit Förderwahn und Verwöhnung.* 3. Auflage. Rowohlt, Hamburg

Kununu (2020): *Ranking: Die besten Arbeitgeber Deutschlands 2020.* Von *https://news.kununu.com/beste-arbeitgeber-deutschland/*

Kushlev, K.; Dunn, E. W.; Lucas, R. E. (2015): „Higher income is associated with less daily sadness but not more daily happiness“. In: *Social Psychological and Personality Science* 6, S. 483 – 48. *DOI: 10.1177/1948550614568161*

Lazarus, R. S.; Folkman, S. (1984): *Stress, Appraisal, and Coping.* Springer Publishing, New York

Lee, C.-S. et al. (2016): „Human vs. Computer Go: Review and Prospect“. In: *IEEE Computational Intelligence Magazine* 11(3), S. 67 – 72

Lewin, K. (1951): *Field theory in social science: selected theoretical.* Harpers, New York

Lewis, J. R. (2006): „Usability testing“. In: Salvendy, G.: *Handbook of Human Factors and Ergonomics.* 4. Edition (2012) 12, e30. Wiley, Hoboken

Li, C.; Cui, G.; Peng, L. (2018): „Tailoring management response to negative reviews: the effectiveness of accommodative versus defensive responses“. In: *Computers in Human Behavior* 84, S. 272 – 284

Lu, L. (1991): *Daily hassles and mental health: A longitudinal study.* Von *https://doi.org/10.1111/j.2044-8295.1991.tb02411.x*

Maas, R. (2019): *Generation Z für Personaler und Führungskräfte. Ergebnisse der Generation-Thinking-Studie.* Hanser, München

Maas, R. (2020): *Was hat Bill Gate mit Corona zu tun? Ein Buch über die Entstehung von Verschwörungstheorien.* Books on Demand, Nordersted

Markert, O. (n. d.): *Der allererste ‚Computer-Bug‘.* Von *https://www.focus.de/digital/computer/computergeschichte/computergeschichte-der-allererste-computer-bug_vid_22091.html,* abgerufen am 30.09.2020

Mellinas, J. P.; María-Dolores, S. M. M.; García, J. J. B. (2015): „Booking.com: The unexpected scoring system“. In: *Tourism Management* 49, S. 72 – 74

Meng, F. et al. (2018): „How hotel responses to negative online reviews affect customers' perception of hotel image and behavioral intent: an exploratory investigation". In: *Tourism Review International* 22 (1), S. 23 – 39

Meshi, D.; Morawetz, C.; Heekeren, H. R. (2013): „Nucleus accumbens response to gains in reputation for the self-relative to gains for others predicts social media use". In: *Frontiers in Human Neuroscience, DOI: 10.3389/fnhum.2013.00439*

Meyrowitz, J. (1985): *No sense of place. The impact of electronic media on social behavior.* Oxford University Press, New York

Miller, G. A. (1956): „The magical number seven, plus or minus two: some limits on our capacity for processing information". In: *Psychological Review* 63 (2), S. 81 – 97. Von *https://doi.org/10.1037/h0043158*

Montag, C. (2015): „Smartphone & Co.: Warum wir auch digitale Freizonen brauchen?" In: *Wirtschaftspsychologie Aktuell* 2, S. 19 – 22

Montag, C. (2017): „Wie viel Smartphone-Nutzung ist normal?" In: *PiD – Psychotherapie im Dialog* 18 (1), 46 – 50. *DOI: 10.1055/s-0042-121684*

Montag, C. (2018a): *Homo Digitalis: Smartphones, soziale Netzwerke und das Gehirn.* Springer, Wiesbaden

Montag, C. (2018b): „Homo Digitalis: Was ist aktuell über den Einfluss digitaler Medien auf neuronale Prozesse bekannt?" In: Kothgassner, O.; Felnhofer, A. (Hrsg.): *Klinische Cyberpsychologie und Cybertherapie.* S. 133 – 138. Facultas, Wien

Montag, C. et al. (2016): „An affective neuroscience framework for the molecular study of Internet addiction". In: *Frontiers in Psychology* 7. *DOI: 10.3389/fpsyg.2016.01906*

Montag, C. et al. (2017): „Facebook usage on smartphones and gray matter volume of the nucleus accumbens". In: *Behavioural Brain Research* 329, S. 221 – 228. *DOI: 10.1016/j.bbr.2017.04.035*

Montag, C.; Panksepp, J. (2017): „Primary emotional systems and personality: An evolutionary perspective". In: *Frontiers in Psychology* 8, S. 464. *DOI: 10.3389/fpsyg.2017.00464*

Montag, C.; Reuter, M. (Hrsg.) (2017*): Internet addiction: Neuroscientific approaches and therapeutical implications including smartphone addiction. DOI: 10.1007/978-3-319-46276-9.* Springer, Berlin/Heidelberg

Montag, C.; Walla, P. (2016): „Carpe diem instead of losing your social mind: Beyond digital addiction and why we all suffer from digital overuse". In: *Cogent Psychology* 3(1). *DOI: 10.1080/23311908.2016.1157281*

Münsterberg, H. (2002): *A Photoplay: A Psychological Study and Ohter Wirtings.* Edited by Allan Langdale. Routledge, New York

National Survey on Drug Use and Health (2017): *Key Substance Use and Mental Health Indicators in the United States: Results from the 2017 National Survey on Drug Use and Health.* Von *https://www.samhsa.gov/data/sites/default/files/cbhsq-reports/NSDUHFFR2017/NSDUHFFR2017.pdf,* abgerufen am 25.05.2020

Neumann, M. (2018): *Die Instagram-Historie: Unternehmensgeschichte, Algorithmus und Praxis.* Von *https://www.pergenz.de/blog/die-instagram-historie/*

Niederkrotenthaler, T. et al. (2019): „Association of Increased Youth Suicides in the United States With the Release of 13 Reasons Why". In: *Jama Psychiatry* 76 (6), S. 933 – 940. *DOI: 10.1001/jamapsychiatry.2019.0922*

Nielsen, J. (2006): *Alertbox: F-Shaped Pattern For Reading Web Content.* Von *http://www.useit.com/alertbox/reading_pattern.html,* abgerufen am 25.05.2020

Nordhardt, M.-M. (2020): *Das Facebook-Urteil und was es bedeutet.* Von *https://www.tagesschau.de/ausland/eugh-facebook-datenschutz-103.html*

Norman, D. A. (1981): „Categorization of Action Slips". In: *Psychological Review* 88, S. 1 – 15 ntv (2020): *Studie: Amazon will per Mitarbeiter-Überwachung Produktivität steigern.* Von *https://www.n-tv.de/wirtschaft/der_boersen_tag/Studie-Amazon-will-per-Mitarbeiter-Uberwachung-Produktivitaet-steigern-article22007282.html*

Ohanian, R. (1990): „Construction and Validation of a Scale to Measure Celebrity". In: *Journal of Advertising* 19 (3), S. 39 - 52

Olapic (2017): *Why Consumers Follow, Listen to, and Trust Influencer.* Von *https://www.olapic.com/resources/consumers-follow-listen-trust-influencers_article/*, abgerufen 14.12.2020

Onitsuka, T. et al. (2003): „Fusiform gyrus volume reduction and facial recognition in chronic schizophrenia". In: *Arch Gen Psychiatry* 60 (4), S. 349 - 355. *DOI: 10.1001/archpsyc.60.4.349*

Onlinesprache (2020): *Meme.* Von *https://www.onlinesprache.de/meme/*

Panksepp, J. (1998): *Affective neuroscience. The foundation of human and animal emotions.* Oxford University Press, New York

Panksepp, J. (2003): „At the interface of the affective, behavioral, and cognitive neurosciences: Decoding the emotional feelings of the brain". In: *Brain and Cognition* 52 (1). *DOI: 10.1016/s0278-2626(03)00003-4*

Paulhus, D.; Williams, K. (2002): „The Dark Triad of personality: Narcissim, Machiavellianism, and psychopathy". In: *Journal of Research Personality* vom 06.12.2002, S. 556 - 563

Pekel, C. (2020): *Gewerkschaften protestieren gegen Überwachung von Amazon-Beschäftigten.* Von *https://netzpolitik.org/2020/gewerkschaften-protestieren-gegen-ueberwachung-von-amazon-beschaeftigten/*

Peters, T. (1987): *Thriving on Chaos.* Harper & Row, New York

Philosophenlexikon (n. d.): *René Descartes.* Von *http://www.philosophenlexikon.de/rene-descartes/*

Piaget, J. (1947): *La Psychologie de l'Intelligence.* Presses Universitaires de France, Paris

Piehler, R. et al. (2019): „Reacting to negative online customer reviews: Effects of accommodative management responses on potential customers". In: *Journal of Service Theory and Practice* 29 (4), S. 401 -414. Von *https://doi.org/10.1108/JSTP-10-2018-0227*

Pine, B.J.; Gilmore, J.H. (2008): „The eight principles of strategic authenticity". In: *Strategy & Leadership* 36 (3), S. 35 - 40. *DOI: 10.1108/10878570810870776*

Podium (n. d.): *State of Online Reviews.* Von *https://www.podium.com/resources/podium-state-of-online-reviews/*

Postillion (26.08.2015): *Flüchtling renkt seinen Unterkiefer aus und verspeist blondes deutsches Kind bei lebendigem Leib.* Von *https://www.der-postillon.com/2015/08/fluchtling-renkt-seinen-unterkiefer-aus.html#more*, abgerufen am 07.05.2020

Proserpio, D.; Zervas, G. (2018): „Study: Replying to Customer Reviews Results in Better Ratings". In: *Harvard Business Review.* Von *https://hbr.org/2018/02/study-replying-to-customer-reviews-results-in-better-ratings*

Prümper, J. et al. (1992): „Errors of novices and experts: Some surprising di€erences between novice and expert errors in computerized office work". In: *Behavior and Information Technology* 11, S. 319 - 328

Reason, J. T. (1990): *Human Error.* Cambridge University Press, New York

Riegen, O.v. (2014): „Chatten mit dem Handy. Diagnose Smartphone-Sucht?" In: *Ärzte Zeitung* vom 10.06.2014. Von *https://www.aerztezeitung.de/Panorama/Diagnose-Smartphone-Sucht-239153.html*, abgerufen am 25.05.2020

Rochat, L. et al. (2019): „The psychology of ‚swiping': A cluster analysis of the mobile dating app Tinder". In: *Journal of Behavioral Addictions* 8 (4), S. 804 - 813. Von *https://doi.org/10.1556/2006.8.2019.58*

Rogers, E. M. (1983): *Diffusion of Innovations.* The Free Press, New York

Ropohl, G. (2009): *Allgemeine Technologie – Eine Systemtheorie der Technik.* 3. überarbeitete Auflage. Universitätsverlag Karlsruhe, Karlsruhe

Rosen, L. (2012): *iDisorder: Understanding Our Obsession With Technology and Overcoming Its Hold on Us.* St. Martin's Press, New York

Ruel, L.; Outing, S. (2004): *Viewing Patterns for Homepages.* Von *http://www.poynterextra.org/eyetrack2004/viewing.htm*, abgerufen am 25.05.2020

Russel, D. (2010): *UCLA Lonelimess Scale (Version 3). Reliability, Validity, and Factor Structure.* Von *https://doi.org/10.1207/s15327752jpa6601_2*

Rybowiak, V. et al. (1999): „Error Orientation Questionnaire (EOQ): reliability, validity, and different language equivalence". In: *Journal of Organizational Behavior* 20, S. 527 – 547

Sander, R. (2013): „Zehn Fakten zu Skype". In: *stern* vom 23.04.2013. Von *https://www.stern.de/digital/smartphones/zehnjaehriges-jubilaeum-zehn-fakten-zu-skype-3210416.html*

Scheepers D.; Ellemers N. (2019): „Social Identity Theory". In: Sassenberg, K.; Vliek, M. (Hrsg.): *Social Psychology in Action*. Von *https://doi.org/10.1007/978-3-030-13788-5_9*. Springer, Heidelberg/Berlin

Schenk, P. R. (2014): *Ich verstehe die Welt nicht mehr – Ein erkenntnistheoretischer Essay zur kritischen Auseinandersetzung mit dem Zeitgeist.* 2. Auflage. Books on Demand, Norderstedt

Schermuly, C.; Nachtwei, J. (2010): „Assessment Center optimieren". In: *Harvard Business Manager* 09/10

Schmäh, M.; Essen, T. v. (2017): „Wie man Social Selling richtig macht". In: *marke 41* 2, S. 50 – 55

Schmidt, A. (2011): *René Descartes. Meditationen – Dreisprachige Parallelausgabe Latein – Französisch – Deutsch*. Vandenhoeck und Ruprecht, Göttingen

Schmoll-Trautmann, A. (2017): *Bitkom: Deutsche Unternehmen kommunizieren zunehmend digital.* Von *https://www.zdnet.de/88290449/bitkom-deutsche-unternehmen-kommunizieren-zunehmend-digital/*, abgerufen am 03.09.2020

Schuler, H. et al. (2007): *Lehrbuch Organisationspsychologie.* 4. aktualisierte Auflage. Hans Huber, Bern

Schuler, H.; Funke, U. (1993): „Diagnose beruflicher Eignung und Leistung". In: Schuler, H. et al. (Hrsg.): *Lehrbuch Organisationspsychologie*. S. 235 – 283. Hans Huber, Bern

Schuler, H.; Görlich Y. (2007): *Kreativität. Ursachen, Messung, Förderung und Umsetzung in Innovation (Creativity: Causes, assessment, development and transformation into innovation)*. Hogrefe, Göttingen

Schwartz, M. (2008): „The Trolls Among Us". In: *New York Times Magazine* vom 03.08.2008

Seebold, E. (1999): *Kluge – Etymologisches Wörterbuch*. 23. Auflage. Walter de Gruyter, Berlin

Sevi, B. (2019): „The dark side of Tinder: The Dark Triad of personality as correlates of Tinder use". In: *Journal of Individual Differences*. Von *https://doi.org/10.1027/1614-0001/a000297*

Simon-Kucher & Partners (2019): *Trend Radar Studie 2019: Die neue Macht der Kunden – warum Konsumenten Produktbewertungen lieben.* Von *https://www.simon-kucher.com/de/about/media-center/trend-radar-studie-2019-die-neue-macht-der-kunden-warum-konsumenten-produktbewertungen-lieben 06.03.2019*, abgerufen am 14.07.2020

Spiegel Netzwelt (2016): *Nordkorea unter Verdacht.* Von *https://www.spiegel.de/netzwelt/netzpolitik/bangladesch-cyber-bankraub-nordkorea-unter-verdacht-a-1094579.html*

Spitzer, M. (2014): „Laufen kreativ". In: *Nervenheilkunde* 7-8/2014, S. 550–552

Splendid Research (2019): *Bewertungsportale immer wichtiger.* Von *https://www.marktforschung.de/aktuelles/marktforschung/bewertungsportale-immer-wichtiger/*, abgerufen am 03.08.2020

Splendid Research (2019): *Online-Bewertungsportal Monitor 2019.* Von *https://www.splendid-research.com/de/online-bewertungsportale.html*

Standard (2015): *Explosionen, Ebola: Russische Trolle wollen Panik in den USA auslösen.* Von *https://www.derstandard.at/story/2000017077943/explosionen-ebola-russische-trolle-wollen-panik-in-usa-ausloesen*

Statista (n. d.): *Anzahl der verfügbaren Songs auf Spotify in ausgewählten Monaten von August 2014 bis September 2020.* Von *https://de.statista.com/statistik/daten/studie/378806/umfrage/anzahl-der-verfuegbaren-songs-auf-spotify/*, abgerufen am 30. 09. 2020

Statista (n. d.): *Ranking der beliebtesten Instagram-Accounts nach Anzahl der Follower weltweit im September.* Von *https://de.statista.com/statistik/daten/studie/427067/umfrage/top-10-instagram-accounts-mit-den-meisten-followern-weltweit/*, abgerufen am 30. 09. 2020

Steinmann, H.; Schreyögg, G.; Koch, J. (2013): *Management. Grundlagen der Unternehmensführung. Konzepte – Funktionen – Fallstudien.* Springer Gabler, Wiesbaden

Striga, D.; Podobnik, V. (2018): „Benford's Law and Dunbar's Number: Does Facebook have a power to change natural and anthropological laws?" In: *IEEE Access* 6, S. 14629 – 14642. *DOI: 10.1109/ACCESS.2018.2805712*

Strubel, J.; Petrie, T. A. (2017): „Love me Tinder: Body image and psychosocial functioning among men and women". In: *Body image* 21, S. 34 – 38. Von *https://doi.org/10.1016/j.bodyim.2017.02.006*

Stummeyer, C.; Köber, B. (2020): *Amazon für Entscheider. Strategieentwicklung, Implementierung und Fallstudien für Hersteller und Händler.* Springer Gabler, Wiesbaden

Sweller, J. (1999): *Instructional Design in Technical Areas.* Australian Council for Educational Research, Camberwell

Tajfel, H.; Turner, J. C. (1986): „The social identity theory of intergroup behavior". In: Worchel, S.; Austin, W. G. (Hrsg.): *Psychology of intergroup relations.* 2. Auflage, S. 7 – 24. Nelson-Hall, Chicago

Thielsch, M. T. (2017): *Ästhetik von Websites. Wahrnehmung von Ästhetik und deren Beziehung zu Inhalt, Usability und Persönlichkeitsmerkmalen.* Pabst Science Publisher, Lengerich

Thielsch, M. T.; Jaron, R. (2012): „Das Zusammenspiel von Website-Inhalten, Usability und Ästhetik". In: Reiter, H.; Deussen, O. (Hrsg.): *Mensch & Computer.* S. 123 – 132. Oldenbourg, München

Thornton, B. et al. (2014): „The mere presence of a cell phone may be distracting". In: *Social Psychology* 45(6), *DOI: 10.1027/1864-9335/a000216*

Turkle, S. et al. (2004): „First encounters with Kismet and Cog: Children's relationship with humanoid robots". In: Messaris, P.; Humphreys, L. (Hrsg.): *Digital Media. Transfer in Human Communication.* Peter Lang, New York

Twenge, J. (2018): *iGen: Why Today's Super-Connected Kids Are Growing Up Less Rebellious, More Tolerant, Less Happy–and Completely Unprepared for Adulthood–and What That Means for the Rest of Us.* Atria Books, New York

Vega, V. (2009): *Seminar on the impact of media multitasking on children's learning and development. Report from a research seminar.* Von *http://Multitasking.stanford.edu/MultitaskingBackgroundPaper.pdf*, abgerufen am 25. 05. 2020

Ward, A. F. et al. (2017): "Brain drain: The mere presence of one's own smartphone reduces available cognitive capacity". In: *Journal of the Association for Consumer Research* 2 (2), S. 140 – 154. *DOI: 10.1086/691462*

Watson, R. (2014): *50 Schlüsselideen der Zukunft.* S. 64 – 65. Springer, Berlin/Heidelberg

Welt (2000): *Eine kurze Geschichte der Hyperlinks.* Von *https://www.welt.de/print-welt/article520292/Eine-kurze-Geschichte-der-Hyperlinks.html*

Wiehenbrauck, D.; Hutzschenreuter, A. (2018): *Produktbewertungen: Kunden vertrauen Kunden.* In: *digitaler Handel.* Von *https://digitaler-handel.blog/2018/02/28/produktbewertungen/*, abgerufen am 14. 08. 2020

Wiehenbrauk, C.; Hutzschenreuter, A. (2018): *Produktbewertungen: Kunden vertrauen Kunden.* Von *https://digitaler-handel.blog/2018/02/28/produktbewertungen/*

Wiener, N. (1948): *Cybernetics or Control and Communication in the Animal and the Machine.* MIT Press, New York

Wolpoff, M. H. (1980): *Paleoanthropology.* Knopf, New York

Woodward, K. et al. (2020): *Beyond mobile apps: a survey of technologies for mental well-being.* Von *https://ieeexplore.ieee.org/abstract/document/9162435,* aufgerufen 13.12.2020

Wu, D. (2014): *Bi Sheng – Chinas Erfinder der Drucktechnik mit Einzel-Typen.* The Epoch Times. Ausgabe 03.01.2014. Von *https://www.epochtimes.de/china/china-kultur/bi-sheng-chinas-erfinder-der-druck technik-mit-einzel-typen-a1120079.html.* Epoch Times Europe GmbH, Berlin

Young, K.S. (1996): „Psychology of computer use: XL. Addictive use of the Internet: a case that breaks the stereotype". In: *Psychological reports* 79 (3), S. 899 – 902

Zak, P. (2017): „The Neuroscience of Trust – Management behaviors that foster employee engagement". In: *Harvard Business Review.* Januar-Februar 2017. Von *www.emcleaders.com/wp-content/uploads /2017/03/hbr-neuroscience-of-trust.pdf,* abgerufen am 27.25.2020

Zak, P.; Kurzban, R.; Matzner, W. (2005): „Oxytocin is associated with human trustworthiness". In: *Hormones and Behavior* 48 (5). *DOI: 10.1016/j.yhbeh.2005.07.009*

ZDF (2017): *Die berühmtesten Fake News der Geschichte.* Von *https://www.zdf.de/dokumentation/terra-x/ videos/fake-news-geschichte-100.html*

Links:

https://blog.unincorporated.com/dominos-brand-crisis

https://www.provenexpert.com/de-de/wissen/fake-bewertungen-fachanwalt-gulden-interview/

https://digitaler-handel.blog/2018/02/28/produktbewertungen/

13 Glossar

Airbnb begann im Jahr 2007 mit einer echten amerikanischen Erfolgsgeschichte. Ein Umzug mit nur 1000 Dollar nach San Francisco bescherte Brian Chesky und seinem Freund Joe Gebbia finanzielle Sorgen, denn allein Cheskys Mietanteil betrug 1200 Dollar. Zu diesem Zeitpunkt fand eine große Konferenz in San Francisco statt und alle Hotels waren ausgebucht. Die beiden kamen auf die Idee, Luftmatratzen am Boden ihrer Wohnung an Konferenzbesucher als Schlafplatz zu vermieten. Die Miete war damit gerettet und die Idee für Airbnb geboren.

Amazon ist ebenfalls eine klassische amerikanische Erfolgsgeschichte. Im Jahr 1995 startete Jeff Bezos mit einem Online-Angebot für den Versand von Büchern. Die Datenbank umfasste eine Million Exemplare, und zu Beginn soll der Amazon-Gründer die Bestellungen sogar persönlich ausgeliefert haben. Amazon wuchs jedoch in Rekordgeschwindigkeit und machte dem Namen des mächtigsten Flusses der Erde alle Ehre. Inzwischen hat sogar Google Angst vor diesem Spielkameraden. Problematisch ist bei Amazon jedoch die Überwachung der Mitarbeitenden. Laut einer Studie des Open Markets Institute (OPI) nutzt Amazon verschiedene Überwachungskameras oder auch Kontrollarmbänder, um die Produktivität und andere Aspekte nach Auswertung der Filmaufnahmen bewerten zu können. Zudem versucht Amazon mittels eines Stimmungsbilds der Mitarbeitenden zu verhindern, dass diese Gewerkschaftsgruppen bilden. Europäische Gewerkschaftsvertretende wandeten sich nun in einem Brief an die EU-Kommission, dass diese das Überwachungssystem im Zusammenhang mit dem europäischen Recht überprüft.

https://www.n-tv.de/wirtschaft/der_boersen_tag/Studie-Amazon-will-per-Mitarbeiter-Uberwachung-Produktivitaet-steigern-article22007282.html

https://netzpolitik.org/2020/gewerkschaften-protestieren-gegen-ueberwachung-von-amazon-beschaeftigten/

Arranged marriage ist das englische Wort für eine arrangierte Heirat. Diese war bis ins 18. Jahrhundert auf der Welt üblich und wurde von den Verwandten organisiert. Gründe hierfür sind unter anderem die soziale oder wirtschaftliche Notwendigkeit. In Deutschland ist die arrangierte Ehe erlaubt, da beide Partner die Heirat freiwillig eingehen. Zwangsheiraten sind dagegen verboten.

Bitkom ist der Bundesverband Informationswirtschaft, Telekommunikation und neue Medien e. V. Zur Corona-Krise hat Bitkom sieben Handlungsempfehlungen zur digitalen Schultransformation publiziert. Neben der üblichen Empfehlung, digitale Mittel in Schulen überhaupt zur Verfügung zu stellen, gibt Bitkom die Empfehlung für einen verpflichtenden Informatikunterricht auf Augenhöhe mit den anderen MINT-Fächern, was auch die Chancengleichheit beider Geschlechter in diesem Bereich fördern soll. Weiter sollen auch die Lehrer verpflichtende Aus- und Weiterbildungen zur Informatik- und Medienkompetenz absolvieren.

Booking.com ist eine Website, auf der Reiseunterkünfte, Flüge und Mietwagen gebucht und anschließend bewertet werden können. Ein großer Vorteil dieser Methode ist, dass potenzielle Gäste die Bewertungen der anderen Gäste lesen können. Experten haben hier nahegelegt, eine Skala von 0 bis 10 einzurichten, jedoch beschloss Booking.com, eine Skala von 2,5 bis 10 zu verwenden (Mellinas, María-Dolores, García 2015). So sind die Bewertungen also immer ein wenig besser, und dies kann zu einer Fehleinschätzung der Hotelqualität führen – achten Sie also das nächste Mal darauf.

Bug bzw. **Computer-Bug** bedeutet Computerfehler. Der hintere Wortteil *bug* ist englisch und steht für Käfer oder Insekt. Geprägt wurde dieser Begriff durch den allerersten von einem Computer verursachten Fehler. 1974 flog eine Motte in den Zwischenraum zweier elektronischer Kontakte eines Relais-Computers und blockierte dadurch dessen Schaltstift. Dass diese Motte historisch sein würde, wusste man damals schon: Sie wurde feierlich in ein Tagebuch eingeklebt, welches man heute noch zusammen mit der Motte im Nationalmuseum für Amerikanische Geschichte in den USA sehen kann.

Caption ist eine Bildunterschrift, oft in Form eines coolen, witzigen oder inspirierenden Satzes unter Bildern und Beiträgen. Im Internet gibt es mehrere Anleitungen, wie man eine perfekte Instagram-Bildunterschrift erstellt. Man sollte beispielsweise einen Schreibstil entwickeln, der gut passt, jedoch auch die Länge des Textes beachten. Um mehr Interaktion auf Social-Media-Plattformen zu erreichen, sollten Sie Hashtags (#) verwenden, die zum Thema oder zum Bild passen. Auf Instagram sind bis zu 30 Hashtags möglich, die Sie aber nicht alle verwenden müssen. Sie können aber auch Links für Kunden teilen. Es gibt darüber hinaus noch mehrere Punkte, die zu beachten sind, um eine gelungene Caption zu erstellen!

Cues ist englisch für Reize. In der Psychologie werden Reize auch als Stimuli bezeichnet. Reize können alles sein, das von unserer Wahrnehmung, das bedeutet unseren Sinnesorganen (tasten, sehen, riechen, hören, schmecken) registriert werden kann. Diese Wahrnehmung der Außenwelt nennt man Exterozeption. Hinzu kommen Reize, die der Wahrnehmung des eigenen Körpers dienen. Dies wird als Interozeption, also die Wahrnehmung körperinterner Signale bezeichnet. Sie unterteilt sich in die Propriozeption (Körperlage) und Viszerozeption (Signale aus den inneren Organen). Ein Beispiel für eine interozeptive Wahrnehmung ist das Gefühl für Hunger und Durst oder die Wahrnehmung des eigenen Herzschlags.

Customer Relationship Management hängt mit der Ausrichtung eines Unternehmens an seinen Kunden zusammen. Hierbei wird versucht, Kundenbeziehungsprozesse zu automatisieren. Ein Beispiel ist die Liste der zu tätigenden Anrufe bei einem Zahnarzt, um Patienten nochmals an bevorstehende Termine zu erinnern. Automatische Kundenbeziehungsprozesse finden auch im Internet statt und werden als Electronic Customer Relationship Management bezeichnet. Im Internet können von Kunden beispielsweise personalisierte Angebote angefordert werden – dies geschieht automatisch – und falls nötig kann das Angebot dann nochmals persönlich nachbesprochen werden.

Cyberangriffe werden auch Hackerangriffe genannt. Es gibt einige Fälle, die für besonderes Aufsehen gesorgt haben oder einfach durch ihre Dreistigkeit beeindrucken. Jedem bekannt dürfte der Angriff auf den Deutschen Bundestag im Jahr 2015 sein, bei dem 16 Gigabyte Daten gestohlen wurden. Die Attacke soll von einer Spionagekampagne des russischen Geheimdienstes namens Fancy Bear ausgegangen sein, und es konnte im Mai 2020 Haftbefehl gegen einen verdächtigen Russen erwirkt werden, welcher auch unter Verdacht steht, an einer möglichen Manipulation der US-Präsidentschaftswahl 2016 beteiligt gewesen zu sein (Flade 2020). Ein weiterer kurioser Cyberangriff ereignete sich 2016, bei dem die Angreifer 81 Millionen Dollar von der Zentralbank Bangladeschs ergaunern konnten. Nordkorea steht unter Verdacht, Urheber dieser Attacke zu sein, und das hat es noch nie gegeben: ein Angriff, bei dem ein Nationalstaat mutmaßlich einem anderen Geld stiehlt (Spiegel Netzwelt 2016).

Cyberspace bezeichnet im Allgemeinen eine virtuelle Realität oder auch einen Datenraum, womit letztlich das gesamte Internet gemeint sein kann. Räume egal welcher Art, sei es in der analogen Welt oder in der digitalen, bieten immer auch Platz für Ungerechtigkeiten. Dies macht es notwendig, eine neue Perspektive auf die Sicherheit Deutschlands einzunehmen. Die Bundeswehr bereitet sich mit einer Teilstreitkraft zur Cyberverteidigung im Organisationsbereich Cyber- und Informationsraum auf die Gefahr von Cyberangriffen vor. Dieser Organisationsbereich umfasst 13 500 Soldaten und Zivile. Der Einsatz der Bundeswehr im Cyberraum unterliegt aber weiterhin denselben rechtlichen Vorgaben wie andere Einsätze.

https://www.bmvg.de/de/themen/cybersicherheit

Dopamin wird im Hypothalamus gebildet und umgangssprachlich als Glückshormon bezeichnet. Beim Konsum bestimmter Drogen ist die Wirkung von Dopamin verstärkt. Da Dopamin positive Gefühle wie Belohnung vermittelt, verbindet das Gehirn durch die erhöhte Dopaminwirkung den Drogenkonsum mit Belohnung, und eine Sucht nach dieser Droge entsteht. Weiter können durch den übermäßigen Drogenkonsum Psychosen entstehen, welche auch in Zusammenhang mit Dopamin zu stehen scheinen. Bei psychotischen Krankheiten konnte nämlich eine erhöhte Dopaminkonzentration in bestimmten Hirnarealen festgestellt werden.

DSGVO bezeichnet die Datenschutzgrundverordnung der Europäischen Union, welche seit Mai 2018 in allen Mitgliedsstaaten der EU gilt. Diese hat vor allem für die Bürger viele Vorteile, denn die Verarbeitung der Daten ist transparenter, und man hat beispielsweise auch das Recht zur Löschung personenbezogener Daten. Hiermit wird sichergestellt, dass personenbezogene Daten innerhalb der EU geschützt sind, aber auch ein freier Datenverkehr zwischen den Mitgliedsstaaten der EU gewährleistet ist. Problematisch ist dies vor allem für Ländern, welche keinen angemessenen Schutz bieten. Ein großes Verfahren im Zusammenhang mit dem Datenschutz waren die Verhandlungen mit Facebook. Diese transferierten Daten europäischer Nutzer in die USA. Der Europäische Gerichtshof hat zum Schutz europäischer Grundrechte (hierzu zählt auch die DSGVO) 2020 ein Urteil gesprochen, welches es den USA erschwert, Daten von europäischen Nutzern in die USA zu übermitteln. Das Urteil ist natürlich nicht nur für Facebook gültig, sondern auch allgemein für andere Unternehmen.

https://www.heise.de/thema/DSGVO

https://www.tagesschau.de/ausland/eugh-facebook-datenschutz-103.html

Employer Branding bedeutet Arbeitgebermarkenbildung und ist eine Strategie eines Unternehmens, um das eigene Unternehmen als Marke zu stärken und sich als attraktiver Arbeitgeber darzustellen. Dies dient dazu, Bewerbende für sich zu gewinnen und den Verbleib im Unternehmen für vorhandene Mitarbeiter möglichst attraktiv zu gestalten. Dabei sollte man jedoch darauf achten, dass man kein falsches Bild des Unternehmens erzeugt. Vielmehr sollten die tatsächlich vorhandenen positiven Eigenschaften nachhaltig gestärkt und in der Kommunikation mit den Kunden und Bewerbern hervorgehoben werden.

https://karrierebibel.de/employer-branding/

Facebook wurde von Mark Zuckerberg im Jahr 2003 ursprünglich über die Internetplattform Facemash.com gegründet, um die Attraktivität seiner Kommilitoninnen bewerten zu lassen. Dieses Portal wurde aufgrund des großen Ansturms und der Veröffentlichung von Fotos ohne Genehmigung verboten. Fünf Jahre später, nach Abbruch seines Studiums an der Harvard University, wurde er Milliardär (Maas 2019).

Fake News sind Falsch- oder Fehlinformationen, die häufig über das Internet verbreitet werden. Sie scheinen ein Laster unseres digitalen Zeitalters zu sein. Das ist jedoch nicht immer der Fall, denn Fake News, oder auch Falschnachrichten, gibt es schon seit Menschengedenken. Die möglicherweise älteste dokumentierte Falschmeldung der Geschichte findet sich im 13. Jahrhundert vor Christus in Ägypten. Zu dieser Zeit war Pharao Ramses II. an der Macht, und er versuchte, sein Reich in der Schlacht von Kadesch zu vergrößern. Er verlor jedoch. Der Pharao ließ dennoch seinen angeblichen Sieg in Stein meißeln und verbreitete die zu dieser Zeit schwer zu überprüfende Nachricht in seinem Reich. Auch der Vatikanstaat gründet auf einer gefälschten Urkunde, in der Kaiser Konstantin dem Papst die Macht über Rom, Italien und das Weströmische Reich übergibt.

https://www.zdf.de/dokumentation/terra-x/videos/fake-news-geschichte-100.html

Fake-Profile sind auf sozialen Netzwerken oder Dating-Seiten von Personen erstellte Profile, die nicht die wahre Identität einer Person darstellen. Stattdessen nehmen diese Personen die digitale Identität anderer existierender Menschen an oder erfinden eine völlig neue Person.

Feed sind fortlaufend angezeigte Informationen zu Inhalten und deren Änderungen. Feeds zählen zu den sogenannten Pull-Medien.

Follower verfolgen die Beiträge von Seitenbetreibern, für deren Inhalte sie sich interessieren. Das kann z.B. die Seite einer berühmten Person sein. Cristiano Ronaldo hat 238 Millionen Follower auf Instagram, gefolgt von Ariana Grande. Einzig vor Ronaldo liegt Instagram selbst mit 363 Millionen Followern.

Generation Alpha beschreibt die Kinder, die ab 2010 geboren wurden. Sie werden auch Early Adopters oder Digital Natives 3.0 genannt. Sie wachsen mit künstlicher Intelligenz, Social Media und Internet of Things auf.

Generation Babyboomer sind die von 1949 bis 1964 Geborenen. Sie werden Babyboomer genannt, da es eine große Geburtenrate zu dieser Zeit gab. Sie sind die größte Kohorte, die es seit dem Zweiten Weltkrieg gab. Sie kamen im Erwachsenenalter mit Computer und Internet in Berührung.

Generation X sind die von 1965 bis 1979 Geborenen. Sie waren geprägt vom Kalten Krieg, von Wiedervereinigung und Tschernobyl. In ihrer Jugendzeit erlebten sie sehr viele Sub- und Jungendkulturen in verschiedenen, auch politischen Strömungen. Sie kamen nach ihrer prägenden Phase mit dem Internet in Berührung. Sie wuchsen jedoch mit Computer und Spielekonsole auf.

Generation Y sind die von 1980 bis 1995 Geborenen. Das Y steht für das englische „why“. Die Generation Y zeichnet sich durch eine Sinnsuche vor allem in der Arbeitswelt aus. Viele haben deshalb auch einige Praktika gemacht, bevor sie in der Arbeitswelt ankamen. Ein Grund, warum sie auch Generation Praktikum genannt werden. Diese Alterskohorte wuchs teils schon mit dem Internet auf und hat viele digitale Mechanismen verinnerlicht. Sie werden deshalb auch Digital Natives, digitale Eingeborene oder schlicht Millennials genannt.

Generation Z sind die von 1996 bis 2010 Geborenen. Sie werden im Buch auch gleichbedeutend Homo interneticus oder Digital Natives 2.0 genannt. Sie sind die kleinste Kohorte seit dem Zweiten Weltkrieg. Sie wuchsen mit Smartphone und Social Media auf.

GeoCities, ehemals Beverly-Hills Internet genannt, ist ein kostenloser Webhosting Service, der zu Yahoo gehört. Der Betrieb wurde 2009 eingestellt. Dem User wurden 15 Megabyte Speicher und ein Baukasten zum Erstellen einer Homepage an die Hand gegeben. Auch konnten die Kunden genau sehen, wann und von wem ihre Website aufgerufen wurde.

Give-aways ist englisch für Werbegeschenke. Mittels Werbegeschenken können Firmen ihre Präsenz beim und die Bindung zum Kunden stärken. Jedoch sollte darauf geachtet werden, dass es sich um angemessene Artikel handelt, da bei zu besonderen oder exklusiven Artikeln der Verdacht auf Bestechung naheliegen kann. Bleiben Sie bei Streuartikeln wie Kugelschreibern und Tassen – so sind Sie immer auf der sicheren Seite.

Lee Sedol ist ein südkoreanischer Go-Spieler, der als einziger Spieler gegen die künstliche Intelligenz von Google AlphaGo gewonnen hat.

Instagram wurde im Oktober 2010 im App Store von den Gründern Kevin Systrom und Mike Krieger veröffentlicht und war sofort erfolgreich. Denn nur zwei Jahre später wurde die App für eine Rekordsumme von einer Milliarde US-Dollar an Facebook verkauft. Der Name Instagram sollte Programm sein – „instant" für Sofortbildkamera und „gram" für Telegramm.

Google ist ein beliebter Arbeitgeber, der den Mitarbeitenden viele Annehmlichkeiten bietet. Neben einem hohen Gehalt gibt es beispielsweise auch Gratisessen, und die Mitarbeitenden haben auch einmal die Woche die Möglichkeit, eigene Ideen umzusetzen – dies ist vor allem für die Motivation der Mitarbeitenden von großer Wichtigkeit. Mittlerweile bietet Google seinen Mitarbeiterinnen sogar an, ihre Eizellen kostenlos einfrieren zu lassen. Dadurch könne den Frauen der Zeitdruck genommen werden, und sie würden sich eher auf die Karriere konzentrieren können – dies blieb natürlich auch von Kritikern nicht unkommentiert! Google steht weiter in der Kritik, mit einem neuen Tool für den firmeninternen Kalender eine Überwachung möglicher Mitarbeiterzusammenschlüsse anzustreben. Google weist die Vorwürfe jedoch von sich.

https://www.karriere.at/blog/arbeitgeber-google.html

https://www.focus.de/gesundheit/familiengesundheit/eizellen-einfrieren-mediziner-klaert-wichtige-fragen-zu-social-freezing_id_9883993.html#:~:text=Apple%20und%20Google%20bieten%20Mitarbeiterinnen%20kostenlos%20an%2C%20ihre,entstehen%20Kinder%20nur%20noch%20in%20Reagenzgl%C3%A4sern%2C%20f%C3%BCrchteten%20viele.

https://www.faz.net/aktuell/wirtschaft/agenda/silicon-valley-apple-und-facebook-zahlen-einfrieren-von-eizellen-13209317.html

https://www.heise.de/newsticker/meldung/Google-Internes-Tool-soll-Mitarbeiter-Treffen-kontrollieren-4567775.html

Greenwashing bezeichnet die Strategie einer Firma oder einer Organisation, die eigenen Produkte, Dienstleistungen oder (Produktions-)Prozesse umweltfreundlicher darzustellen, als sie es in Wahrheit sind. Dafür werden die umweltfreundlichen Aspekte, welche nur einen kleinen Teil ausmachen, für Verbraucher beispielsweise in der Werbung besonders hervorgehoben und erzeugen so ein „grünes Kaufgefühl" beim Kunden.

Hashtag ist schlicht das Rautezeichen #. Es wird häufig in Verbindung mit verschiedenen Begriffen verwendet. Diese Wörter werden dann automatisch mit verschiedenen Medien zu diesem Sammelbegriff verlinkt.

Hyperlink ist ein Link, der auf (Internet-)Seiten verweist und Verbindungen zwischen diesen schafft. Die Idee zu diesem System geht auf Vannevar Bush zurück, der wissenschaftliche Berater von Präsident Roosevelt. In einem Artikel für eine Zeitschrift beschreibt Bush 1945 „Memex": Ein Gerät, in dem die verschiedensten Datenbanken der damaligen Zeit, sprich Bücher, Zeitungen und sonstige schriftliche Dokumente, gespeichert werden können und die einzelnen Einträge dieser Datenbank auch miteinander verknüpft werden können. Man soll so von einer Wissenseinheit zur nächsten wandern und das sich immer schneller anhäufende Wissen effizienter nutzen können. Die Idee wurde zwar nie umgesetzt, jedoch war sie wegweisend für die Idee des Hyperlinks.

https://www.welt.de/print-welt/article520292/Eine-kurze-Geschichte-der-Hyperlinks.html

Instagramable beschreibt eine Sache, die es wert ist, auf Instagram veröffentlicht zu werden. Es geht hierbei vor allem darum, einen besonderen Ort auf der Welt zu vermarkten, an dem sich der User gerade befindet. Im Prinzip geht es aber eher darum, sich selbst zu vermarkten und als etwas Besonderes darzustellen. Somit ist der Ort eher das Mittel zum Zweck. Übrigens ist das Adjektiv „instagramable" noch nicht im *Duden* zu finden.

Jaak Panksepp war Professor der Psychologie in den USA. Er erforschte Zusammenhänge von Hirnaktivität und Sozialverhalten.

Jean Piaget war ein Pionier der kognitiven Entwicklungspsychologie.

Kimberly Young ist eine Pionierin zur Erforschung von Internetsüchten (Brand, Potenza 2019).

Kohorte beschreibt eine Gruppe von Personen mit gleichen Merkmalen bzw. gleichen prägenden Erlebnissen, beispielsweise haben alle dasselbe Alter.

Kununu ist eine Arbeitgeber-Bewertungsplattform in Europa. Im Ranking der besten Arbeitgeber 2020 in Deutschland schaffte es beispielsweise der Flughafen München auf Platz drei.

https://news.kununu.com/beste-arbeitgeber-deutschland/

Likes gibt es in verschiedenen Erscheinungsformen, und sie bekunden die Zustimmung und das Gefallen eines Nutzers für ein Foto, einen Artikel oder eine sonstige Beitragsart. Die wohl bekannteste Form ist das Daumen-hoch-Symbol von Facebook, aber auch Herzen auf Instagram und anderen Plattformen erfüllen denselben Zweck. Die Anzahl der Likes lässt auch darauf schließen, wie beliebt oder angesagt ein Beitrag ist.

Meme stammt vom griechischen Wort „mimema“ ab, was zu Deutsch „Nachgeahmtes“ heißt. Ursprünglich waren damit menschliche Gene gemeint, die zur Verbreitung kultureller Informationen dienten. Heute sind damit Posts gemeint, die auf unterhaltsame und ironische Art und Weise Situationen des Alltags darstellen. Es wird vermutet, dass das erste Meme nach einem Auftritt Britney Spears' entstand. Sie musste viel negative Kritik einstecken. Chris Crocker, ein amerikanischer YouTuber, hat als Reaktion ein Video gepostet, auf dem er weinte und die Leute aufforderte, Britney Spears in Ruhe zu lassen. Viele andere User nutzten dies als Anreiz und verfassten Bilder mit dem Text „Leave Britney Alone“. So war der Trend gesetzt und es folgten viele andere Memes. Mittlerweile gibt es sogar Programme, um Memes erstellen zu können, und es sind bereits erste Gesellschaftsspiele wie das Spiel „What do you meme?“ entstanden.

https://praxistipps.chip.de/meme-definition-und-herkunft-des-begriffs_115648

https://www.onlinesprache.de/meme/

Neo-Konventionalismus beschreibt die Nicht-Abgrenzung der Jugendkohorte von der Elterngeneration.

Netflix entstand laut dem Gründer Reed Hastings aus dem Frust, für die verlorene Videokassette *Apollo 13* bei der Videothek 40 Dollar Gebühren zu zahlen. Hastings fiel auf, dass Fitnessstudios ein gegenteiliges Konzept betreiben: Statt Strafe zu zahlen, kann man dort für 40 Dollar im Monat so viel trainieren, wie man möchte. Wieso nicht auch bei Filmen dieses Konzept verwenden? Inzwischen ist Netflix so erfolgreich, dass es mithilfe des Streaming-Dienstes Konkurrenten wie Blockbuster förmlich ausschaltete und inzwischen genau weiß, was jedem einzelnen Zuschauer gefällt: 80% der geschauten Sendungen werden auf Basis der Vorschläge des Netflix-Algorithmus ausgewählt.

Niccolò Machiavelli lebte im 15. und 16. Jahrhundert. Er analysierte primär Machtverhältnisse. Auf ihn geht der Begriff Machiavellismus zurück, welcher Handeln zur Erreichung von Macht ohne Berücksichtigung von Ethik und Moral beschreibt. In der Psychologie ist der Machiavellismus einer der drei Bestandteile der Dunklen Triade der Persönlichkeit. Es bezeichnet das Streben nach Macht.

Nucleus accumbens ist ein Teil des Belohnungssystems (limbischen Systems) des Gehirns. Aufgrund der vielen Dopaminrezeptoren, welche eine wichtige Rolle bei der Auslösung von Glücksgefühlen spielen, steht es im Zusammenhang mit der Entstehung von Sucht.

Online-Plattformen sind Marktplätze, in denen Lieferanten ihre Dienste und Produkte Kunden anbieten können. Es ist ein metaphorisch leerer Teller, den die Lieferanten und Kunden füllen und für sich nutzen können. Ein Beispiel ist Airbnb. Die Betreiber liefern lediglich die Vorlage, welche Anbietende und Suchende für ihren Zweck der Wohnungsvermietung bzw. -suche ausfüllen.

Oxytocin wird umgangssprachlich als Kuschelhormon bezeichnet und im Hypothalamus gebildet. Die Namensgebung lässt sich darauf zurückführen, dass das Hormon bei Reizung von geschlechtsrelevanten Körperstellen und beim Orgasmus selbst ausgeschüttet wird. Auch bei Schwangerschaft und Geburt ist Oxytocin von enormer Bedeutung, da das Hormon Wehen auslöst und diese im Verlauf der Geburt reguliert. Es beeinflusst zudem die Mutter-Kind-Beziehung.

Post ist ein Beitrag auf einer Social-Media-Plattform. Den Weltrekord mit den meisten Likes auf ein Instagram-Bild ist ein Ei mit über 52 Millionen Likes, und es brach damit den Weltrekord von US-Star Kylie Jenner. Diese hatte zuvor den Weltrekord mit 18 Millionen Likes auf ein Foto zur Geburt ihrer Tochter Stormi Webster aufgestellt. Das Ei hat jedoch einen ernsten Hintergrund. In der nachfolgenden Zeit wurden auf der Instagram-Seite „world_record_egg" immer mehr Bilder gepostet, bei dem die Schale des Eies immer weiter zerbricht. Diese Bilder sollen auf den Druck aufmerksam machen, der durch die sozialen Medien wie Instagram entstehen kann - das Ei bekommt Risse. Unter dem zerrissenen Ei ist ein Post zu finden mit einem Link zu der Webseite talkingegg.info. Hier ist dann eine Liste mit Beratungsstellen oder Telefonseelsorge zu finden.

https://www.welt.de/kmpkt/article188282527/Instagram-Raetsel-um-Rekord-Ei-ist-gelueftet.html

Postillion ist eine deutschsprachige Website, die satirische Beiträge zu aktuellen Themen im Zeitschriftenstil bereitstellt. Zur Corona-Pandemie gab es beispielsweise eine Schlagzeile mit dem Titel „Update kommt: Bill Gates kündigt Covid-20 an".

Proofler von Vedaserve ist eine Online-Anwendung, die beim Fällen von Entscheidungen unterstützend wirken kann. Als Beispiel kann man den Kauf eines Autos nennen, bei dem verschiedene Aspekte wie beispielsweise Anzahl der Türen oder Motorisierung berücksichtigt werden sollen. Anschließend können die einzelnen Aspekte von Freunden, Experten und vom Entscheidenden selbst bewertet werden. Proofler zeigt zum Schluss die eingestuften Alternativen an.

Pull-Medien fordern einen Nutzer aktiv dazu auf, Informationen aufzusuchen und zu konsumieren. Im Gegensatz dazu werden bei den Push-Medien Informationen ohne aktive Beteiligung des Konsumierenden direkt geliefert. Ein Beispiel für ein Pull-Medium ist die Suche nach Inhalten auf Google, bei der der Nutzer selbst auf Informationen zugreifen kann.

René Descartes lebte während des 16. und 17. Jahrhunderts. Er war französischer Naturwissenschaftler, Mathematiker und Philosoph. Auf ihn geht der die Philosophie prägende Satz „Cogito ergo sum" zurück.

SEO steht für Search Engine Optimization. SEO wird immer wichtiger für Unternehmen oder auch Privatpersonen, die sich im Netz präsentieren wollen. Im Grunde wird mit dieser Technik versucht, seine eigene Website so zu gestalten, dass sie leichter von den Suchmaschinen im Netz gefunden wird. Witzig hierbei ist, dass 75 % der SEO-relevanten Informationen gar nicht auf der Website zu sehen, sondern nur im Hintergrund vorhanden sind. Die 75 % tauchen auch wieder bei dem Anteil der Menschen auf, die nie über die erste Seite der Suchergebnisse hinaus klicken.

Skype sollte ursprünglich Skyper heißen, was die Abkürzung für „Sky peer-to-peer" darstellen sollte und eine Erklärung für die Technik hinter dem Dienst beinhaltet: Informationsdatenpakete werden direkt zwischen den Computern der Endnutzer ausgetauscht. Die Internetadressen waren für Skyper nicht mehr verfügbar, weshalb das R am Ende einfach weggelassen wurde. Laut Sander (2013) sollen sogar mittlerweile auch Orang-Utans mithilfe der Videochatfunktion miteinander kommunizieren.

Smartwatch ist eine elektronische Armbanduhr, die viele verschiedene Möglichkeiten bietet. Es können Daten einer Person über den Tag hinweg gesammelt und weiterverarbeitet werden. Teilweise wird die erfasste Herzrate dafür verwendet, mentale Gesundheit akkurater bestimmen zu können (Woodward et al. 2020). Es wird auch diskutiert, Smartwatches als Zusatz zu einer Psychotherapie zu verwenden (Karcher, Presser 2018).

Social Branding umfasst alle Maßnahmen des konkreten Aufbaus und Pflege einer Marke. Dies geschieht durch soziale Interaktion über Social Media Plattformen.

Social Identity Theory beschreibt den Teil der Identität eines Menschen, der durch eigene Gruppenzugehörigkeit bestimmt wird. Ein Beispiel für eine solche Gruppe wäre die Identität als Frau oder ein Fußballverein (Scheepers, Ellemers 2019).

Social Networking hat zum Ziel, egal ob analog oder digital, Kontakte zu knüpfen und ein Netzwerk aufzubauen. Beispiele dafür sind die Online-Plattformen LinkedIn oder Twitter.

Spotify ist ein Audio-Streaming-Dienst. Seit 2014 hat sich die Anzahl der Lieder auf Spotify verdreifacht, auf nun 60 Millionen Lieder. Neben Musik gibt es auch Hörbücher, Podcasts oder Videos.

Story ist ein veröffentlichter Beitrag auf Social-Media-Plattformen, der für 24 Stunden online zu sehen ist. In Deutschland verwenden 18 Millionen und auf der ganzen Welt 500 Millionen User Storys. Es zeichnet sich ein immer größer werdendes Wachstum an Storys ab, sodass Facebook davon ausgeht, dass diese den Feed ablösen werden. Die am meisten angesehenen Storys sind von Marken und Unternehmen. Auch Influencer nutzen Storys für das Marketing, sodass sich der Trend abzeichnet, dass Inhalte privater werden.

https://www.futurebiz.de/artikel/instagram-statistiken-nutzerzahlen/

https://www.futurebiz.de/artikel/influencer-marketing-benchmark-studie-2019-der-einfluss-von-instagram-stories-auf-das-influencer-marketing/

Swipen wird die Fingerbewegung auf dem Bildschirm beschrieben wie z.B. das Wischen von einem zum nächsten Foto. Auf der Dating-App Tinder wurde das Swipen zur essenziellen Geste für die Frage, ob man der Liebe eine Chance gibt oder nicht. Die einfache Bewegung nach rechts gibt dem Menschen hinter dem netten Bild eine Chance, nach links gewischt ist man raus. Und die Bewegung nach oben gibt noch eine weitere Bewertungskategorie: Superlike! Mit einem Fingerzeig zum Liebesglück.

Swipe-Up beschreibt das Wischen eines abgebildeten Link-Zeichens, mithilfe dessen die User mit nur einem „Wisch“ auf die Seite des verlinkten Produkts gelangen können. Diese können bei Instagram-Storys eingesetzt werden. Nicht alle User können diese Swipe-Up-Links erstellen, sondern nur diejenigen mit verifizierten Profilen (das erkennt man an dem blauen Haken im Profil) oder für Personen mit über 10 000 Followern.

https://jailbreak-mag.de/instagram-swipe-up-funktion-freischalten-und-nutzen/

Theory of Mind bezeichnet die Fähigkeit eines Menschen, sich darüber im Klaren zu sein, dass das Gegenüber ebenfalls bestimmte Gedanken und Gefühle zu spezifischen Situationen haben kann (Böckler-Raettig 2019). Kinder können sich bis ungefähr zum vierten bzw. fünften Lebensjahr noch nicht in andere Personen hineinversetzen, da sie sich in der Phase des „egozentrischen Denkens“ befinden. Sie können sich nicht vorstellen, dass andere Personen anders denken oder die Welt anders aussieht, als sie diese wahrnehmen.

TikTok ist eine mobile App, auf der verschiedene Kurzvideos hochgeladen und angesehen werden können. Häufig werden auch Challenges auf TikTok veröffentlicht, die zum Nachahmen einladen. Beispielsweise versuchten die Nutzer, den Tanz zum Lied „Savage Love“ von Jason Derulo nachzuahmen. Sich jedoch gegenseitig herauszufordern birgt auch einige Gefahren. Ein Trend in den USA war beispielsweise die „Skullbreaker-Challenge“, zu Deutsch „Schädelbrecher-Wettbewerb“. Hierbei springen drei Jugendliche gleichzeitig in die Luft, wobei die äußeren beiden frühzeitig landen. Diese ziehen dann dem mittleren die Beine weg, sodass dieser mit dem Rücken und Kopf zu Boden fällt. Es kam so weit, dass viele Jugendliche sogar in ein Krankenhaus gefahren werden mussten.

Tinder ist eine weitverbreitete Dating-App. Inzwischen wurden einige psychologische Studien, jedoch mit geringer Stichprobengröße, durchgeführt, um beispielsweise verschiedene Nutzertypen zu klassifizieren oder um festzustellen, wie sich der Selbstwert und das Körperbild von Tinder-Nutzern verhalten. So konnten Hinweise dafür gefunden werden, dass Tinder-Nutzer weniger zufrieden mit ihrem Gesicht und ihrem Körper sind und sich häufiger für ihren Körper schämen. Weiter sehen Tinder-Nutzer ihren Körper stärker als sexuelles Objekt. Geschlechterunterschiede zeigten sich im Selbstwert, bei dem Männer geringere Werte berichteten. Eine andere Studie fand Geschlechterunterschiede auch für das Körperbild von Dating-App-Nutzern (66 % nutzten Tinder). Hier schämten sich vor allem die Männer für ihren Körper, je aktiver diese Dating-Apps nutzten. Weiter konnte eine Studie Anhaltspunkte dafür finden, dass Tinder-Nutzer stärkere Wesenszüge der Dunklen Triade (Machiavellismus, Narzissmus, Psychopathie) und Soziosexualität zeigen. Die Nutzer mit höheren Werten für die Dunkle Triade und Soziosexualität verwenden Tinder auch stärker für kurzfristige Beziehungen. Dies legt die Vermutung nahe, dass Tinder vor allem Personen mit stärkeren Wesenszügen der Dunklen Triade eine Möglichkeit bietet, kurzfristige Beziehungen zu finden.

Traffic bezeichnet das Verhalten eines Nutzers, wenn er sich auf einer Website aufhält. Je höher der Traffic ist, desto beliebter scheint eine Seite zu sein. Influencer versuchen aus diesem Grund, möglichst viel Traffic, sprich Kommentare, Likes und Teilungen zu erzielen, womit ihr Bekanntheitsgrad steigt.

Troll-Armeen sind verdeckte Organisationen unter anderem in Russland, die manipulative Informationen eines Staates im Internet verbreiten. Möglich ist dies beispielsweise auf Online-Foren. Hier können sie mittels Kommentaren die Stimmung in eine bestimmte Richtung lenken. Die Richtung ist in diesem Fall abhängig von der russischen Regierung. Eine bekannte Aktion der russischen Trolle ereignete sich 2014: Um Panik in den USA zu schüren, verbreiteten sie per SMS gefälschte Berichte über eine angebliche Explosion in Louisiana. Die Bewohnenden sollten ihr Wohngebiet verlassen. Später kam heraus, dass alle Dokumente gefälscht waren.

https://www.derstandard.at/story/2000017077943/explosionen-ebola-russische-trolle-wollen-panik-in-usa-ausloesen

Usability beschreibt die Nutzerfreundlichkeit von Produkten (Lewis 2006). Ein Beispiel im Zusammenhang mit dem Internet ist die Website-Usability. Hier wird beurteilt, wie schnell und effizient Nutzer eine Website verwenden können. Sie sollten bei der Gestaltung Ihrer Website beispielsweise darauf achten, dass diese verständlich und klar strukturiert aufgebaut ist oder man übersichtlich relevante Aspekte finden kann. Mittlerweile wird von den Usern ein sehr hohes Maß an Nutzerfreundlichkeit erwartet, wobei gute Usability kaum und schlechte Usability schnell wahrgenommen werden kann.

Usability-Tests erfassen die Leichtigkeit der Benutzung. Schwierigkeiten und Fehler bieten einen Anhaltspunkt für die Bedienungsfreundlichkeit und dienen der Weiterentwicklung des Produkts (Lewis 2006). Zur Beurteilung der Nutzerfreundlichkeit kann beispielsweise die System Usability Scale (SUS) von Brooke (1986) verwendet werden.

User werden in diesem Buch als Personen bezeichnet, die technische Geräte verwenden. Dieser Begriff hat jedoch laut Duden auch noch eine andere Bedeutung. Er beschreibt eine Person, die eine bestimmte Droge regelmäßig konsumiert.

USP ist die Kurzform für Unique Selling Proposition. Sie beschreibt ein Alleinstellungsmerkmal einer Organisation, eines Unternehmens oder eines Produkts und sorgt dafür, dass man sich von Mitbewerbern abhebt. Ein berühmtes Beispiel ist Amazon Prime. Zeit ist ein entscheidender Faktor, von dem Menschen viel zu wenig haben. Das macht sich Amazon zunutze und bietet für eine enorme Bandbreite an Produkten eine Lieferung in kürzester Zeit an. Ein weiteres Beispiel ist Fielmann, welcher den Brillenpreis als Alleinstellungsmerkmal gegenüber anderen Optikern hervorhebt.

Varoufakis-Video war ein angeblich manipuliertes Video, in dem der griechische Finanzminister Yanis Varoufakis seinen Mittelfinger zeigt. Dies wurde von den Medien zunächst nicht als manipuliert erkannt und demnach stark diskutiert.

Visitor-to-lead conversion rate gibt den Anteil der Website-Besucher an, die sich in einem bestimmten Zeitraum zu Interessenten eines Produkts verwandeln. Ein erster Schritt, um diese Rate zu erhöhen, ist, die Website möglichst benutzerfreundlich zu gestalten. Ansonsten klicken die Besucher der Website schon zur nächsten, bevor Sie überhaupt die Chance haben, mit den Website-Inhalten den Besucher als potenziellen Kunden zu gewinnen. Weiter können Sie versuchen, Ihr SEO zu erhöhen und demografische Daten der Website-Besucher zu analysieren. Welche Eigenschaften hatten Personen, die dann zu Kunden wurden? Wie kann man die Website weiter auf deren Bedürfnisse abstimmen? Die Möglichkeiten zur Erhöhung der *conversion rate* können aber noch wesentlich tiefer ausgeschöpft werden.

WhatsApp wurde von Jan Koum im Jahr 2009, eigentlich als Ausrede für seine Arbeitslosigkeit, gegründet. Er suchte damals eine Auszeit von seinem vorherigen Job, jedoch lagen ihm seine Freunde in den Ohren, er brauche dringend einen neuen Job. Um sich nicht weiter rechtfertigen zu müssen, sagte Koum, er müsse sich um WhatsApp kümmern und habe keine Zeit für einen normalen Job. Der Erfolg von WhatsApp ließ nicht lange auf sich warten, interessant ist dabei nur, dass die App ursprünglich gar keine Chat-Funktion enthielt. Die Implementierung dieser als WhatsApps Hauptkomponente ist den Usern zu verdanken. Diese funktionierten die Status-Anzeige zu einem Chat um, weshalb sich die Gründer dazu entschlossen, eine richtige Chat-Funktion einzubauen. Facebook kaufte WhatsApp 2014 für 19 Milliarden US-Dollar in bar.

Wikipedia ist eine Open-Source-Community, dessen Gründer im Schatten seines eigenen Erfolgs fast leer ausgegangen wäre. Wikipedia selbst war erfolgreich, der Gründer jedoch hatte keine finanziellen Vorteile davon. Aus diesem Grund wurde auf Wikipedia eine Spendenaktion gestartet, mit welcher die Wikipedia-Gründer 160 Millionen Dollar sammeln konnten.

YouTube ist seit 2005 das weltweit bekannteste und größte Videoportal. Das YouTube-Video mit den meisten Aufrufen ist das Musikvideo zu Luis Fonsis Lied „Despacito“. YouTube bedeutet wörtlich „Du Röhre“, wobei der hintere Wortteil auf einen Fernseher anspielt.

14 Index

S

T

U

V

W

X

Y

Z

15 Der Autor

Der Psychologe Rüdiger Maas ist Gründer und Geschäftsführer der Unternehmensberatung Maas Beratungsgesellschaft mbH mit Konzentration auf die Themen Rekrutierung, Prozessoptimierung, Organisations- und Personalentwicklung. Zudem gründete er das Institut für Generationenforschung, das sich vorwiegend auf die Forschung der Internetnutzung der verschiedenen Generationen sowie der gegenseitigen Beeinflussung der Generationen untereinander, in Unternehmen, aber auch in der Gesellschaft konzentriert.